教育部高等学校计算机类专业教学指导委员会-华为ICT产学合作项目
数据科学与大数据技术专业系列规划教材

华为信息与网络
技术学院指定教材

Python 大数据处理与分析

安俊秀 唐聃 靳宇倡 等◎主编

人民邮电出版社
北京

图书在版编目（CIP）数据

Python大数据处理与分析 / 安俊秀等编著. -- 北京：人民邮电出版社，2021.5（2024.7重印）
数据科学与大数据技术专业系列规划教材
ISBN 978-7-115-55685-1

Ⅰ. ①P… Ⅱ. ①安… Ⅲ. ①软件工具－程序设计－教材 Ⅳ. ①TP311.561

中国版本图书馆CIP数据核字(2020)第257834号

内 容 提 要

本书介绍利用 Python 进行大数据处理与分析的详细方法和步骤。全书共 9 章，主要内容包括搭建开发环境、NumPy 库、pandas 库、Matplotlib 库、数据预处理以及多个案例分析。本书注重理论联系实际，使读者可以系统、全面地了解 Python 大数据处理与分析的实用技术和方法。

本书可作为高等院校 Python 大数据处理与分析相关课程的教材，也可作为大数据技术相关从业人员的参考书。

◆ 编　　著　安俊秀　唐　聃　靳宇倡　等
责任编辑　邹文波
责任印制　王　郁　马振武

◆ 人民邮电出版社出版发行　　北京市丰台区成寿寺路 11 号
邮编　100164　　电子邮件　315@ptpress.com.cn
网址　https://www.ptpress.com.cn
固安县铭成印刷有限公司印刷

◆ 开本：787×1092　1/16
印张：15　　　　2021 年 5 月第 1 版
字数：408 千字　　　　2024 年 7 月河北第 7 次印刷

定价：49.80 元

读者服务热线：(010) 81055256　印装质量热线：(010) 81055316
反盗版热线：(010) 81055315
广告经营许可证：京东市监广登字 20170147 号

教育部高等学校计算机类专业教学指导委员会-华为 ICT 产学合作项目
数据科学与大数据技术专业系列规划教材

编 委 会

丛书序一 PREFACE

毫无疑问，我们正处在一个新时代。新一轮科技革命和产业变革正在加速推进，技术创新日益成为重塑经济发展模式和促进经济增长的重要驱动力量，而“大数据”无疑是第一核心推动力。

当前，发展大数据已经成为国家战略，大数据在引领经济社会发展中的新引擎作用更加突显。大数据重塑了传统产业的结构和形态，催生了众多的新产业、新业态、新模式，推动了共享经济的蓬勃发展，也给我们的衣食住行带来根本改变。同时，大数据是带动国家竞争力整体跃升和跨越式发展的巨大推动力，已成为全球科技和产业竞争的重要制高点。可以大胆预测，未来，大数据将会进一步激起全球科技和产业发展浪潮，进一步渗透到我们国计民生的各个领域，其发展扩张势不可挡。可以说，我们处在一个“大数据”时代。

大数据不仅仅是单一的技术发展领域和战略新兴产业，它还涉及科技、社会、伦理等诸多方面。发展大数据是一个复杂的系统工程，需要科技界、教育界和产业界等社会各界的广泛参与和通力合作，需要我们以更加开放的心态，以进步发展的理念，积极主动适应大数据时代所带来的深刻变革。总体而言，从全面协调可持续健康发展的角度，推动大数据发展需要注重以下五个方面的辩证统一和统筹兼顾。

一是要注重“长与短结合”。所谓“长”就是要目标长远，要注重制定大数据发展的顶层设计和中长期发展规划，明确发展方向和总体目标；所谓“短”就是要着眼当前，注重短期收益，从实处着手，快速起效，并形成效益反哺的良性循环。

二是要注重“快与慢结合”。所谓“快”就是要注重发挥新一代信息技术产业爆炸性增长的特点，发展大数据要时不我待，以实际应用需求为牵引加快推进，力争快速占领大数据技术和产业制高点；所谓“慢”就是防止急功近利，欲速而不达，要注重夯实大数据发展的基础，着重积累发展大数据基础理论与核心共性关键技术，培养行业领域发展中的大数据思维，潜心培育大数据专业人才。

三是要注重“高与低结合”。所谓“高”就是要打造大数据创新发展高地，要结合国家重大战略需求和国民经济主战场核心需求，部署高端大数据公共服务平台，组织开展国家级大数据重大示范工程，提升国民经济重点领域和标志性行业的大数据技术水平和应用能力；所谓“低”就是要坚持“润物细无声”，推进大数据在各行各业和民生领域的广泛应用，推进大数据发展的广度和深度。

四是要注重“内与外结合”。所谓“内”就是要向内深度挖掘和深入研究大数据作为一门学科领域的深刻技术内涵，构建和完善大数据发展的完整理论体系和技术支撑体系；所谓“外”就是要加强开放创新，由于大数据涉及众多学科领域和产业行业门类，也涉及国家、社会、个人等诸多问题，因此，需要推动国际国内科技界、产业界的深入合作和各级政府广泛参与，共同研究制定标准规范，推动大数据与人工智能、云计算、物联网、网络安全等信息技术领域的协同发展，促进数据科学与计算机科学、基础科学和各种应用科学的深度融合。

五是要注重“开与闭结合”。所谓“开”就是要坚持开放共享，要鼓励打破现有体制机制障碍，推动政府建立完善开放共享的大数据平台，加强科研机构、企业间技术交流和合作，推动大数据资源高效利用，打破数据壁垒，普惠数据服务，缩小数据鸿沟，破除数据孤岛；所谓“闭”就是要形成价值链生态闭环，充分发挥大数据发展中技术驱动与需求牵引的双引擎作用，积极运用市场机制，形成技术创新链、产业发展链和资金服务链协同发展的态势，构建大数据产业良性发展的闭环生态圈。

总之，推动大数据的创新发展，已经成为了新时代的新诉求。党的十九大更是明确提出要推动大数据、人工智能等信息技术产业与实体经济深度融合，培育新增长点，为建设网络强国、数字中国、智慧社会形成新动能。这一指导思想为我们未来发展大数据技术和产业指明了前进方向，提供了根本遵循。

习近平总书记多次强调“人才是创新的根基”“创新驱动实质上是人才驱动”。绘制大数据发展的宏伟蓝图迫切需要创新人才培养体制机制的支撑。因此，需要把高端人才队伍建设作为大数据技术和产业发展的重中之重，需要进一步完善大数据教育体系，加强人才储备和梯队建设，将以大数据为代表的新兴产业发展对人才的创新性、实践性需求渗透融入人才培养各个环节，加快形成我国大数据人才高地。

国家有关部门“与时俱进，因时施策”。2017 年 12 月，国务院办公厅正式印发《关于深化产教融合的若干意见》，推进人才和人力资源供给侧结构性改革，以适应创新驱动发展战略的新形势、新任务、新要求。教育部高等学校计算机类专业教学指导委员会、华为公司和人民邮电出版社组织编写的“教育部高等学校计算机类专业教学指导委员会-华为 ICT 产学合作项目——数据科学与大数据技术专业系列规划教材”的出版发行，就是落实国务院文件精神，深化教育供给侧结构性改革的积极探索和实践。它是国内第一套成专业课程体系规划的数据科学与大数据技术专业系列教材，作者均来自国内一流高校，且具有丰富的大数据教学、科研、实践经验。它的出版发行，对完善大数据人才培养体系，加强人才储备和梯队建设，推进贯通大数据理论、方法、技术、产品与应用等的复合型人才培养，完善大数据领域学科布局，推动大数据领域学科建设具有重要意义。同时，本次产教融合的成功经验，对其他学科领域的人才培养也具有重要的参考价值。

我们有理由相信，在国家战略指引下，在社会各界的广泛参与和推动下，我国的大数据技术和产业发展一定会有光明的未来。

是为序。

中国科学院院士　郑志明

2018 年 4 月 16 日

丛书序二 PREFACE

在500年前的大航海时代，哥伦布发现了新大陆，麦哲伦实现了环球航行，全球各大洲从此连接了起来，人类文明的进程得以推进。今天，在云计算、大数据、物联网、人工智能等新技术推动下，人类开启了智能时代。

面对这个以“万物感知、万物互联、万物智能”为特征的智能时代，“数字化转型”已是企业寻求突破和创新的必由之路，数字化带来的海量数据成为企业乃至整个社会最重要的核心资产。大数据已上升为国家战略，成为推动经济社会发展的新引擎。如何获取、存储、分析、应用这些大数据将是这个时代最热门的话题。

国家大数据战略和企业数字化转型成功的关键是培养多层次的大数据人才，然而，根据计世资讯的研究，2018 年中国大数据领域的人才缺口将超过 150 万人，人才短缺已成为制约产业发展的突出问题。

2018 年初，华为公司提出新的愿景与使命，即“把数字世界带入每个人、每个家庭、每个组织，构建万物互联的智能世界”，它承载了华为公司的历史使命和社会责任。华为企业 BG 将长期坚持“平台+生态”战略，协同生态伙伴，共同为行业客户打造云计算、大数据、物联网和传统 ICT 技术高度融合的数字化转型平台。

人才生态建设是支撑“平台+生态”战略的核心基石，是保持产业链活力和持续增长的根本，华为以 ICT 产业长期积累的技术、知识、经验和成功实践为基础，持续投入，构建 ICT 人才生态良性发展的使能平台，打造全球有影响力的 ICT 人才认证标准。面对未来人才的挑战，华为坚持与全球广大院校、伙伴加强合作，打造引领未来的 ICT 人才生态，助力行业数字化转型。

一套好的教材是人才培养的基础，也是教学质量的重要保障。本套教材的出版，是华为在大数据人才培养领域的重要举措，是华为集合产业与教育界的高端智力，全力奉献的结晶和成果。在此，让我对本套教材的各位作者表示由衷的感谢！此外，我们还要特别感谢教育部高等学校计算机类专业教学指导委员会副主任、北京大学陈钟教授以及秘书长、北京航空航天大学马殿富教授，没有你们的努力和推动，本套教材无法成型！

同学们、朋友们，翻过这篇序言，开启学习旅程，祝愿在大数据的海洋里，尽情展示你们的才华，实现你们的梦想！

华为公司董事、企业 BG 总裁　阎力大

2018 年 5 月

前　言 FOREWORD

本书将 Python 与大数据的处理与分析进行整合。首先介绍搭建 Python 开发环境，接着对 Python 的基本库——NumPy、pandas 和 Matplotlib 在大数据处理中的应用进行讲解，然后通过 4 个使用 Python 进行大数据处理与分析的案例，使读者对 Python 大数据处理有更直观的认识，实现理论与实践的有机结合。在学习本书内容之前，读者需要具备一定的计算机体系结构和计算机编程语言的基础。

本书共 9 章，分为基础篇和实例篇，基础篇为第 1 章～第 5 章，实例篇为第 6 章～第 9 章。

第 1 章是搭建开发环境，主要介绍 Python 解释器、Anaconda、Jupyter Notebook 与 PyCharm 的安装及其环境配置。

第 2 章是使用 NumPy 进行数据计算，主要介绍 NumPy 库的安装、数组对象以及数学运算。

第 3 章是使用 pandas 进行数据分析，主要介绍 pandas 库的安装、Series 对象与 DataFrame 对象以及其对应的基本操作和函数使用方法。

第 4 章介绍了 Matplotlib 数据可视化，主要介绍 Matplotlib 库的安装、经典图形绘制、图表调整及美化。

第 5 章是数据预处理，主要介绍利用数据清洗、正则表达式与数据规整的方法，对大数据进行处理。

第 6 章通过案例“基于大数据的房产估价”，介绍多元回归算法的使用。

第 7 章通过案例“某移动公司客户价值分析”，介绍 K-Means 聚类算法的使用。

第 8 章通过案例“基于历史数据的气温及降水预测”，介绍相关分析与时间序列模型。

第 9 章通过案例“智能电网的电能预估及价值分析”，介绍 ID3、C4.5 和 CART 等决策树算法。

本书汇集了多位学者的智慧，由成都信息工程大学的安俊秀教授、唐聃教授和四川师范大学的靳宇倡教授等编著，其中第 1 章、第 4 章、第 7 章由戴宇睿、靳宇倡编写；第 2 章、第 3 章、第 5 章由陈金鹏、唐聃编写；第 6 章、第 8 章、第 9 章由陈思源、安俊秀编写。本书的编写和出版还得到了国家自然科学基金项目（71673032）和四川网络文化研究中心项目（WLWH18-2）的支持。

本书基础篇附有一定数量的习题，可以帮助学生进一步巩固基础知识；实例篇附有实践性较强的上机实验，可以供学生上机操作时使用。本书配备了 PPT 课件、源代码、习题答案等丰富的教学资源，读者可在人邮教育社区（www.ryjiaoyu.com）免费下载。

在本书的编写过程中，尽管编者力求严谨、准确，但由于技术的发展日新月异，加之编者水平有限，书中难免存在不足之处，敬请广大读者批评指正。

安俊秀

2021 年 2 月于成都信息工程大学

目 录 CONTENTS

第二部分 实例篇

第一部分

基础篇

01

第1章　搭建开发环境

本章主要介绍如何在 Windows、Linux、macOS 这 3 个不同系统下安装 Python 解释器，以及 Jupyter Notebook 和 PyCharm 的安装及其工程环境配置。

1.1　Python 解释器的安装

当编写 Python 代码时，得到的是一个包含 Python 代码的并以.py 为扩展名的文件。要运行该代码，需要安装 Python 解释器去执行.py 文件。由于整个 Python 语言从规范到解释器都是开源的，因此在理论上，只要愿意花心思学习，任何人都可以编写 Python 解释器来执行 Python 代码（当然实际难度很大）。下面以 3.7.0 版本的 Python 解释器为例介绍其安装方法。

1.1.1　在 Windows 系统下安装 Python 解释器

当前，有两个不同的 Python 版本：Python 2 和 Python 3。每种编程语言都会随着新概念和新技术的提出而不断发展，Python 的开发者也一直致力于丰富和强化其功能。如果用户的系统安装的是 Python 3，那么有些使用 Python 2 编写的代码可能无法正确地运行。由于 Python 2 即将停止维护，所以建议安装 Python 3。

1. 准备工作

（1）准备一台装有 Windows 系统的计算机。

（2）在 Python 官网上下载相应版本的安装包。

首先，进入 Python 官网，如图 1-1 所示；然后在“Downloads”下拉列表中单击“All releases”或“Windows”，进入版本选择页面，选择相应的 Python 版本；最后下载 x86 的 64 位可执行安装器（Windows x86-64 executable installer），如图 1-2 所示。

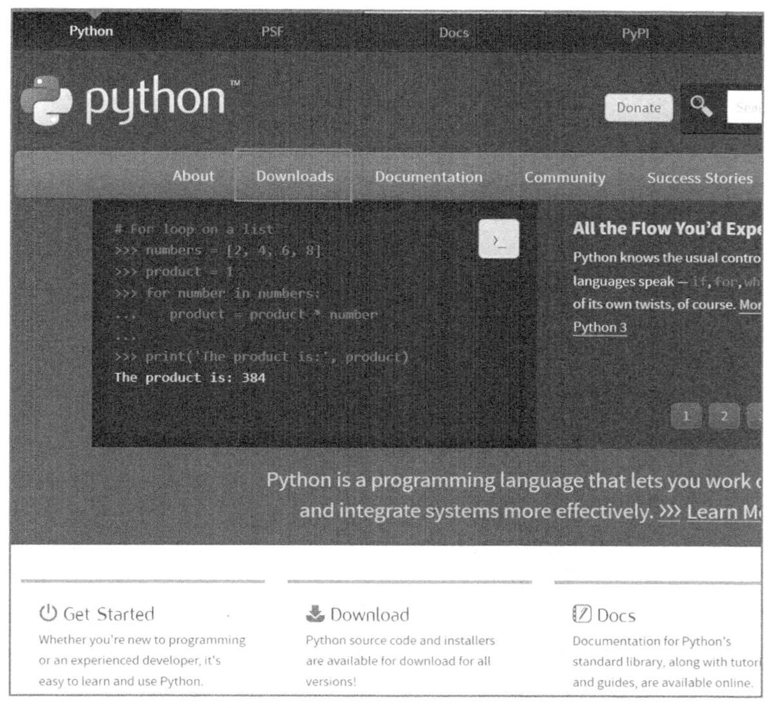

图 1-1　Python 官网首页

Files

Version	Operating System	Description
Gzipped source tarball	Source release	
XZ compressed source tarball	Source release	
macOS 64-bit/32-bit installer	Mac OS X	for Mac OS X 10.6 and later
macOS 64-bit installer	Mac OS X	for OS X 10.9 and later
Windows help file	Windows	
Windows x86-64 embeddable zip file	Windows	for AMD64/EM64T/x64
Windows x86-64 executable installer	Windows	for AMD64/EM64T/x64
Windows x86-64 web-based installer	Windows	for AMD64/EM64T/x64
Windows x86 embeddable zip file	Windows	
Windows x86 executable installer	Windows	
Windows x86 web-based installer	Windows	

图 1-2　Python 版本选择

2. 具体安装步骤

（1）双击运行安装包，开始安装 Python，如图 1-3 所示。此处有两种安装方式，“Install Now”（默认安装）和“Customize installation”（自定义安装）。默认安装将自动安装至 C 盘目录，这里选择自定义安装，暂不勾选“Add Python 3.7 to PATH”选项，待安装成功后进行手动配置环境变量。若勾选“Add Python 3.7 to PATH”选项，则可省去修改环境变量的步骤，实现自动添加到系统路径的功能。单击“Customize installation”进入下一步。

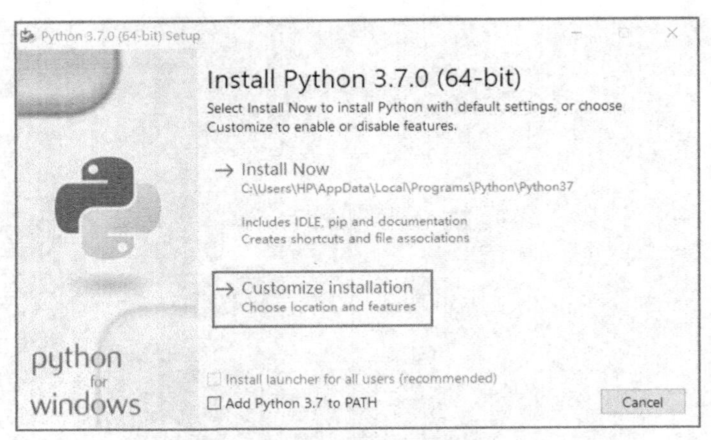

图 1-3　选择安装方式

（2）在 Python 的安装配置界面中，勾选需要的选项后，单击“Next”按钮进入下一步，如图 1-4 所示。

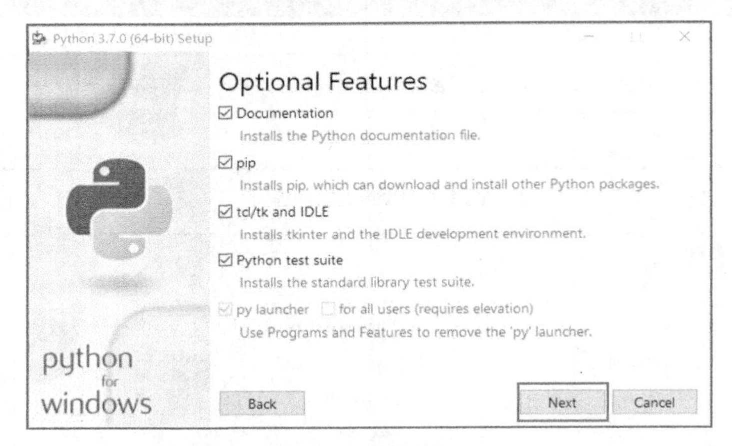

图 1-4　安装配置界面

（3）此时进入高级选项界面，如图 1-5 所示。第一个选项的意思是为当前系统的所有用户安装 Python，如果系统只有一个用户，则不用勾选。第二个选项和第三个选项是默认勾选的。第四个选项是添加环境变量，此处暂不勾选，以后手动添加。

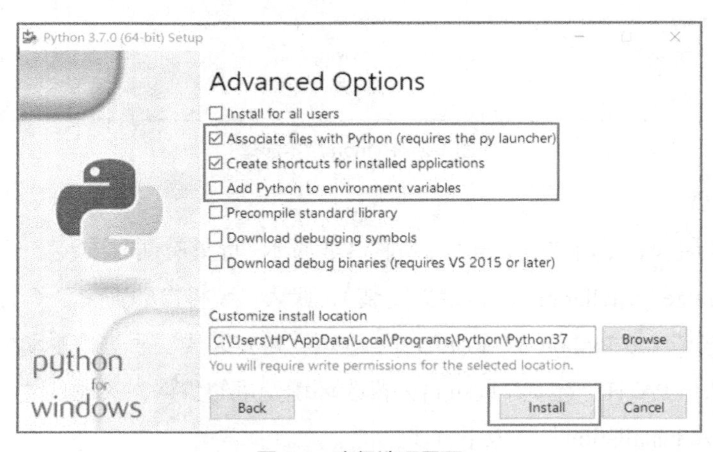

图 1-5　高级选项界面

在“Customize install location”中选择相应的安装目录后，单击“Install”按钮进行安装。

（4）安装完毕后显示安装成功界面，如图 1-6 所示。随后仅需配置完环境变量便可使用 Python 了。

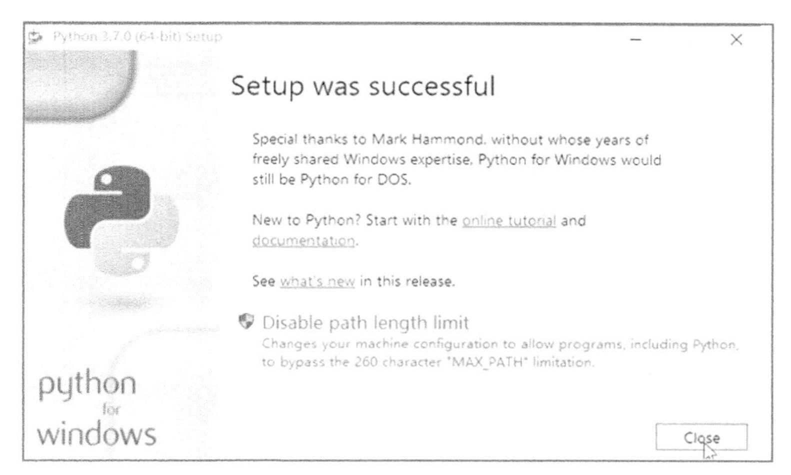

图 1-6　安装成功界面

3. **配置环境变量**

（1）打开系统属性界面，单击“高级”选项卡，单击右下角的“环境变量”按钮，如图 1-7 所示，进入环境变量界面。

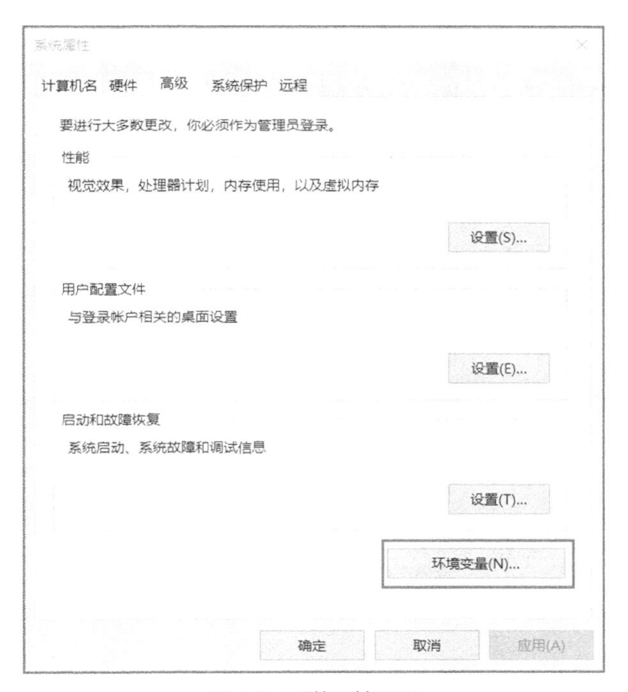

图 1-7　系统属性界面

（2）进入环境变量界面后，选择“Path”，单击“编辑”按钮，如图 1-8 所示。在其中添加 Python 安装目录和安装目录下的 Scripts 文件夹这两个路径即可，如“D: \Python\Python37-32”与“D:\Python\Python37-32\Scripts”。

图 1-8　环境变量配置界面

（3）按“Win+R”组合键，打开“运行”界面，输入 cmd 命令，打开命令行。在命令行中输入 python 命令，出现相应的 Python 版本号，就说明环境变量配置成功了。

1.1.2　在 Linux 系统下安装 Python 解释器

1．准备工作

（1）准备一台装有 Linux 系统的计算机或安装了 Linux 系统的虚拟机。在 Linux 系统中，安装操作一般通过终端进行。编者安装的是 CentOS 7 操作系统，下面以此系统做安装说明，其他 Linux 系统中的安装方法类似。在 CentOS 7 中使用鼠标右键选择打开终端，显示图 1-9 所示的界面。

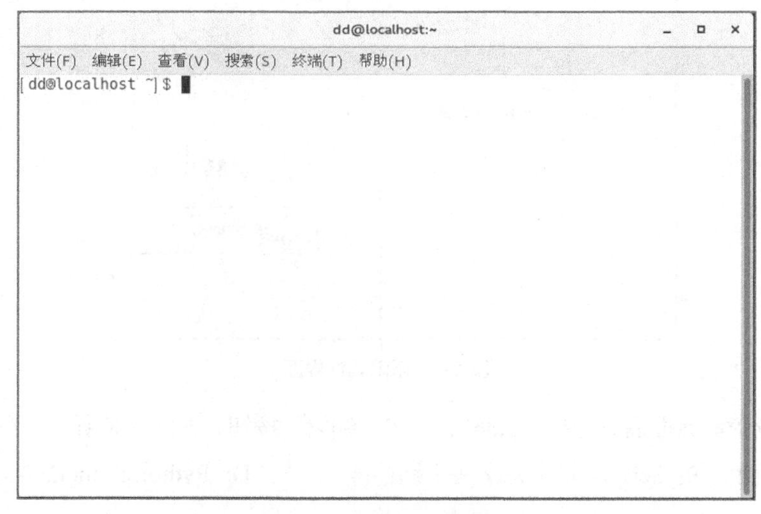

图 1-9　CentOS 7 终端界面

一般情况下 Linux 系统自带 Python，但其版本可能不是 Python 3。如果要确认 Python 的版本，可以分别在终端输入 python 或 python3 命令，运行后的界面如图 1-10 所示。这两个命令中，python 用于检查是否安装了 Python 2，python3 用于检查是否安装了 Python 3。

```
dd@localhost:~
文件(F) 编辑(E) 查看(V) 搜索(S) 终端(T) 帮助(H)
[dd@localhost ~]$ python
Python 2.7.5 (default, Aug  4 2017, 00:39:18)
[GCC 4.8.5 20150623 (Red Hat 4.8.5-16)] on linux2
Type "help", "copyright", "credits" or "license" for more information.
>>> exit()
[dd@localhost ~]$ python3
bash: python3: 未找到命令...
相似命令是： 'python'
[dd@localhost ~]$ python2
Python 2.7.5 (default, Aug  4 2017, 00:39:18)
[GCC 4.8.5 20150623 (Red Hat 4.8.5-16)] on linux2
Type "help", "copyright", "credits" or "license" for more information.
>>>
```

图 1-10　查看 Python 的版本

（2）Python 3 源码包可通过系统自带的火狐浏览器直接到 Python 官网下载，或者在终端输入 su root 命令，然后输入用户密码，获取 root 权限，并输入以下命令 wget https://www.python.org/ftp/python/3.7.0/Python-3.7.0.tgz 下载源码包。执行命令后可以看到图 1-11 所示的界面，提示安装包的下载进度等相关信息。

图 1-11　下载安装包

下载成功后显示图 1-12 所示的界面，准备工作就完成了。

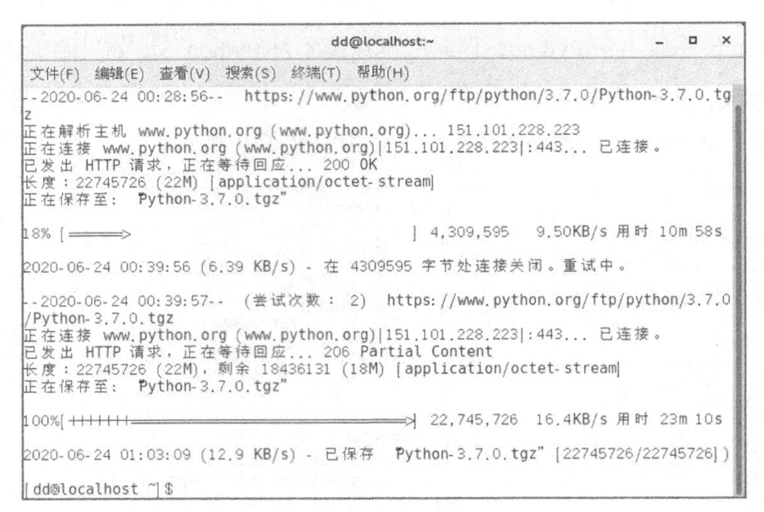

图 1-12　下载完成

2. 具体安装步骤

（1）为了方便管理，首先在/usr/local/路径下面创建一个文件夹，作为安装 Python 的目标文件夹，文件夹名任取，这里取名为 Python3。在 Linux 系统中一般习惯把用户的软件安装在/usr/local/XXX/路径下。

使用以下命令进入路径/usr/local/创建文件夹，创建后可以用 ls 命令查看当前路径下的目录，如图 1-13 所示，可以发现新增了 Python3 目录。

```
[root@localhost dd]# cd /usr/local
[root@localhost local]# mkdir Python3
[root@localhost local]# ls
```

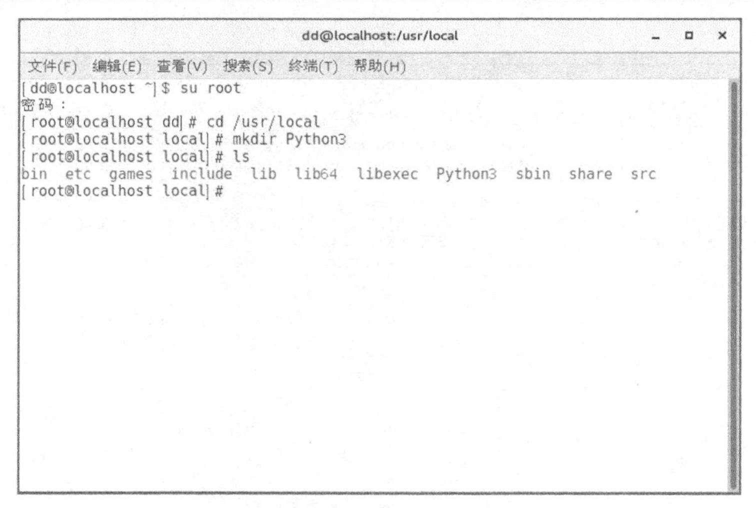

图 1-13　创建目录

（2）回到起始路径，输入以下命令解压下载好的 Python 安装压缩包。

```
[root@localhost dd]# tar -zxvf Python-3.7.0.tgz
```

（3）解压完成后，输入命令 cd Python-3.7.0/，进入生成的目录。

```
[root@localhost dd]# cd Python-3.7.0/
```

接着执行命令./configure --prefix=/usr/local/Python3，设置 Python 的安装目录为/usr/local/Python3。

```
[… … Python-3.7.0]# ./configure --prefix=/usr/local/Python3
```

（4）配置完成之后执行命令 make，开始编译源码。

```
[root@localhost Python-3.7.0]# make
```

编译成功后显示图 1-14 所示的界面。

```
dd@localhost:/home/dd/Python-3.7.0
文件(F) 编辑(E) 查看(V) 搜索(S) 终端(T) 帮助(H)
copying and adjusting /home/dd/Python-3.7.0/Tools/scripts/2to3 -> build/scripts-3.7
copying and adjusting /home/dd/Python-3.7.0/Tools/scripts/pyvenv -> build/scripts-3.7
changing mode of build/scripts-3.7/pydoc3 from 644 to 755
changing mode of build/scripts-3.7/idle3 from 644 to 755
changing mode of build/scripts-3.7/2to3 from 644 to 755
changing mode of build/scripts-3.7/pyvenv from 644 to 755
renaming build/scripts-3.7/pydoc3 to build/scripts-3.7/pydoc3.7
renaming build/scripts-3.7/idle3 to build/scripts-3.7/idle3.7
renaming build/scripts-3.7/2to3 to build/scripts-3.7/2to3-3.7
renaming build/scripts-3.7/pyvenv to build/scripts-3.7/pyvenv-3.7
/usr/bin/install -c -m 644 ./Tools/gdb/libpython.py python-gdb.py
gcc -pthread -c -Wno-unused-result -Wsign-compare -DNDEBUG -g -fwrapv -O3 -Wall
  -std=c99 -Wextra -Wno-unused-result -Wno-unused-parameter -Wno-missing-field-initializers -Werror=implicit-function-declaration  -I. -I./Include   -DPy_BUILD_CORE -o Programs/_testembed.o ./Programs/_testembed.c
gcc -pthread  -Xlinker -export-dynamic -o Programs/_testembed Programs/_testembed.o libpython3.7m.a -lpthread -ldl  -lutil  -lm
sed -e "s,@EXENAME@,/usr/local/Python3/bin/python3.7m," < ./Misc/python-config.in >python-config.py
LC_ALL=C sed -e 's,\$(\([A-Za-z0-9_]*\)),\$\{\1\},g' < Misc/python-config.sh >python-config
[root@localhost Python-3.7.0]#
```

图 1-14　编译成功

（5）编译完成后，执行命令 make install，开始安装 Python。

```
[root@localhost Python-3.7.0]# make install
```

（6）在步骤（5）的安装过程中，可能会遇到图 1-15 所示的问题。

```
zipimport.ZipImportError: can't decompress data; zlib not available
make: *** [install] Error 1
```

```
dd@localhost:/home/dd/Python-3.7.0
文件(F) 编辑(E) 查看(V) 搜索(S) 终端(T) 帮助(H)
        case upgrade in \
                upgrade) ensurepip="--upgrade" ;; \
                install|*) ensurepip="" ;; \
        esac; \
         ./python -E -m ensurepip \
                $ensurepip --root=/ ; \
fi
Traceback (most recent call last):
  File "/home/dd/Python-3.7.0/Lib/runpy.py", line 193, in _run_module_as_main
    "__main__", mod_spec)
  File "/home/dd/Python-3.7.0/Lib/runpy.py", line 85, in _run_code
    exec(code, run_globals)
  File "/home/dd/Python-3.7.0/Lib/ensurepip/__main__.py", line 5, in <module>
    sys.exit(ensurepip._main())
  File "/home/dd/Python-3.7.0/Lib/ensurepip/__init__.py", line 204, in _main
    default_pip=args.default_pip,
  File "/home/dd/Python-3.7.0/Lib/ensurepip/__init__.py", line 117, in _bootstrap
    return _run_pip(args + [p[0] for p in _PROJECTS], additional_paths)
  File "/home/dd/Python-3.7.0/Lib/ensurepip/__init__.py", line 27, in _run_pip
    import pip._internal
zipimport.ZipImportError: can't decompress data; zlib not available
make: *** [install] 错误 1
[root@localhost Python-3.7.0]#
```

图 1-15　安装报错

该问题是缺少相应的 Python 3 依赖包引起的，可以通过以下命令安装所有包来解决该问题。

```
[root@localhost Python-3.7.0]# yum install zlib*
```

也可以通过安装所需要的部分包来解决该问题。

```
[root@localhost Python-3.7.0]# yum install zlib-devel bzip2-devel openssl-devel ncurses-
```

```
devel sqlite-devel readline-devel tk-devel gdbm-devel db4-devel libpcap-devel xz-devel
```

该问题解决后可能还会再遇到以下问题。

```
ModuleNotFoundError: No module named '_ctypes'
```

此时还需要额外安装依赖包。

```
yum -y install libffi-devel
```

解决以上问题后，再次执行 make install 命令进行安装，安装成功后就会显示图 1-16 所示界面。

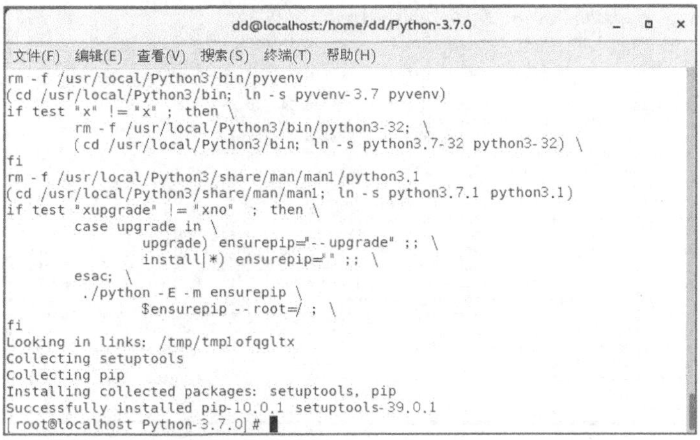

```
dd@localhost:/home/dd/Python-3.7.0
文件(F) 编辑(E) 查看(V) 搜索(S) 终端(T) 帮助(H)
rm -f /usr/local/Python3/bin/pyvenv
(cd /usr/local/Python3/bin; ln -s pyvenv-3.7 pyvenv)
if test "x" != "x" ; then \
        rm -f /usr/local/Python3/bin/python3-32; \
        (cd /usr/local/Python3/bin; ln -s python3.7-32 python3-32) \
fi
rm -f /usr/local/Python3/share/man/man1/python3.1
(cd /usr/local/Python3/share/man/man1; ln -s python3.7.1 python3.1)
if test "xupgrade" != "xno"  ; then \
        case upgrade in \
                upgrade) ensurepip="--upgrade" ;; \
                install|*) ensurepip="" ;; \
        esac; \
         ./python -E -m ensurepip \
                $ensurepip --root=/ ; \
fi
Looking in links: /tmp/tmplofqgltx
Collecting setuptools
Collecting pip
Installing collected packages: setuptools, pip
Successfully installed pip-10.0.1 setuptools-39.0.1
[root@localhost Python-3.7.0]# 
```

图 1-16　安装成功

3. 更改 Python 默认指向

安装完成后，在终端输入 python 或 python3 命令，如果出现的版本依然是默认的版本，就需要创建链接。首先，在终端输入以下命令删除原有的对 Python 2 的软链接。

```
rm /usr/bin/python
```

然后创建新的链接。

```
ln -s /usr/local/Python3/bin/python3 /usr/bin/python
ln -s /usr/local/Python3/bin/pip3 /usr/bin/pip
```

最后，输入 python 命令查看默认版本。若显示图 1-17 所示的界面，此时便能看见 Python 默认版本已经更换为安装的版本了。

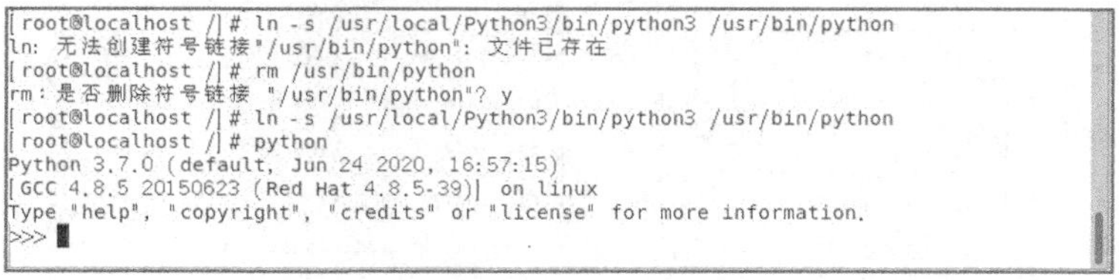

```
[root@localhost /]# ln -s /usr/local/Python3/bin/python3 /usr/bin/python
ln: 无法创建符号链接"/usr/bin/python": 文件已存在
[root@localhost /]# rm /usr/bin/python
rm：是否删除符号链接 "/usr/bin/python"? y
[root@localhost /]# ln -s /usr/local/Python3/bin/python3 /usr/bin/python
[root@localhost /]# python
Python 3.7.0 (default, Jun 24 2020, 16:57:15)
[GCC 4.8.5 20150623 (Red Hat 4.8.5-39)] on linux
Type "help", "copyright", "credits" or "license" for more information.
>>> 
```

图 1-17　更改链接

1.1.3 在 macOS 系统下安装 Python 解释器

1. 准备工作

（1）准备一台装有 macOS 系统的计算机。

（2）Python 的可执行安装包可以到 Python 官网下载。

2. 具体安装步骤

（1）进入 Python 官网，选择相应的 macOS 版本的 Python 安装包进行下载。

（2）下载完成后，打开安装包进行安装，单击“继续”按钮，显示图 1-18 所示的界面。

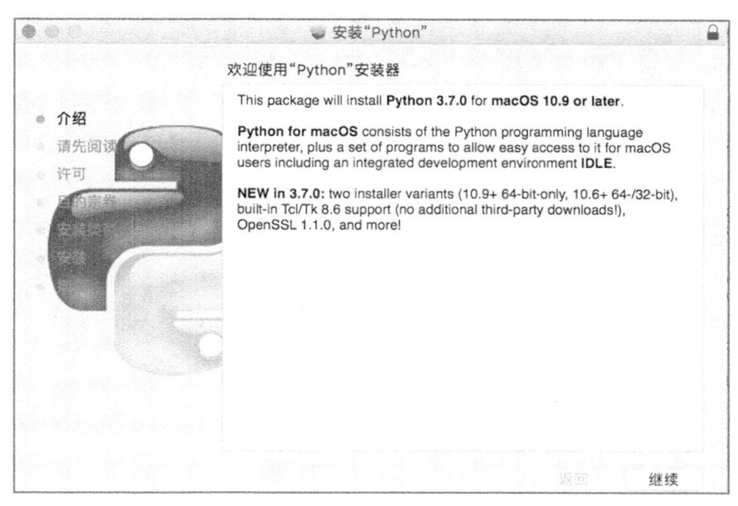

图 1-18　安装界面

（3）根据每一步的提示进行操作，安装成功后显示图 1-19 所示的界面。

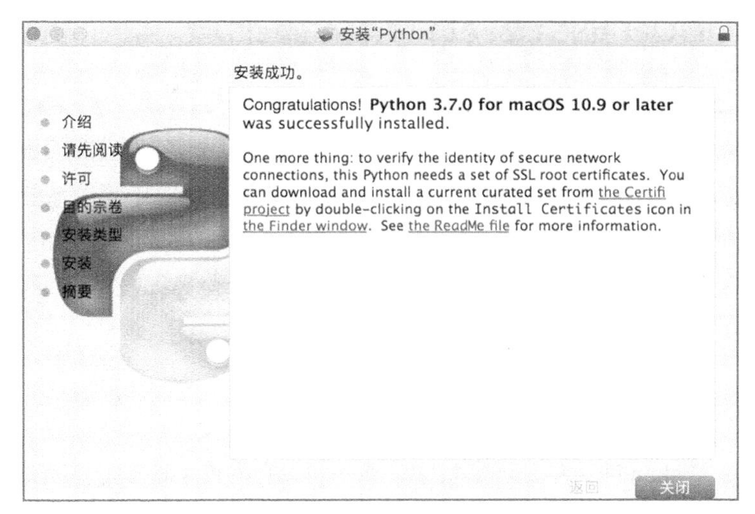

图 1-19　安装成功界面

（4）查看是否安装成功，可打开命令行输入 python 命令查看默认版本，显示图 1-20 所示的界面。

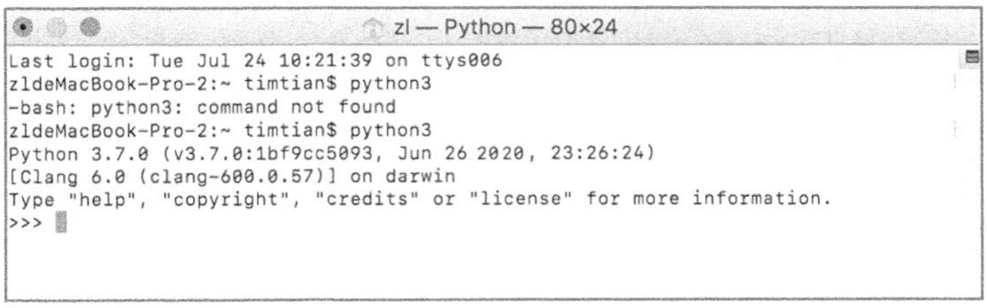

```
zl — Python — 80×24
Last login: Tue Jul 24 10:21:39 on ttys006
zldeMacBook-Pro-2:~ timtian$ python3
-bash: python3: command not found
zldeMacBook-Pro-2:~ timtian$ python3
Python 3.7.0 (v3.7.0:1bf9cc5093, Jun 26 2020, 23:26:24)
[Clang 6.0 (clang-600.0.57)] on darwin
Type "help", "copyright", "credits" or "license" for more information.
>>>
```

图 1-20　安装成功

1.1.4 运行第一个 hello world 程序

hello world 一直都是每一门编程语言经典的第一个程序，也就是用当前所学的编程语言输出 hello world 字符串，宣告该编程语言的学习正式开始。本小节使用 Python 语言输出 hello world。

当计算机里还没有安装 Python 的集成开发环境时，有以下两种方式写出第一个程序。

（1）使用 cmd 命令行。打开命令行，输入 python 命令后，就可以在命令行中编写 Python 程序了。如输入以下代码。

```
print('hello world!')
```

按回车键后就能看见输出的结果，再输入以下命令即可退出 Python 编写。

```
exit()
```

（2）使用 Python Shell 来编写。在主菜单左下角搜索 Python，找到 Python Shell，启动后在里面同样输入 print('hello world!')，按回车键，即可得到图 1-21 所示的结果。

```
Type "help", "copyright", "credits" or "license()" for more information.
>>> print('hello world!')
hello world!
>>> exit()
```

图 1-21 输出 hello world

1.2 Anaconda 的安装及环境变量配置

Python 的强大之处在于它的应用领域范围很广，应用遍及人工智能、科学计算、Web 开发、系统运维、大数据及云计算、金融、游戏开发等领域。Python 实现其强大功能的前提是具有数量庞大且功能相对完善的标准库和第三方库，通过对库的引用，能够实现对不同领域业务的开发。然而，正是由于库的数量十分庞大，管理这些库以及对库进行及时的维护成为既重要但复杂度又高的事情。

本节介绍的 Anaconda 就是一个可以便捷地获取包且能够对包进行管理，同时还可以对环境进行统一管理的强大工具。

1.2.1 Anaconda 简介

Anaconda 是基于 Python 的数据处理和科学计算平台，它内置了许多非常有用的第三方库，其内部包含 conda、Python 在内的超过 180 个科学包及其依赖项。Anaconda 是在 conda（一个包管理器和环境管理器）上发展起来的。安装 Anaconda，就相当于把 Python 和一些常用的库（如 NumPy、pandas、Scrip、Matplotlib 等）自动安装好了，会比在常规的 Python 环境下安装这些组件更容易。

如果计算机中已经安装了 Python，也建议安装 Anaconda。因为使用 Anaconda 进行开发时，默认还是选取 Anaconda 附带的 Python，不会和原来已安装的 Python 产生冲突。

Anaconda 的包管理使用 conda（包管理器）。在数据分析中，会用到很多第三方的包。conda 可以很好地帮助用户在计算机上安装和管理这些包，包括进行安装、卸载和更新等操作。

此外，Anaconda 支持所有操作系统平台，它的安装、更新和删除都很方便，且所有的东西都只安装在一个目录中。Anaconda 目前提供 Python 2.6.X、Python 2.7.X、Python 3.3.X 和 Python 3.4.X 这 4 个系列发行版。

总结起来，Anaconda 具有以下四大特点。

（1）开源。

（2）集成安装。

（3）高性能使用 Python 和 R 语言。

（4）免费的社区支持。

Anaconda 的重要包介绍如下。

1. 科学计算相关包

（1）iPython：iPython 是一个 Python 的交互式 Shell，比默认的 Python Shell 好用得多，功能也更强大。iPython 支持语法高亮、自动补全、代码调试、对象自省，支持 Bash Shell 命令，内置了许多很有用的功能和函数等，非常容易使用。

（2）NumPy：NumPy 几乎是一个无法回避的科学计算工具包，最常用的也许是它的 N 维数组对象；其他还包括一些成熟的函数库，例如用于整合 C/C++和 Fortran 代码的工具包、线性代数、傅里叶变换和随机数生成函数等。NumPy 提供了两种基本的对象，ndarray 和 ufunc。ndarray 是存储单一数据类型的多维数组，而 ufunc 则是能够对数组进行处理的函数。

（3）Matplotlib：Matplotlib 是著名的 Python 绘图库，它提供了一整套和 MATLAB 相似的命令应用程序接口（Application Programming Interface，API），十分适合进行交互式制图，而且还可以将它作为绘图控件，方便地嵌入图形用户接口（Graphical User Interface，GUI）应用程序中；Matplotlib 可以配合 iPython Shell 使用，提供不亚于 MATLAB 的绘图体验。

2. 机器学习和数据挖掘相关包

（1）beautiful-soup：一种爬虫工具。

（2）pandas：pandas 也是基于 NumPy 和 Matplotlib 开发的，主要用于数据分析和数据可视化；它的数据结构 DataFrame 和 R 语言里的 data.frame 很像，特别是对于时间序列数据有自己的一套分析机制。

（3）scikit-learn：scikit-learn 是一个基于 NumPy、SciPy、Matplotlib 的开源机器学习工具包，主要涵盖分类、回归和聚类算法（如 SVM、逻辑回归、朴素贝叶斯、随机森林、K-Means 等算法），代码和文档都非常不错，在许多 Python 项目中都有应用。例如，在 NLTK 中，分类器方面就有专门针对 scikit-learn 的接口，可以调用 scikit-learn 的分类算法以及训练数据来训练分类器模型。

（4）nltk：自然语言处理包。

3. 其他重要的工具

（1）conda：conda 是一个开源的包管理和环境管理系统。包管理功能能让用户非常容易地安装和卸载各种 Python 库，并且很好地管理 Anaconda 的各个组件。环境管理功能支持在不同的 Python 版本和插件环境下进行切换，满足不同的开发需求。

（2）IPython Notebook：IPython Notebook 其实就是常说的 Jupyter Notebook，它是一种基于 Web

技术的交互式计算文档格式。Notebook 页面都被保存为.ipynb 的类 JSON 文件格式，这种文件格式也是 Notebook 最吸引人的地方。IPython Notebook 使用浏览器作为界面，向后台的 IPython 服务器发送请求，并显示结果，在浏览器的界面中使用单元（Cell）保存各种信息。

（3）Spyder：Spyder 是 Python 的作者为它开发的一个简单的集成开发环境，和其他的 Python 开发环境相比，它最大的优点是能模仿 MATLAB 的“工作空间”的功能，可以很方便地观察和修改数组的值。

（4）PyQt：PyQt 是一个创建 GUI 应用程序的工具包，它是 Python 编程语言和 Qt 库的成功融合。PyQt 实现了一个 Python 模块集，它有超过 300 个类、将近 6000 个函数和方法。它是一个多平台的工具包，可以运行在所有主流操作系统（Linux、Windows 和 macOS）上；PyQt 采用双许可证，开发人员可以选择 GNU 通用公共许可协议（GNU General Public License，GPL）和商业许可。在此之前，GPL 的版本只能用在 UNIX 上，从 PyQt 的版本 4 开始，GPL 可用于所有支持的平台。

（5）CPython：用 C 语言实现的 Python 及其解释器。

1.2.2 安装 Anaconda

Anaconda 的安装步骤如下。

（1）到 Anaconda 官网下载要安装的相应版本。这里选择 Windows 系统的 64 位 Python 3.7 图形化安装包，如图 1-22 所示。

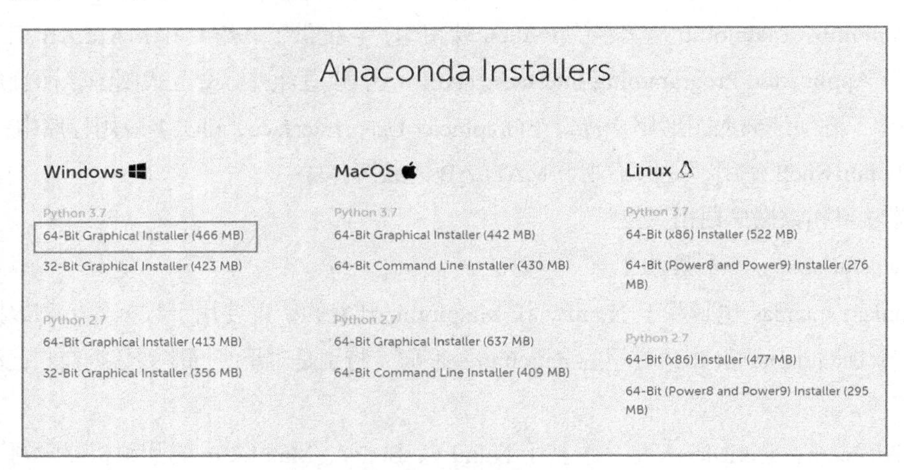

图 1-22 安装包下载

（2）下载完成后，双击安装包，进入安装界面，如图 1-23 所示。选择是为当前用户安装还是为所有用户安装，如果当前系统中只有一个用户则选择第一项。这里选择第一个选项，然后单击“Next”按钮。

（3）进入高级选项界面，第一个选项是添加环境变量，第二个选项是选择将 Anaconda 3 中的 Python 解释器作为默认的 Python 3.7 解释器。这里选择第二个选项，环境变量之后手动添加比较好，单击“Install”按钮进行安装，如图 1-24 所示。

（4）安装完成，显示安装成功界面，如图 1-25 所示。单击“Next”按钮，再单击“Finish”按钮结束安装。

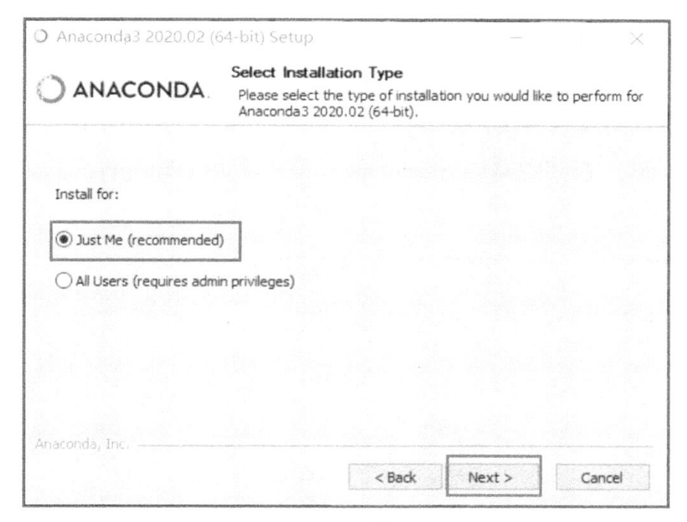

图 1-23　安装界面

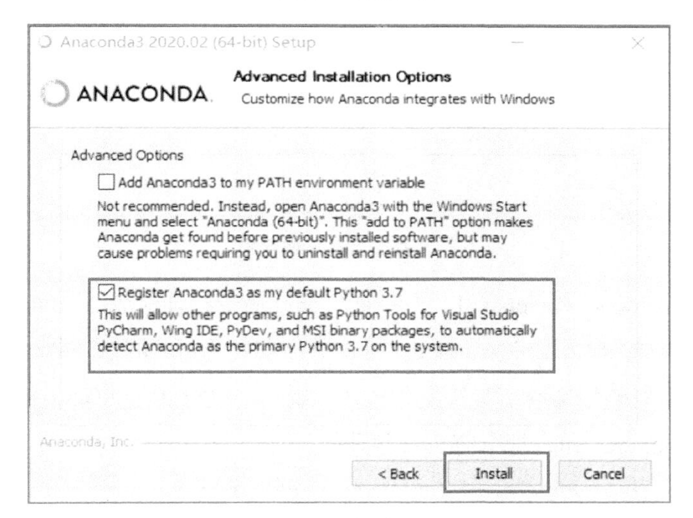

图 1-24　高级选项界面

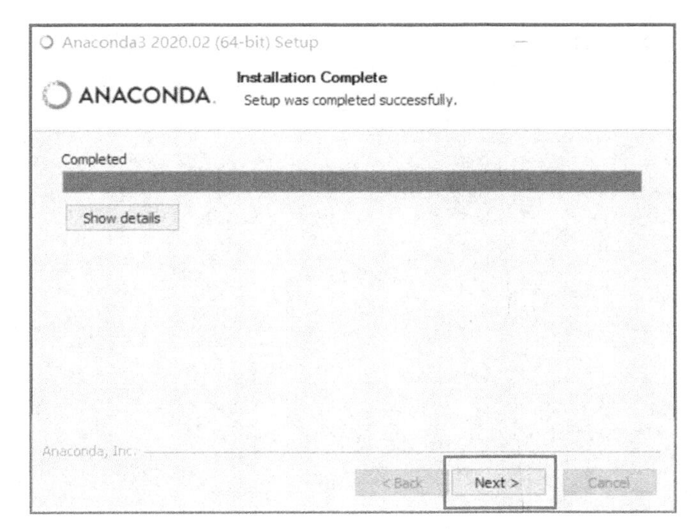

图 1-25　安装成功界面

1.2.3 配置 Anaconda 环境变量

在控制面板主页中找到高级系统设置，打开后在系统属性界面中单击“环境变量”按钮，在用户变量列表中找到“Path”，在其中添加 Anaconda 安装目录下的 Scripts 文件夹路径“D:\Anaconda3\Scripts”，如图 1-26 所示。

图 1-26　配置环境变量

配置好后，打开 Windows Powershell，或者输入 cmd 命令打开命令行，输入命令 conda –version，即可查看当前的安装版本，输入命令 conda list 可查看已安装的包名和版本号。如果显示与图 1-27 类似的对应信息，则说明安装和环境变量等配置成功。此外，为了避免可能发生的错误，还可在命令行中输入命令 conda upgrade –all，把所有工具包升级。

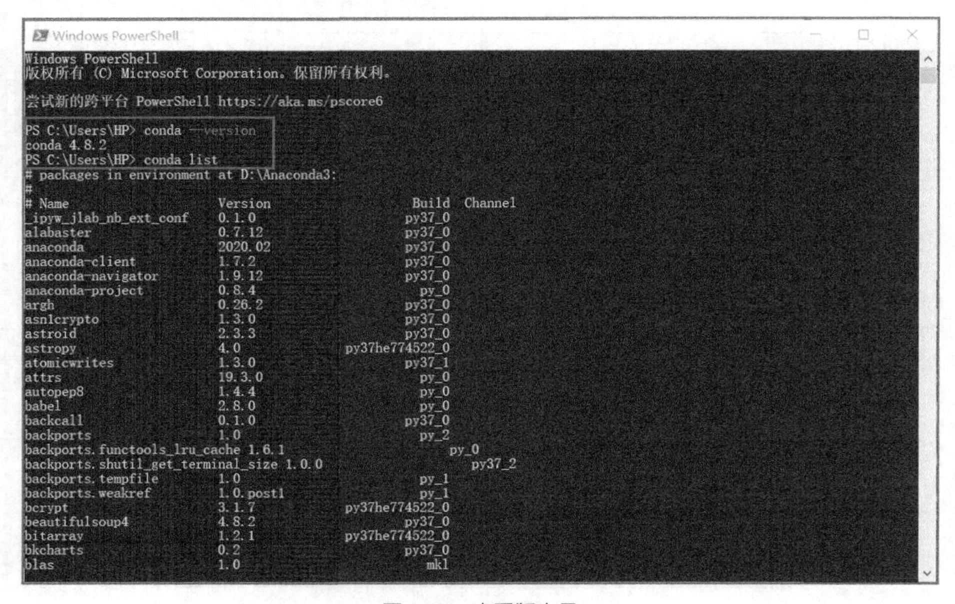

图 1-27　查看版本号

至此，用户就可以开始体验 Anaconda 的功能了，如图 1-28 所示。单击开始菜单找到 Anaconda Navigator，将其打开后，显示图 1-29 所示的界面。可以看到，Anaconda Navigator 中已经包含 Jupyter Notebook、JupyterLab、Qt Console 和 Spyder 等应用工具，单击“Launch”按钮即可使用，单击“Install”按钮可安装其他的应用。

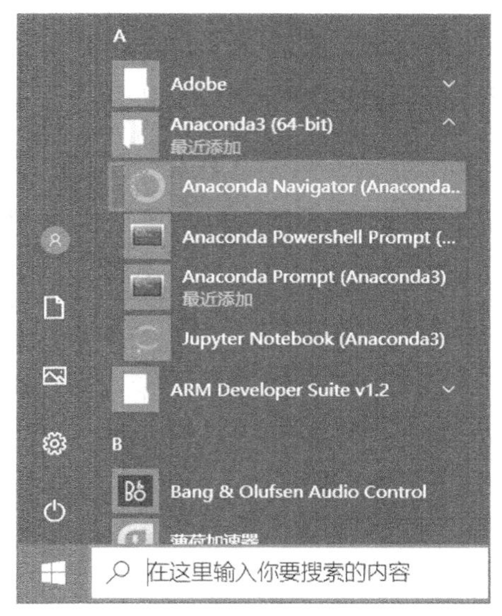

图 1-28　开始菜单

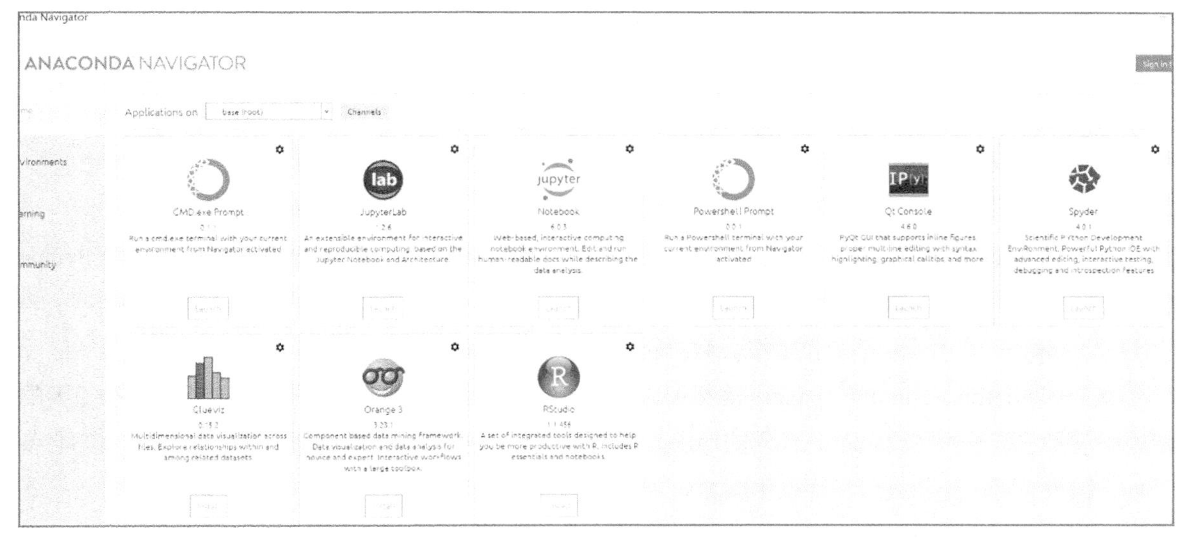

图 1-29　Anaconda Navigator 界面

1.3　Jupyter Notebook 与 PyCharm 的安装及工程环境设置

集成开发环境（Integrated Development Environment，IDE）是提供给程序员和开发者的一种基本应用，用来编写和测试软件。一般而言，IDE 由一个编辑器、一个编译器（或称之为解释器）和一个调试器组成，通常能够通过 GUI 来操作。

Python 本身的文本编辑器不足以用来构建一些大型的系统，当需要构建大型系统时则需要一个好的 IDE，以便能够整合所有模块和库。本节介绍两个好用的 Python IDE，分别是 Jupyter Notebook 和 PyCharm。

1.3.1 Jupyter Notebook 的简介与安装

1. Jupyter Notebook 简介

Jupyter Notebook（简称 Jupyter）项目开始于 2014 年，它是一种模块化的 Python 编辑器（现在也支持 R 等多种语言）。Jupyter 可以把大段的 Python 代码碎片化处理，分成一段一段地运行。在软件开发中，Jupyter 可能显得并没有那么好用，这个模块化的功能反而会破坏程序的整体性；但是在进行数据处理、分析、建模，以及观察结果的时候，Jupyter 模块化的功能不仅能提供更好的视觉体验，还能大大缩短运行代码及调试代码的时间，同时还会让整个处理和建模的过程变得异常清晰。

Jupyter 由 3 个组件构成：笔记本应用程序、内核、笔记本文件。Jupyter 主要有以下几方面的特点。

（1）开源。

（2）支持 30 种语言，包括一些数据科学领域很流行的语言，如 Python、R、Scala、Julia 等。

（3）允许用户创建和共享文件，文件中可以包括公式、图像以及重要的代码。

（4）拥有交互式组件，可以编程输出视频、图像、LaTeX。不仅如此，交互式组件能够用来实时可视化和操作数据。

（5）它也可以利用 Scala、Python、R 整合大数据工具，如 Apache 的 Spark。

（6）markdown 标记语言能够进行代码标注，用户能够将逻辑和思考写在笔记本中，这和 Python 内部注释部分不同。

（7）Jupyter 的用途包括数据清洗、数据转换、统计建模和机器学习。

（8）Matplotlib、NumPy、pandas 等拓展库整合了机器学习的一些特性。Jupyter 有一个很重要的特性，就是它能够用图显示单元代码的输出。如今，Jupyter 已迅速成为数据分析、机器学习的必备工具，因为它可以让数据分析师集中精力向用户解释整个分析过程。

2. 安装 Jupyter Notebook

安装 Jupyter 最简单的方法是使用 Anaconda，关于 Anaconda 的安装在上一节已经介绍过。Anaconda 发行版附带了 Jupyter，用户能够在默认环境下使用。最简单的方法就是在 Anaconda Navigator 界面中直接选择 Jupyter 并启动，如图 1-30 所示。

另外一种方法是在 conda 环境中安装 Jupyter，在 conda 终端使用以下命令即可（以下两个命令是指在 conda 的终端 Anaconda Prompt 中运行）。

```
conda install jupyter notebook
```

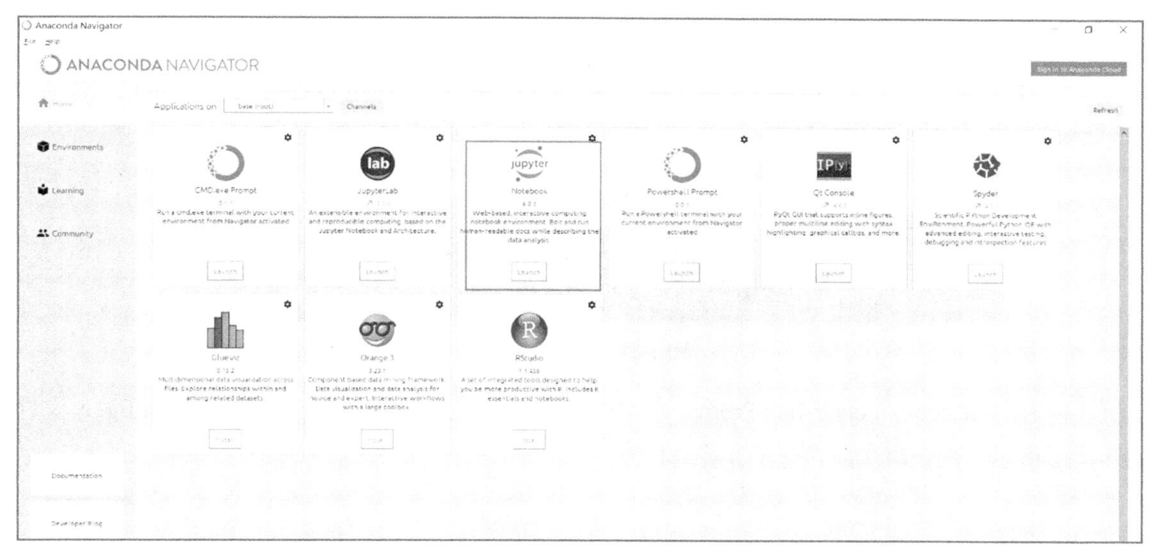

图 1-30　在 Anaconda Navigator 中启动 Jupyter

安装好后输入以下命令即可启动 Jupyter。

```
jupyter notebook
```

如果不使用 Anaconda 安装 Jupyter，则可以通过 Python Shell 的 pip 来单独安装。具体安装步骤如下。

（1）升级 pip 到最新版本。老版本的 pip 在安装 Jupyter 的过程中可能会出现依赖项无法同步安装的问题，因此建议先把 pip 升级到最新版本。

若使用 Python 3.x 安装，则在 cmd 或 PowerShell 命令行中输入以下命令（建议使用 Python 3 来安装）升级 pip。

```
pip3 install --upgrade pip
```

若使用 Python 2.x 安装，则在 cmd 或 PowerShell 命令行中输入以下命令升级 pip。

```
pip install --upgrade pip
```

（2）pip 升级完毕即可安装 Jupyter。

若使用 Python 3.x 安装，在 cmd 或 PowerShell 命令行中输入以下命令（建议使用 Python 3 来安装）即可。

```
pip3 install jupyter
```

若使用 Python 2.x 安装，在 cmd 或 PowerShell 命令行中输入以下命令即可。

```
pip install jupyter
```

同样，在命令行中输入以下命令即可启动 Jupyter。

```
jupyter notebook
```

1.3.2　设置 Jupyter Notebook 工程环境

使用 Jupyter Notebook 编写 Python 代码很方便，唯一需要做的是在启动 Jupyter Notebook 前对其工作路径进行设置。下面是具体设置步骤。

（1）创建一个自己的工作目录，例如 D:\Anaconda3\jupyter_work，以后在启动 Jupyter Notebook

时打开的都是这个 jupyter_work 文件夹。

（2）在开始菜单中打开 Anaconda Powershell Prompt，输入 jupyter notebook --generate-config 命令生成配置文件，打开 C 盘下的 jupyter 文件夹查看是否生成成功，如图 1-31 所示。

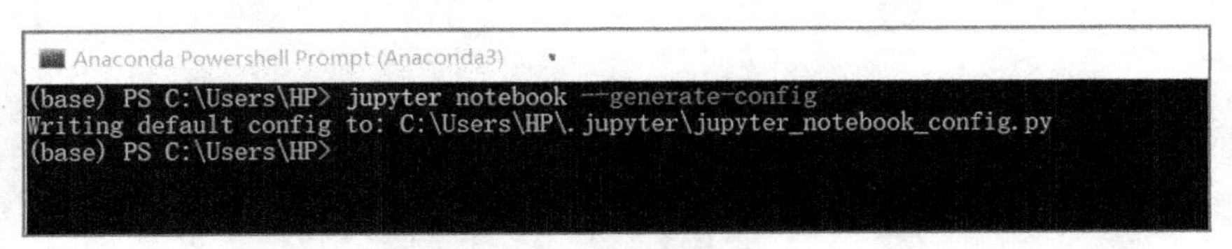

图 1-31　生成配置文件

（3）根据 Anaconda Powershell Prompt 中生成文件的路径，找到 jupyter_notebook_config.py 文件，如图 1-32 所示，用记事本或其他工具将其打开。

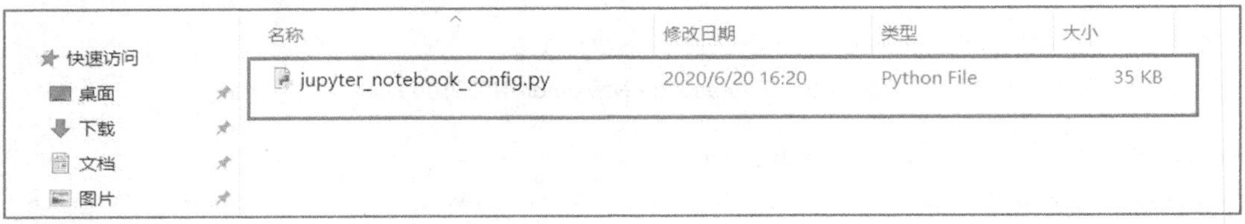

图 1-32　jupyter_notebook_config.py 文件

（4）打开文件后找到#c.NotebookApp.notebook_dir=' '这一行配置信息，如图 1-33 所示。删除#以去掉注释，并在=后的' '中填入自己设定的工作路径，如图 1-34 所示，修改完成后保存文件。

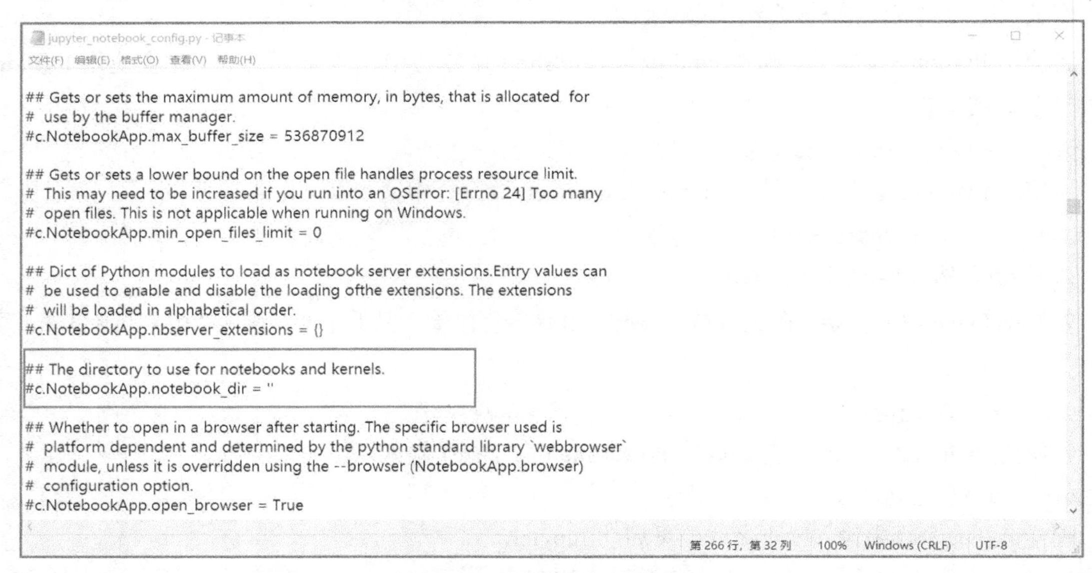

图 1-33　修改前的配置信息

（5）修改开始菜单中 Jupyter Notebook 的快捷方式操作流程（以 Windows 10 系统为例）：开始→Jupyter Notebook→右击→更多→打开文件位置→找到 Jupyter Notebook 的快捷方式并右击打开 Jupyter Notebook (Anaconda3)属性界面，去掉“目标”这一项中.py 后面的所有内容，结果如图 1-35 所示。

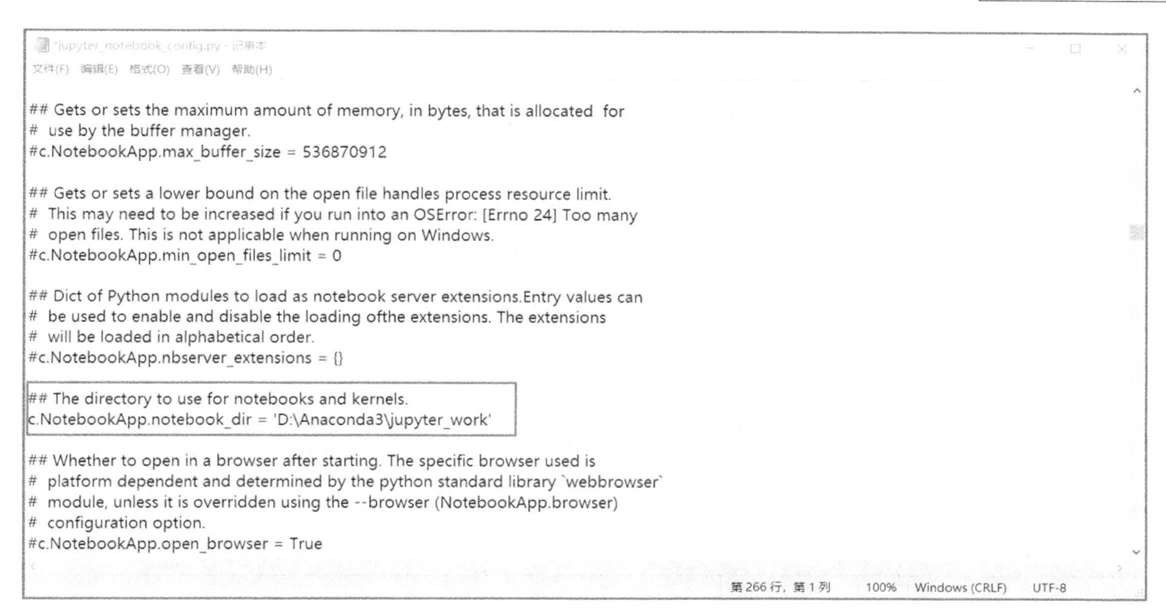

```
## Gets or sets the maximum amount of memory, in bytes, that is allocated  for
#  use by the buffer manager.
#c.NotebookApp.max_buffer_size = 536870912

## Gets or sets a lower bound on the open file handles process resource limit.
#  This may need to be increased if you run into an OSError: [Errno 24] Too many
#  open files. This is not applicable when running on Windows.
#c.NotebookApp.min_open_files_limit = 0

## Dict of Python modules to load as notebook server extensions.Entry values can
#  be used to enable and disable the loading ofthe extensions. The extensions
#  will be loaded in alphabetical order.
#c.NotebookApp.nbserver_extensions = {}

## The directory to use for notebooks and kernels.
c.NotebookApp.notebook_dir = 'D:\Anaconda3\jupyter_work'

## Whether to open in a browser after starting. The specific browser used is
#  platform dependent and determined by the python standard library `webbrowser`
#  module, unless it is overridden using the --browser (NotebookApp.browser)
#  configuration option.
#c.NotebookApp.open_browser = True
```

图 1-34　修改后的配置信息

终端　兼容性　安全　详细信息　以前的版本
常规　快捷方式　选项　字体　布局　颜色
Jupyter Notebook (Anaconda3)
目标类型:　应用程序
目标位置:　Anaconda3
目标(T):　:\Anaconda3\Scripts\jupyter-notebook-script.py
起始位置(S):　%HOMEPATH%
快捷键(K):　无
运行方式(R):　常规窗口
备注(O):　Jupyter Notebook (Anaconda3)
打开文件所在的位置(F)　更改图标(C)...　高级(D)...
确定　取消　应用(A)

图 1-35　修改目标项

（6）以上内容设置成功后，在 Anaconda Powershell Prompt 中输入 Jupyter 命令，即可启动 Jupyter Notebook，如图 1-36 所示。若在 Serving notebooks from local directory 这一行中，可以看到路径信息已经改变为自己设置的路径，即配置成功，之后便会自动用浏览器打开 Jupyter Notebook。

在步骤（6）之后 Jupyter 就被打开了，可以看到图 1-37 所示的界面，单击界面右边的“New”按钮可以创建新的“Notebook”“Text File”文本文件、“Folder”文件夹或“Terminal”终端。

```
(base) PS C:\Users\HP> jupyter notebook --generate-config
Writing default config to: C:\Users\HP\.jupyter\jupyter_notebook_config.py
(base) PS C:\Users\HP> jupyter notebook
[I 17:12:56.878 NotebookApp] Writing notebook server cookie secret to C:\Users\HP\AppData\Roaming\jupyter\runtime\notebook_cookie_secret
[I 17:13:01.880 NotebookApp] JupyterLab extension loaded from D:\Anaconda3\lib\site-packages\jupyterlab
[I 17:13:01.880 NotebookApp] JupyterLab application directory is D:\Anaconda3\share\jupyter\lab
[I 17:13:01.896 NotebookApp] Serving notebooks from local directory: D:\Anaconda3\jupyter_work
[I 17:13:01.896 NotebookApp] The Jupyter Notebook is running at:
[I 17:13:01.896 NotebookApp] http://localhost:8888/?token=49163b0f8bfd9c8393139644eefcd887c18345a4fde2baea
[I 17:13:01.896 NotebookApp]  or http://127.0.0.1:8888/?token=49163b0f8bfd9c8393139644eefcd887c18345a4fde2baea
[I 17:13:01.897 NotebookApp] Use Control-C to stop this server and shut down all kernels (twice to skip confirmation).
[C 17:13:01.962 NotebookApp]

    To access the notebook, open this file in a browser:
        file:///C:/Users/HP/AppData/Roaming/jupyter/runtime/nbserver-8488-open.html
    Or copy and paste one of these URLs:
        http://localhost:8888/?token=49163b0f8bfd9c8393139644eefcd887c18345a4fde2baea
     or http://127.0.0.1:8888/?token=49163b0f8bfd9c8393139644eefcd887c18345a4fde2baea
```

图 1-36　打开 Jupyter 并查看配置结果

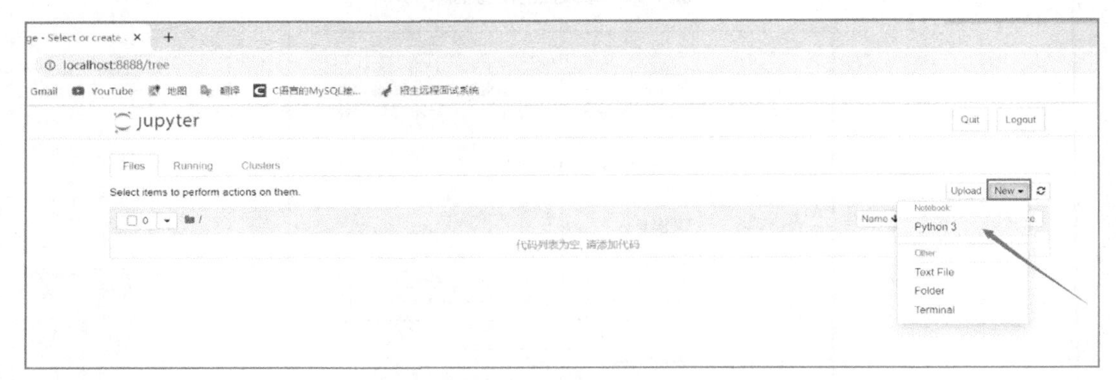

图 1-37　创建新的 Notebook 文件

“Notebook”下的列表显示了已安装的内核。由于是在 Python 3 环境中运行 Jupyter，因此这里列出了 Python 3 内核。单击“Python 3”，创建一个 Python 3 的新文件，如图 1-38 所示，就可以直接开始编写 Python 代码了。此处以输出 hello world 作为示例。

图 1-38　输出 hello world

1.3.3　PyCharm 的简介与安装

1. PyCharm 简介

能够开发 Python 项目的 IDE 很多，如 Spyder、sublime text、PyCharm 等，读者可以根据个人喜好选择 IDE。下面介绍功能强大的 IDE 工具 PyCharm。PyCharm 带有一整套可以帮助用户提高开发效率的工具，如调试、语法高亮、Project 管理、代码跳转、智能提示、自动补全、单元测试、脚本控制等。此外，该 IDE 还支持 Django 框架下的专业 Web 开发，同时支持 Google APP Engine 等高级功能，有的版本还支持 IronPython。由于 Jupyter 不能 debug，而且打开.py 的脚本也不方便，所以建议安装 PyCharm 这个 IDE 来进行 Python 程序的编写。

2. 安装 PyCharm

下面介绍 PyCharm 的安装过程。

（1）本小节安装的 PyCharm 版本为 2020.1 的社区版（Community），可以到 JetBrains 官网下载相应版本。

（2）下载好后打开安装包进入安装界面，单击“Next”按钮进入图 1-39 所示的界面。选择自己想要安装的路径，然后单击“Next”按钮进入安装选项界面。

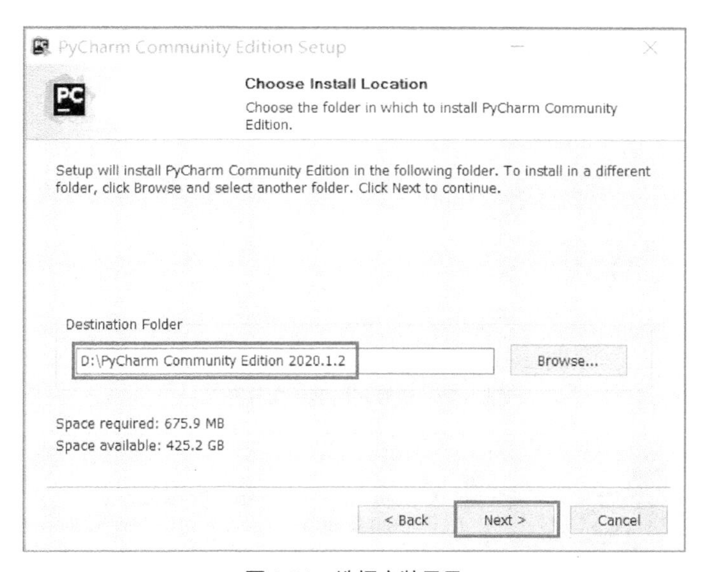

图 1-39　选择安装目录

（3）在安装选项界面中，可以看到 4 个选项，如图 1-40 所示。界面分别显示了创建桌面快捷方式、配置环境变量、以工程形式打开文件、关联.py 文件。将它们全部勾选，单击“Next”按钮进入下一步。

（4）进入选择开始菜单文件界面，即选择一个开始菜单文件夹用来存放 PyCharm 快捷方式。这里直接使用其默认的 JetBrains 文件夹，单击“Install”按钮进行安装，如图 1-41 所示。

（5）安装成功后显示图 1-42 所示的界面。此时有两个选项，第一个选项是立即重启计算机，第二个选项是随后手动重启计算机。重启计算机的作用是自动完成环境变量等系统配置，此处选择第二个选项，以便继续进行 PyCharm 工程创建和工程环境设置。

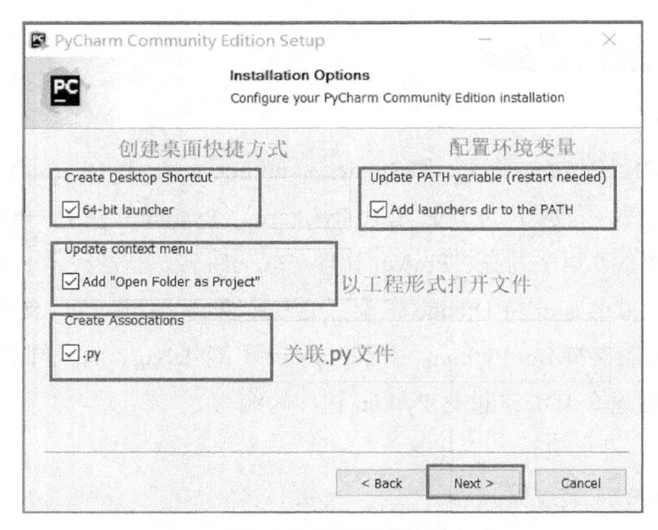

图 1-40　安装选项界面

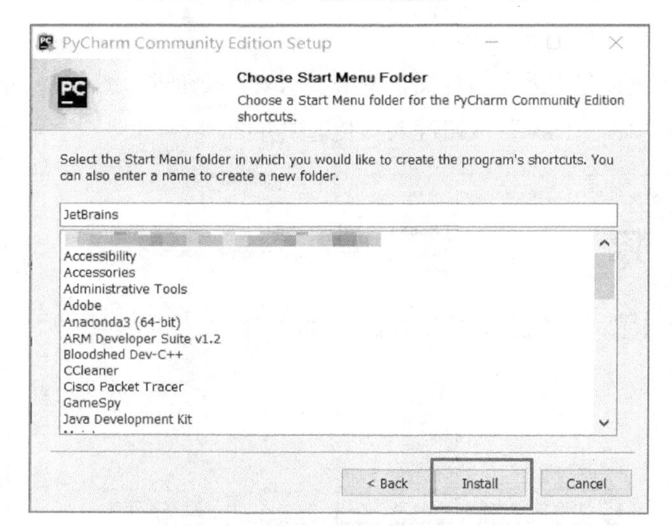

图 1-41　选择开始菜单文件界面

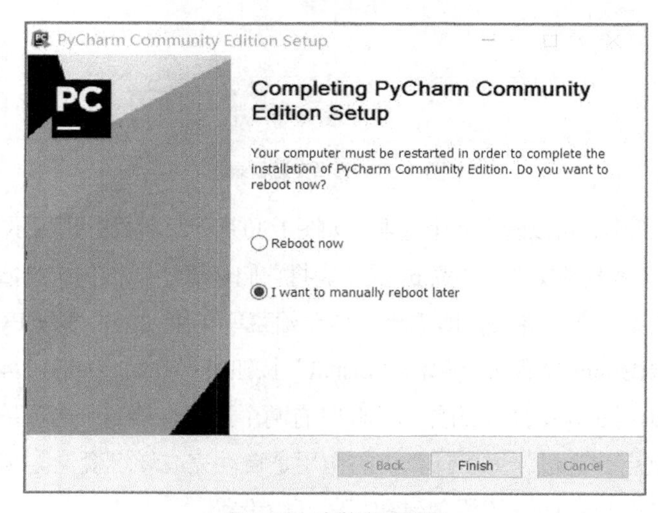

图 1-42　安装完成界面

1.3.4　设置 PyCharm 工程环境

在完成 PyCharm 的所有安装步骤后，就可以打开 PyCharm 开始创建第一个工程项目。打开 PyCharm 后首先见到的是一些基本选择，如图 1-43 所示。在这里可以选择一个自己喜欢的 UI 主题界面。

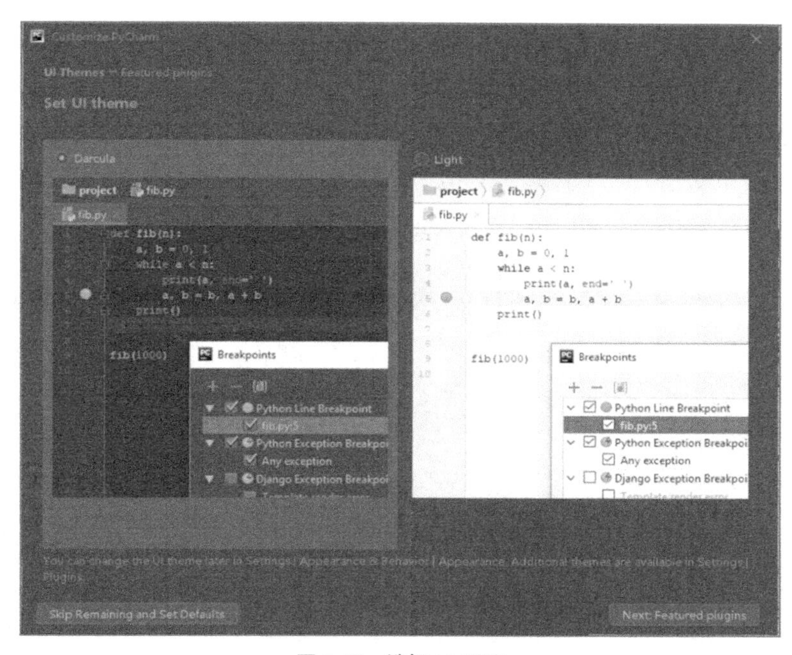

图 1-43　选择 UI 界面

选好界面后，单击“Next：Featured plugins”按钮，显示图 1-44 所示的界面，然后单击“Create New Project”按钮开始创建第一个项目。

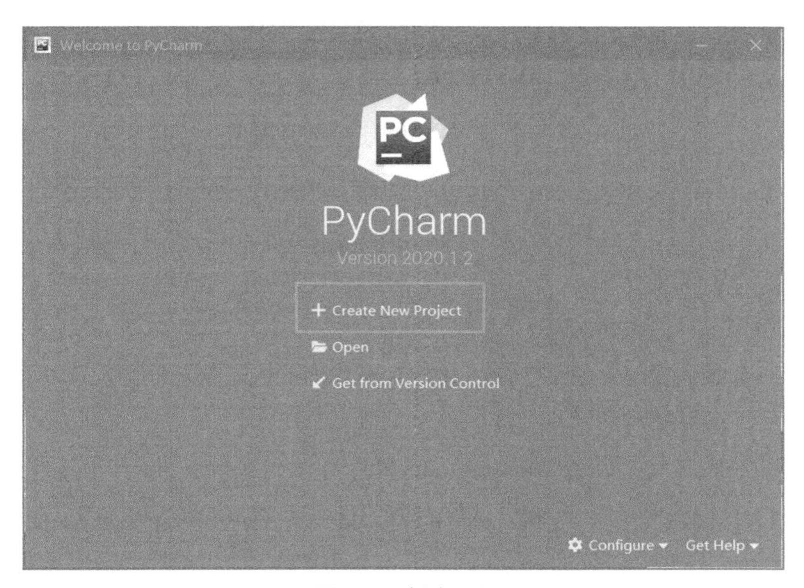

图 1-44　新建项目

新建项目后，显示图 1-45 所示的配置界面。第一行“Location”选项用于选择项目存放路径，默认路径前半部分是工程文件夹存放路径，末尾的 untitled 是由用户自定义的工程文件夹名称。“Location”下面的选项用于选择项目解释器，也是选择依赖的 Python 库。Python 的默认实现是为每个项目创建 Virtualenv。展开 Project Interpreter：New Virtualenv environment，然后选择创建新虚拟环境的工具。选择“New environment using”选项时，可以创建新的环境（解释器），有 3 个选项“Virtualenv”“Pipenv”和“Conda”，表示可以使用这 3 种工具其中之一创建新环境。若选择“Existing interpreter”选项，则表示选择使用已存在解释器。现在选择“Virtualenv”选项，并指定新虚拟环境的位置和基本解释器，这里的“Location”会和上面第一个“Location”同步，可看到创建的新环境位于工程目录的子目录 venv 下。对于解释器的选择，如果安装了 Anaconda，则可以直接选择 Anaconda 自带的解释器作为基本解释器。最后单击“Create”按钮创建项目。

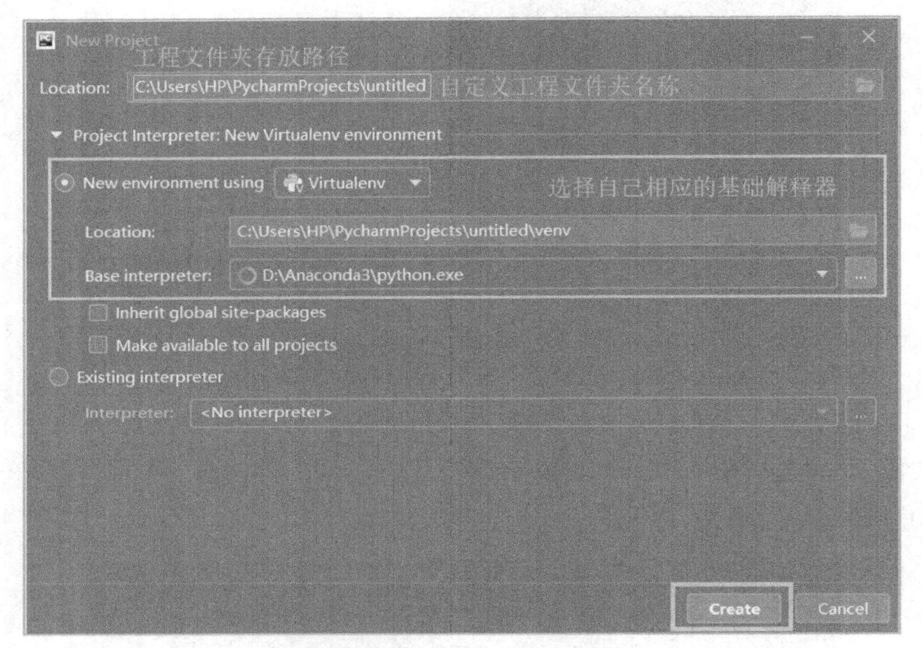

图 1-45　默认的 New Virtualenv 环境

在使用上述第一个选项“New environment using”来创建项目时，会在项目中创建一个 venv（virtualenv）目录，这里存放一个虚拟的 Python 环境。这里所有的类库依赖都可以直接脱离系统安装的 Python 独立运行，其优点如下。

① Python 项目可以独立部署。

② 防止发生一台服务器部署的多个项目之间存在类库的版本依赖问题。

③ 可以充分发挥项目的灵活性。

注意，新创建的项目只包含 pip 和 setuptools 两个包。若需要其他的包，可打开项目文件→设置→项目→Project Interpreter→项目环境，选择右方的加号手动添加所需的第三方库即可。

如果想要拥有 Anaconda 已有的大量第三方库，且不想在项目中出现 venv 虚拟解释器，可以选择“Existing Interpreter”选项关联已经存在的本地 Python 解释器，如图 1-46 所示。第一步选择“Existing interpreter”选项，第二步浏览已有的解释器，如图 1-47 所示。此处选择 Conda 环境，“Interpreter”选择 Anconda 目录下的 python.exe 文件，最后单击“OK”按钮即可。

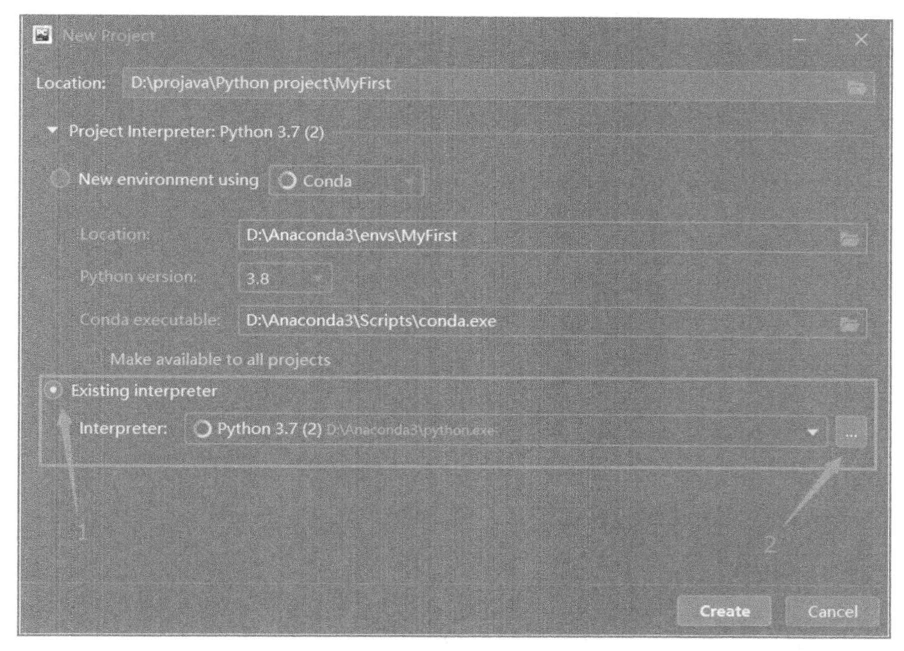

图 1-46　关联已存在的解释器

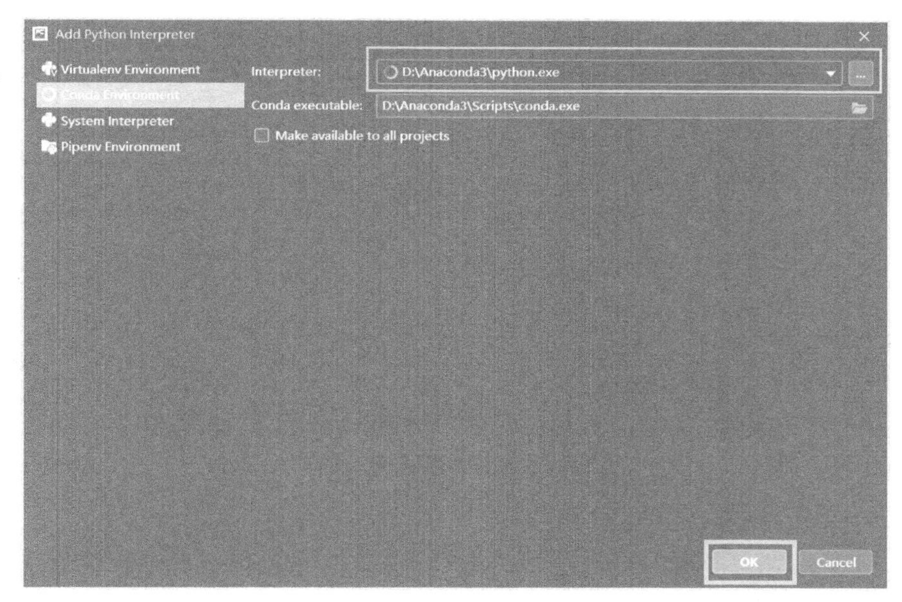

图 1-47　选择解释器位置

创建好工程后，在代码界面选择 File→Settings，如图 1-48 所示。选择后进入设置界面，展开 Project:MyFirst，选择“Project Interpreter”即可看到当前项目的解释器和所有已添加的包，如图 1-49 所示。以 anaconda 为例，可以看到它的版本。继续往下检索，还可以看到 NumPy、pandas 和 Matplotlib 这些数据分析常用包的信息。

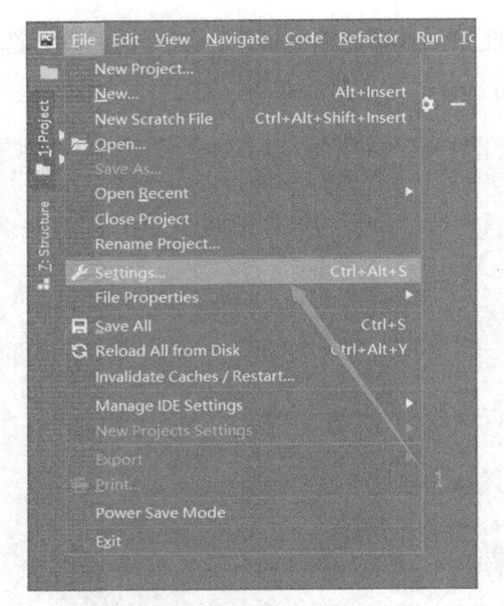

图 1-48　项目菜单界面 File 列表

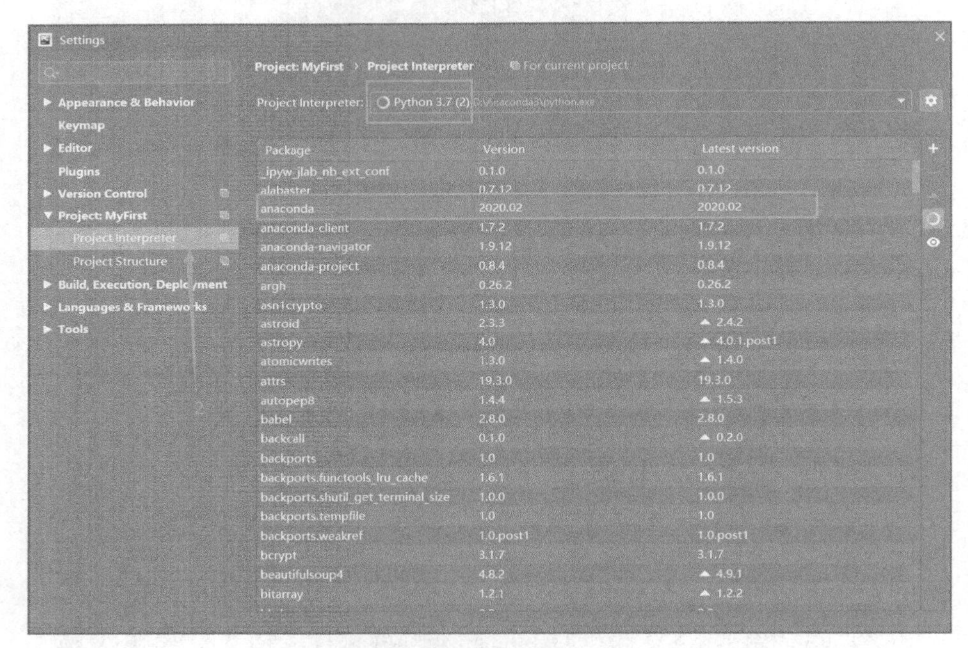

图 1-49　查看解释器和第三方库

习题

1. 简述什么是 Python 以及 Python 有哪些特点。
2. 在 Linux 系统中安装 Python 主要分为哪几步?
3. 简述 Anaconda 的特点和作用。
4. 简述 Jupyter 和 PyCharm 的区别。

第2章　使用NumPy进行数据计算

NumPy（Numerical Python）是 Python 用于科学计算的基础软件库，是 Python 的开源数值计算扩展。NumPy 主要用来存储数组对象和处理大型矩阵（Matrix），比 Python 自身的嵌套列表结构（Nested List Structure，也可用来表示矩阵）要高效得多。此外，NumPy 还是一个运行速度非常快的数学库，主要用于数组计算，包含强大的 *n* 维数组对象 ndarray、广播功能函数、线性代数函数等。

本章主要讲解如何安装 NumPy；NumPy 中的数组对象，包括数组对象的创建和常用属性、数组元素的访问与修改、数组对象的基础运算和常用函数；使用 NumPy 进行数学运算和 NumPy 使用案例。

2.1　安装 NumPy

由于 NumPy 是 Python 的一个工具库，所以必须先安装才能使用。本节介绍如何在 Windows 系统中安装 NumPy。

（1）检查计算机中的 Python 版本，输入 cmd 命令打开命令行，输入 python 命令，如图 2-1 所示。运行后可以看到，当前 Python 的版本是 Python 3.7.1，64 位。

```
C:\Users\Administrator>python
Python 3.7.1 (tags/v3.7.1:1b293b6, Dec 18 2019, 23:11:46) [MSC v.1916 64 bit (AM
D64)] on win32
Type "help", "copyright", "credits" or "license" for more information.
>>>
```

图 2-1　检查 Python 版本

（2）根据计算机中已安装的 Python 版本，从 NumPy 官网选择要下载的 NumPy 版本，如图 2-2 所示。这里选择图中所示的版本下载，37 即版本 3.7，64 即 64 位。

（3）下载后将 NumPy 安装包放在 Python 安装目录下的 Scripts 文件夹中，如图 2-3 所示。

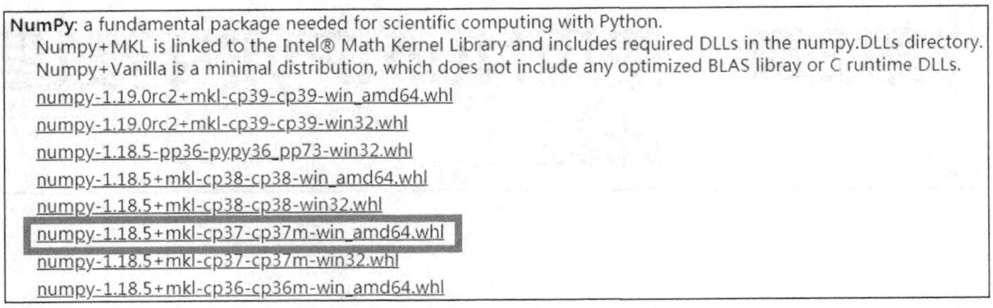

NumPy: a fundamental package needed for scientific computing with Python.
Numpy+MKL is linked to the Intel® Math Kernel Library and includes required DLLs in the numpy.DLLs directory.
Numpy+Vanilla is a minimal distribution, which does not include any optimized BLAS libray or C runtime DLLs.
numpy-1.19.0rc2+mkl-cp39-cp39-win_amd64.whl
numpy-1.19.0rc2+mkl-cp39-cp39-win32.whl
numpy-1.18.5-pp36-pypy36_pp73-win32.whl
numpy-1.18.5+mkl-cp38-cp38-win_amd64.whl
numpy-1.18.5+mkl-cp38-cp38-win32.whl
numpy-1.18.5+mkl-cp37-cp37m-win_amd64.whl
numpy-1.18.5+mkl-cp37-cp37m-win32.whl
numpy-1.18.5+mkl-cp36-cp36m-win_amd64.whl

图 2-2　下载 NumPy 文件

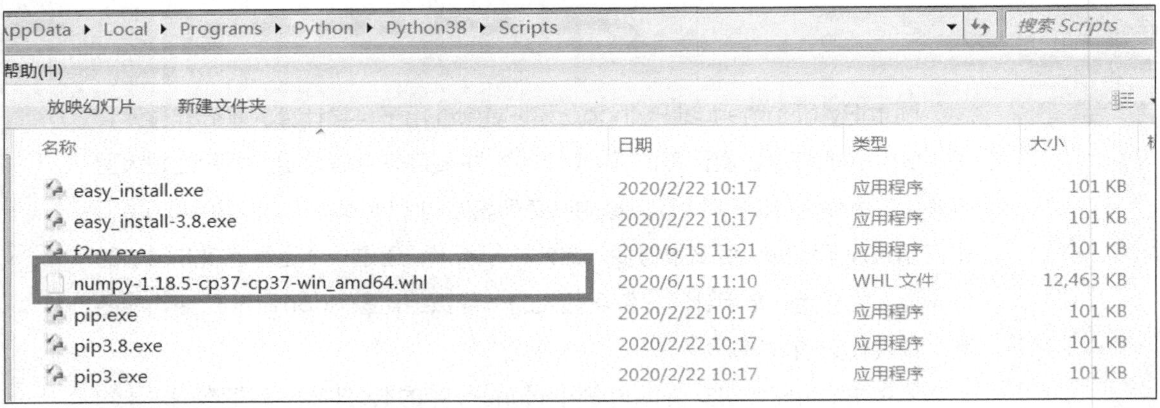

ppData ▸ Local ▸ Programs ▸ Python ▸ Python38 ▸ Scripts　　搜索 Scripts
帮助(H)
放映幻灯片　新建文件夹

名称	日期	类型	大小
easy_install.exe	2020/2/22 10:17	应用程序	101 KB
easy_install-3.8.exe	2020/2/22 10:17	应用程序	101 KB
f2py.exe	2020/6/15 11:21	应用程序	101 KB
numpy-1.18.5-cp37-cp37-win_amd64.whl	2020/6/15 11:10	WHL 文件	12,463 KB
pip.exe	2020/2/22 10:17	应用程序	101 KB
pip3.8.exe	2020/2/22 10:17	应用程序	101 KB
pip3.exe	2020/2/22 10:17	应用程序	101 KB

图 2-3　将 NumPy 安装包移动到指定位置

（4）打开命令行，在 Python 下输入如下代码进行验证。

```
from numpy import *
random.rand(3,4)
```

屏幕上显示使用 NumPy 中的随机生成数组功能成功地生成了一个二维数组，如图 2-4 所示。至此，NumPy 安装成功。

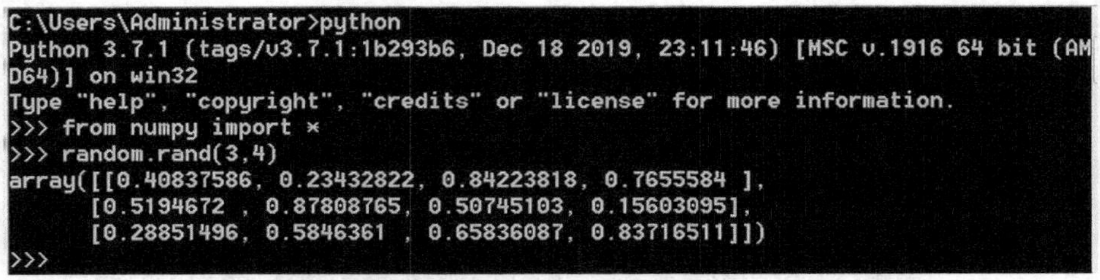

```
C:\Users\Administrator>python
Python 3.7.1 (tags/v3.7.1:1b293b6, Dec 18 2019, 23:11:46) [MSC v.1916 64 bit (AM
D64)] on win32
Type "help", "copyright", "credits" or "license" for more information.
>>> from numpy import *
>>> random.rand(3,4)
array([[0.40837586, 0.23432822, 0.84223818, 0.7655584 ],
       [0.5194672 , 0.87808765, 0.50745103, 0.15603095],
       [0.28851496, 0.5846361 , 0.65836087, 0.83716511]])
>>>
```

图 2-4　验证安装成功

2.2　NumPy 中的数组对象

NumPy 中的数组对象十分重要，数组对象可以用于对批量数据进行存储和集中处理。什么是数组呢？数组（Array）是有序的元素序列。若对有限个类型相同的变量的集合命名，这个名称即为数组名。组成数组的各个变量称为数组的“分量”，也称为数组的“元素”，有时也称为“下标变量”，这些有序排列的同类型数据元素的集合称为“数组”。什么是对象呢？对象是人们要进行研究的任何事物，从最简单的整数到复杂的飞机等均可看作对象，它不仅能表示具体的事物，还能表示抽象的规则、计划或事件。数组对象就是把数组和对象相结合。在程序设计中，为了处理方便，数组对象就是指把具有相同类型的若干元素按某种顺序组织起来的一种形式。

那么如何使用数组对象呢？本节主要讲解在 Windows 系统中，NumPy 数组对象的创建和常用属性、数组元素的访问与修改、数组对象的基础运算和常用函数。

2.2.1 数组对象的创建

创建 NumPy 数组主要有以下 3 种方式。

① 使用 NumPy 中的 array()函数从 Python 列表中创建数组，数组类型由列表中的数据类型确定。

② 使用 NumPy 中的 zeros()、ones()、empty()函数创建数组。其中，zeros()函数创建数组元素全部为 0 的数组，默认情况下数组元素的类型为 float64；ones()函数创建数组元素全部为 1 的数组，默认情况下数组元素的类型为 float64；empty()函数创建数组元素为随机内容的数组，随机内容取决于存储器的状态。

③ 使用 NumPy 中的 arange()函数创建等间隔的数字数组。

下面将详细讲解利用这 3 种方式创建 NumPy 数组的方法。

1. 用 array()函数创建数组

使用 NumPy 中的 array()函数可以创建一维、二维、*n* 维数组，array()函数要求传入 Python 列表数据，传入 Python 列表数据的嵌套层次决定了创建数组的维数。

（1）创建一维数组

要创建一维数组，只需在 array()函数中传入单层列表数据即可。由于在程序中要使用 NumPy 科学计算库，所以需要将 NumPy 库导入程序中。

下面的代码创建了浮点类型（float64）的一维数组，数组名是 array1，np 是 NumPy 库的引用名称，传入 array()函数的是单层列表。

```
>>>import numpy as np      #引入NumPy库
>>>array1=np.array([0.1,0.4,0.9,0.16,0.25,0.36])      #创建一个一维数组
>>>array1                   #查看创建的一维数组
array([0.1,0.4,0.9,0.16,0.25,0.36])
>>>
```

（2）创建二维与多维数组

要创建二维数组或多维数组，只需要在 array()函数中传入两层或多层嵌套的列表数据即可。下面的代码创建了一个关于学生成绩数据的二维数组和多维数组。

```
>>>import numpy as np
>>> array1=np.array([[88,90,94,90,85],[93.5,93.5,92.5,90.5,90.5],[0,0,0,0,0]])#创建一个
二维数组
>>> array1          #查看创建的二维数组
array([[88. , 90. , 94. , 90. , 85. ],
       [93.5, 93.5, 92.5, 90.5, 90.5],
       [ 0. ,  0. ,  0. ,  0. ,  0. ]])
```

```
>>> array2=np.array([[[88,90],[78,87]],[84,88]])      #创建一个多维数组
>>> array2         #查看创建的多维数组
array([[list([88, 90]), list([78, 87])],
      [84, 88]], dtype=object)
>>>
```

2. 用 zeros()、ones()、empty()函数创建数组

使用 NumPy 中的 zeros()、ones()、empty()函数可以创建指定维数的数组，但 3 个函数填充的内容各不相同，下面通过实例来讲解具体填充的内容。

（1）创建一维数组

下面的代码分别使用 zeros()、ones()、empty()函数创建了 array1、array2、array3 这 3 个一维数组。array1 数组有 5 个元素，元素内容都为 0；array2 数组有 7 个元素，元素内容都为 1；array3 数组有 3 个元素，其中内容随机填充，这个随机内容取决于存储器的状态。

```
>>>import numpy as np
>>>array1=np.zeros(5)         #使用 zeros()函数创建一维数组
>>>array1                     #查看创建的一维数组，元素均为 0
array([0., 0., 0., 0., 0.])
>>>array2=np.ones(7)          #使用 ones()函数创建一维数组
>>>array2                     #查看创建的一维数组，元素均为 1
array([1., 1., 1., 1., 1., 1., 1.])
>>>array3=np.empty(3)         #使用 empty()函数创建一维数组
>>>array3                     #查看创建的一维数组，元素为随机数
array([4.34351693e-311, 4.34351693e-311, 9.43293441e-314])
>>>
```

（2）创建二维与多维数组

使用 zeros()、ones()、empty()函数创建二维或多维数组时，需要传入 Python 数组数据。数组内的元素个数指定了数组的维度，元素的值指定了当前元素的数组维度所包含元素的个数。例如，下面代码中使用(3,3)创建的 array1 数组是二维数组，第一维有 3 个元素，第二维有 3 个元素；使用(3,5,4)创建的 array4 数组是三维数组，第一维有 3 个元素，第二维有 5 个元素，第三维有 4 个元素。

```
>>>import numpy as np
>>>array1=np.zeros((3,3))         #使用 zeros()函数创建二维数组
>>>array1                         #查看创建的二维数组，元素均为 0
array([[0., 0., 0.],
      [0., 0., 0.],
      [0., 0., 0.]])
>>>array2=np.ones((2,2))          #使用 ones()函数创建二维数组
>>>array2                         #查看创建的二维数组，元素均为 1
array([[1., 1.],
      [1., 1.]])
>>>array3=np.empty((2,4))         #使用 empty()函数创建二维数组
>>>array3                         #查看创建的二维数组，元素为随机数
array([[5.78e-322, 0.00e+000, 0.00e+000, 0.00e+000],
      [0.00e+000, 1.66e-321, 0.00e+000, 0.00e+000]])
>>>array4=np.ones((3,5,4))        #使用 ones()函数创建三维数组
```

```
>>>array4                              #查看创建的三维数组，元素均为 1
array([[[1., 1., 1., 1.],
        [1., 1., 1., 1.],
        [1., 1., 1., 1.],
        [1., 1., 1., 1.],
        [1., 1., 1., 1.]],

       [[1., 1., 1., 1.],
        [1., 1., 1., 1.],
        [1., 1., 1., 1.],
        [1., 1., 1., 1.],
        [1., 1., 1., 1.]],

       [[1., 1., 1., 1.],
        [1., 1., 1., 1.],
        [1., 1., 1., 1.],
        [1., 1., 1., 1.],
        [1., 1., 1., 1.]]])
>>>
```

（3）创建指定类型的数组

使用 zeros()、ones()、empty()函数可以创建指定数据类型的数组。使用 zeros()、ones()、empty()函数创建数组时，默认的数据类型是 float64，如果需要创建其他数据类型的数组，可以在函数中指定数据类型。

下面的代码创建数据类型为 complex 的二维数组。

```
>>>import numpy as np
>>>array1=np.zeros((3,4),dtype=complex)
>>>#使用 zeros()函数创建数据类型为 complex 的二维数组
>>>array1              #查看创建的二维数组
array([[0.+0.j, 0.+0.j, 0.+0.j, 0.+0.j],
       [0.+0.j, 0.+0.j, 0.+0.j, 0.+0.j],
       [0.+0.j, 0.+0.j, 0.+0.j, 0.+0.j]])
>>>
```

3. 用 arange()函数创建等间隔的数字数组

使用 arange()函数可以创建等间隔的数字数组，其函数参数有 3 个：第一个参数为起始值；第二个参数为终止值；第三个参数为间隔距离，其默认值为 None，即一个单位。

下面的代码列举的是 arange()函数具体的实施效果。第一组数据测试参数为整数的数据，并设置 dtype 的值为 None；第二组数据测试参数为浮点类型的数据，这个时候不设置 dtype 值，测试其第三个参数的默认值；第三组数据测试第三个参数不为默认值的情况。

```
>>>import numpy as np
>>>array1=np.arange(6,10,dtype=None)
>>>#用 arange()函数创建从 6 开始，10 结束，间隔为 1 的数组，不包含末尾的 10
>>>array1                    #查看创建的一维数组
array([6, 7, 8, 9])
>>>array2=np.arange(6.6,12.7)
>>>#使用 arange()函数创建从 6.6 开始，12.7 结束，间隔为 1 的数组
```

```
>>> array2                #查看创建的一维数组
array([ 6.6,  7.6,  8.6,  9.6, 10.6, 11.6, 12.6])
>>> array3=np.arange(3.8,8.2,0.6)
>>>#使用 arange()函数创建从 3.8 开始，8.2 结束，间隔为 0.6 的数组
>>> array3                #查看创建的一维数组
array([3.8, 4.4, 5. , 5.6, 6.2, 6.8, 7.4, 8. ])
>>>
```

2.2.2　数组对象的常用属性

在 NumPy 中，每一个线性的数组称为一个轴（Axis），也就是一个维度（Dimensions）。维度的数量（维数）称为秩（Rank），秩就是轴的数量，一维数组的秩为 1，二维数组的秩为 2，以此类推。二维数组相当于两个一维数组，其中第一个一维数组中每个元素又是一个一维数组，所以一维数组就是 NumPy 中的轴，第一个轴相当于是底层数组，第二个轴是底层数组里的数组，而轴的数量——秩，就是数组的维数。

很多时候可以声明 axis。axis=0，表示沿着第 0 轴进行操作，即对每一列进行操作；axis=1，表示沿着第 1 轴进行操作，即对每一行进行操作。

NumPy 的数组中比较常用的 ndarray 对象的属性如表 2-1 所示。

表 2-1　ndarray 对象属性表

属性	说明
ndarray.ndim	秩，即轴的数量或维度的数量
ndarray.shape	数组的维度，对于矩阵，为 *n* 行 *m* 列
ndarray.size	数组元素的总个数，相当于.shape 中 *n***m* 的值
ndarray.dtype	ndarray 对象的元素类型
ndarray.itemsize	ndarray 对象中每个元素的大小，以字节为单位
ndarray.flags	ndarray 对象的内存信息
ndarray.real	ndarray 元素的实部
ndarray.imag	ndarray 元素的虚部
ndarray.data	包含实际数组元素的缓冲区，由于一般都是通过数组的索引来获取元素，所以通常不需要使用这个属性

接下来将详细介绍表 2-1 中的前 6 个属性。

下面以学生成绩为例，先创建基本的数组，然后查看学生成绩数组的属性。

下面的代码创建了基本的数组。

```
>>> import numpy as np
>>> array1=np.array([[88,90,94,90,85],[93.5,93.5,92.5,90.5,90.5],[0,0,0,0,0]])
>>>#创建一个二维数组，前两行为 5 个学生的两门课的成绩，第三行为总分
>>> array1          #查看创建的数组
array([[88. , 90. , 94. , 90. , 85. ],
       [93.5, 93.5, 92.5, 90.5, 90.5],
       [ 0. ,  0. ,  0. ,  0. ,  0. ]])
>>>
```

1. ndarray.ndim

ndarray.ndim 用于返回数组的维数，即秩，秩就是数组的维数。

```
>>> print(array1.ndim)                    #使用.ndim 属性查看数组的秩
2
>>> array2=array1.reshape(5,1,3)          #使用 reshape()函数改变数组的形状
>>> print(array2.ndim)                    #使用.ndim 属性查看形状改变后数组的秩
3
>>>
```

2. ndarray.shape

ndarray.shape 表示数组的维度，返回一个元组，这个元组的长度就是维度的数目，这个维度代表了这个数组的具体形式，如二维数组的维度是 *n* 行 *m* 列。下面这段代码返回了一个学生成绩数组的维度。

```
>>> print(array1.shape)         #使用.shape 属性查看数组的形状
(3, 5)
>>>
```

ndarray.shape 也可以用于调整数组的形状。下面这段代码将一个 3 行 5 列的学生成绩数组转化成了一个 5 行 3 列的学生成绩数组。

```
>>> array1.shape=(5,3)          #使用.shape 属性改变数组的形状
>>> array1                      #查看改变后的二维数组
array([[88. , 90. , 94. ],
       [90. , 85. , 93.5],
       [93.5, 92.5, 90.5],
       [90.5,  0. ,  0. ],
       [ 0. ,  0. ,  0. ]])
>>>
```

NumPy 也提供了 reshape()函数来调整数组的形状。和上面的代码的作用类似，下面的代码将一个 3 行 5 列的学生成绩数组转化成了一个 5 行 3 列的学生成绩数组。

```
>>> array2=array1.reshape(5,3)      #使用 reshape()函数改变数组的形状
>>> array2                          #查看改变后的二维数组
array([[88. , 90. , 94. ],
       [90. , 85. , 93.5],
       [93.5, 92.5, 90.5],
       [90.5,  0. ,  0. ],
       [ 0. ,  0. ,  0. ]])
>>>
```

3. ndarray.size

ndarray.size 主要用于返回数组元素的总个数，相当于.shape 中 $n \times m$ 的值。下面的代码用于查看一个学生成绩数组的元素总个数。

```
>>> print(array1.size)          #使用.size 属性查看数组元素的总个数
15
>>>
```

4. ndarray.dtype

ndarray.dtype 主要用于返回对象的元素类型。下面的代码用于查看学生成绩数组的元素类型。

```
>>> print(array1.dtype)         #使用.dtype 属性查看数组的元素类型
float64
```

```
>>>
```

5. ndarray.itemsize

ndarray.itemsize 以字节的形式返回数组中每一个元素的大小。例如，一个元素类型为 float64 的数组的 itemsize 属性值为 8（float64，每个字节长度为 8，占用 8 个字节）；又如，一个元素类型为 complex32 的数组的 itemsize 属性值为 4。

下面的代码用于查看学生成绩数组的元素大小。

```
>>> print(array1.itemsize)        #使用.itemsize 属性查看数组的元素大小
8
>>>
```

6. ndarray.flags

ndarray.flags 返回 ndarray 对象的内存信息，其属性如表 2-2 所示。

表 2-2　ndarray 对象的内存信息表

属性	描述
C_CONTIGUOUS(C)	数据是在一个单一的 C 风格的连续段中
F_CONTIGUOUS(F)	数据是在一个单一的 Fortran 风格的连续段中
OWNDATA(O)	数组拥有它所使用的内存或从另一个对象中借用它
WRITEABLE(W)	数据区域可以被写入，若将该值设置为 False 则数据为只读
ALIGNED(A)	数据和所有元素都适当地对齐到硬件上
WRITEBACKIFCOPY(X)	写回副本
UPDATEIFCOPY(U)	这个数组是其他数组的一个副本，当这个数组被释放时，原数组的内容将被更新

ndarray.flags 的具体使用实例如下所示，下面的代码完成了查看学生成绩数组中的上表所示的属性。

```
>>> print(array1.flags)        #使用.flags 属性查看数组对象的内存信息
  C_CONTIGUOUS : True
  F_CONTIGUOUS : False
  OWNDATA : True
  WRITEABLE : True
  ALIGNED : True
  WRITEBACKIFCOPY : False
  UPDATEIFCOPY : False

>>>
```

2.2.3 数组元素的访问与修改

创建了一个数组之后，在其中存储了许多值，当需要使用其中的值时，应当如何使用呢？当需要使数组中的值发生改变，又应该如何修改呢？数组有一维、二维、*n* 维数组，下面通过讲解一维数组和二维数组的访问方法，就可以递推出 *n* 维数组的访问方法。

1. 一维数组元素的访问与修改方法

在访问数组前，应该先创建数组。下面的代码首先创建了一个一维数组，其数组名为 array1，里面有 3 个元素；然后访问的时候是用变量名加上数组的下标（数组下标从 0 开始，数组下标是对应的元素个数-1，因此第三个元素的数组下标为 2），并用[]框起来，这样就完成了对数组元素的访问。

那么如何修改数组元素呢？首先要先访问这个元素，然后给它赋新的值，这样新的值就会覆盖原来的值。假设刚刚访问的第三个元素是 3，如果接着把 4 赋给第三个元素，会发现元素值发生了改变，输出整个数组再验证一次也是同样的结果。

```
>>> import numpy as np
>>> array1=np.array([1,2,3])        #创建一个一维数组
>>> array1[2]                       #查看数组下标为 2 的元素
3
>>> array1[2]=4                     #修改数组中的元素值
>>> array1[2]                       #查看修改后数组下标为 2 的元素
4
>>> array1                          #查看修改后数组中的所有元素
array([1, 2, 4])
>>>
```

2. 二维数组元素的访问与修改方法

下面的代码创建了一个二维数组，其数组名为 array2，里面有 3 行 3 列共计 9 个元素。如果还是像一维数组那样访问，如访问代码中的 array2[1]，会发现输出结果为数组中的第二行元素，因此这个二维数组可以看作是由 3 个一维数组组成的一个新的数组。如果要访问某个位置的元素，就需要同时确定它的行标和列标，所以在访问时，[]中需要用到两个数，其中第一个数代表行标，第二个数代表列标，其数组下标的意义与一维数组类似。

对二维数组的修改也是同理，通过数组下标先找到元素的位置，再重新赋给新的值来改变它。

```
>>> import numpy as np
>>> array2=np.array(([1,2,3],[4,5,6],[7,8,9]))        #创建一个二维数组
>>> array2[1]                       #查看数组下标为 1 的元素
array([4, 5, 6])
>>> array2[0,2]                     #查看数组下标为(0,2)的元素
3
>>>  array2[0,2]=11                 #修改数组中的元素值
>>> array2[0,2]                     #查看修改后数组下标为(0,2)的元素
11
>>> array2[0]                       #查看修改后数组下标为 0 的元素
array([ 1,  2, 11])
>>> array2                          #查看修改后数组中的所有元素
array([[ 1,  2, 11],
       [ 4,  5,  6],
       [ 7,  8,  9]])
>>>
```

n 维数组的访问可以参考二维数组，依此类推。

2.2.4　数组对象的基础运算

数组对象之间可以相互访问并进行运算，运算又分为算术运算与自增自减运算。下面这段代码

先创建了数组并给予初始值，然后分别让数组中的所有元素加 5 后再乘以 2，并分别观察结果。

```
>>> import numpy as np
>>> array1=np.array([1,3,5,7,9])        #创建一个一维数组
>>> array2=array1+5                     #让 array1 数组的元素加 5 并赋给 array2 数组
>>> array2                              #查看做加法后 array2 数组的元素值
array([ 6,  8, 10, 12, 14])
>>> array3=array2*2                     #让 array2 数组的元素乘 2 并赋给 array3 数组
>>> array3                              #查看做乘法后 array3 数组的元素值
array([12, 16, 20, 24, 28])
>>> array1                              #查看 array1 数组的元素值
array([1, 3, 5, 7, 9])
>>>
```

从上可知，原始数组的值没有发生改变，而新的数组可以得到计算后的值，并且数组中所有的元素都会发生相同的变化，这就是算术运算。

自增自减运算和算术运算的区别是什么呢？下面这段代码还是使用和算术运算一样的办法来编写，观察数组中值的情况。由于 Python 中没有“--”和“++”运算符，因此对变量进行自增自减需要使用“+=”或“-=”运算符来完成。

```
>>> import numpy as np
>>> array1=np.array([1,3,5,7,9])          #创建一个一维数组
>>> array1+=5                             #让 array1 数组进行自加操作
>>> array1                                #查看做自加后 array1 数组的元素值
array([ 6,  8, 10, 12, 14])
>>> array1-=2                             #让 array1 数组进行自减操作
>>> array1                                #查看做自减后 array1 数组的元素值
array([ 4,  6,  8, 10, 12])
>>>
```

这两个运算符“+=”和“-=”与前面的加减乘除有一点不同，运算的结果不是赋值给一个新数组，而是修改实际数据，即原来数组的数值发生了改变。

2.2.5 数组对象的常用函数

NumPy 提供了函数或方法对数组进行基本操作，掌握了这些基本操作，可以在使用数组的时候更加灵活多变，也可以为后续的编程提供更简便的算法。本小节主要介绍以下函数：reshape()、ravel()、concatenate()、delete()、sort()、where()与 extract()。

1. reshape()函数

reshape()函数的功能是改变数组的形状，可以把 *x* 维数组改成 *y* 维数组。这个函数的原型是 reshape(n)。其中，参数 n 为要改变的形状，是一个数组，例如(2,4)，注意形状要和数组元素数量匹配。下面的代码首先定义了一个一维数组，接着将其变换成一个二维数组，再将其变成一个三维数组，观察输出结果。可以发现，只能在等数量的情况下才可以使用这个函数。

```
>>> import numpy as np
>>> array1=np.array([1,2,3,4,5,6,7,8])          #创建一个一维数组
```

```
>>> array1                                    #查看创建的一维数组
array([1, 2, 3, 4, 5, 6, 7, 8])
>>> array2=array1.reshape((2,4))
>>>#使用 reshape()函数将原数组改变成二维数组
>>> array2                                    #查看使用 reshape()函数后的数组
array([[1, 2, 3, 4],
       [5, 6, 7, 8]])
>>> array3=array2.reshape((2,2,2))
>>>#使用 reshape()函数将原数组改变成三维数组
>>> array3                                    #查看使用 reshape()函数后的数组
array([[[1, 2],
        [3, 4]],

       [[5, 6],
        [7, 8]]])
>>>
```

2. ravel()函数

ravel()函数的功能是将多维数组展开为一维数组。下面的代码使用不同维数的数组做了两组示范：第一组数据测试了一个二维数组的展开；第二组数据测试了一个三维数组的展开。

```
>>> import numpy as np
>>> array1=np.array([[1,2,3],[4,5,6]])        #创建一个二维数组
>>> array1                                    #查看创建的二维数组
array([[1, 2, 3],
       [4, 5, 6]])
>>> array2=array1.ravel()                     #使用 ravel()函数将原数组展开成一维数组
>>> array2                                    #查看使用 ravel()函数后的数组
array([1, 2, 3, 4, 5, 6])
>>> array3=np.array([[[1,2],[3,4]],[[5,6],[7,8]]])
>>>#创建一个三维数组
>>> array3                                    #查看创建的三维数组
array([[[1, 2],
        [3, 4]],
       [[5, 6],
        [7, 8]]])
>>> array4=array3.ravel()                     #使用 ravel()函数将原数组展开成一维数组
>>> array4                                    #查看使用 ravel()函数后的数组
array([1, 2, 3, 4, 5, 6, 7, 8])
>>>
```

3. concatenate()函数

concatenate()函数的功能是将多个数组连接。这个函数的原型是 concatenate(arr,axis)。它有两个参数：arr 是要拼接的数组，要求数组维数要一致；axis 默认值是 0，表示在第 0 个维度上拼接，也可以给其赋值，将数组拼接在指定维度上。下面的代码建立了两个二维数组，分别拼接到第 0、1 个维度上。

```
>>> import numpy as np
>>> array1=np.array([[1,2],[3,4]])            #创建一个二维数组
```

```
>>> array1                                #查看创建的二维数组
array([[1, 2],
       [3, 4]])
>>> array2=np.array([[5,6]])              #创建一个二维数组
>>> array2                                #查看创建的二维数组
array([[5, 6]])
>>> array3=np.concatenate((array1,array2))
>>> #使用 concatenate()函数将两个二维数组拼接成一个二维数组，且维度为 0
>>> array3                                #查看使用 concatenate()函数后的数组
array([[1, 2],
       [3, 4],
       [5, 6]])
>>> array4=np.concatenate((array1,array2.T),axis=1)
>>> #使用 concatenate()函数将两个二维数组拼接成一个二维数组，且维度为 1
>>> array4                                #查看使用 concatenate()函数后的数组
array([[1, 2, 5],
       [3, 4, 6]])
>>>
```

4. delete()函数

delete()函数的功能是从数组中删除指定值。这个函数的原型是 delete(arr,obj,axis)。它有 3 个参数：arr 是需要处理的矩阵；obj 表示在什么位置处理；axis 是一个可选参数，axis=None 或 1 或 0。当 axis=None 时，arr 会先按行展开，然后根据 obj，删除第 obj-1（从 0 开始）位置的数，返回一个行矩阵，这是 axis 参数的默认值；当 axis=0 时，arr 按行删除；当 axis=1 时，arr 按列删除。

下面的代码先创建一个二维数组，然后通过测试不同的可选参数 axis 来观察输出的结果。第一组数据测试了可选参数 axis 为默认值的情况；第二组数据测试了可选参数 axis 为 0 的情况；第三组数据测试了可选参数 axis 为 1 的情况。

```
>>> import numpy as np
>>> array1=np.array([[1,2,3,4],[5,6,7,8]])  #创建一个二维数组
>>> array1                                  #查看创建的二维数组
array([[1, 2, 3, 4],
       [5, 6, 7, 8]])
>>> array2=np.delete(array1,3)              #使用 delete()函数删除第三个元素
>>> array2                                  #查看使用 delete()函数后的数组
array([1, 2, 3, 5, 6, 7, 8])
>>> array3=np.delete(array1,1,0)            #使用 delete()函数删除第二行元素
>>> array3                                  #查看使用 delete()函数后的数组
array([[1, 2, 3, 4]])
>>> array4=np.delete(array1,0,1)            #使用 delete()函数删除第二列元素
>>> array4                                  #查看使用 delete()函数后的数组
array([[2, 3, 4],
       [6, 7, 8]])
>>>
```

5. sort()函数

sort()函数返回输入数组的排序副本。这个函数的原型是 sort(arr, axis, kind, order)。它有 4 个参数：

arr 是要排序的数组；axis 是沿着它进行数组排序的轴，如果没有，则数组会被展开，沿着最后的轴排序，axis=0 时按列排序，axis=1 时按行排序；kind 是排序方法，默认为 quicksort（快速排序），常见排序方法如表 2-3 所示；order 是排序的字段，可以不包含。

表 2-3　sort()函数的 3 种常见排序方法

种类	速度	最坏情况	工作空间	稳定性
'quicksort'（快速排序）	1	O(n^2)	0	否
'mergesort'（归并排序）	2	O(n*log(n))	～n/2	是
'heapsort'（堆排序）	3	O(n*log(n))	0	否

下面通过一个实例来认识 sort()函数排序。下面的代码首先定义了一个二维数组，然后对它分别按照 axis 不赋值和 axis=0 排序，并对结果进行观察。

```
>>> import numpy as np
>>> array1=np.array([[3,9],[1,7]])          #创建一个二维数组
>>> array1                                  #查看创建的二维数组
array([[3, 9],
       [1, 7]])
>>> array2=np.sort(array1)                  #使用 sort()函数按行进行排序
>>> array2                                  #查看排序后的数组
array([[3, 9],
       [1, 7]])
>>> array3=np.sort(array1,axis=0)           #使用 sort()函数按列进行排序
>>> array3                                  #查看排序后的数组
array([[1, 7],
       [3, 9]])
>>>
```

6. where()函数与 extract()函数

where()函数用于筛选出满足条件的元素的下标。此函数有两种用法，第一种用法是 where(condition, x, y)，若满足条件 condition，则输出 x，若不满足则输出 y。下面的代码先用 arange()函数创建一个一维数组，然后测试条件，在第一个判断中，由于 0 为 False，所以第一个输出-1，其他都输出 1。

```
>>> import numpy as np
>>> array1=np.arange(10)                #创建等距的一维数组
>>> array1                              #查看创建的一维数组
array([0, 1, 2, 3, 4, 5, 6, 7, 8, 9])
>>> np.where(array1,1,-1)               #使用 where()函数进行判断
array([-1,  1,  1,  1,  1,  1,  1,  1,  1,  1])
>>> np.where(array1>4,2,-2)             #使用 where()函数进行判断
array([-2, -2, -2, -2, -2,  2,  2,  2,  2,  2])
>>>
```

第二种用法是 where(condition)，只有条件 condition，没有 x 和 y，输出满足条件（即非 0）的元素的坐标。这里的坐标以 tuple（元组）的形式给出，通常原数组有多少维，输出的 tuple 中就包含几个数组，分别对应符合条件元素的各维坐标。

```
>>> import numpy as np
```

```
>>> array1=np.array([2,4,6,8,10])          #创建一个一维数组
>>> array1                                  #查看创建的一维数组
array([ 2,  4,  6,  8, 10])
>>> np.where(array1>5)                      #返回索引
(array([2, 3, 4], dtype=int64),)
>>> array1[np.where(array1>5)]              #等价于 a[a>5]
array([ 6,  8, 10])
>>> np.where([[0,1], [1,0]])                #查看结果
(array([0, 1], dtype=int64), array([1, 0], dtype=int64))
>>>
```

extract()函数和 where()函数类似，不过 extract()函数是筛选出满足条件元素的值并返回，而不是元素索引。下面通过一个实例来认识 extract()函数，下面的代码首先对数组进行初始化，然后设置条件（能被 3 整除）并查看结果，最后使用 extract()函数提取出结果是 True 的元素。

```
>>> import numpy as np
>>> array1=np.arange(10)                #创建等距的一维数组
>>> array1                              #查看创建的一维数组
array([0, 1, 2, 3, 4, 5, 6, 7, 8, 9])
>>> #设置条件，如：能被 3 整除
>>> x=np.mod(array1,3)==0
>>> x                                   #查看判断结果
array([ True, False, False,  True, False, False,  True, False, False, True])
>>> np.extract(x,array1)
array([0, 3, 6, 9])                     #extract()函数会把 True 对应的元素提取出来并返回
>>>
```

2.3 使用 NumPy 进行数学运算

在 Python 中，NumPy 提供了丰富的函数用于数学运算，包括以下 5 种类型：位运算函数、数学函数、算术函数、统计函数、线性代数函数。本节介绍它们的用法。

2.3.1 位运算函数

程序中的所有数在计算机内存中都是以二进制的形式存储的，位运算就是直接对存储在内存中的二进制位进行操作。本小节主要介绍 NumPy 的位运算函数。

1. bitwise_and()函数

bitwise_and()函数的主要作用是对数组中整数的二进制形式执行按位与运算。这个函数的原型是 bitwise_and(a,b)。其中，a 和 b 为两个要进行位与运算的数字。下面通过一个实例来说明，下面的代码先输出 23 和 29 的二进制形式，然后再观察其位与结果。

```
>>> import numpy as np
>>> print('23 和 29 的二进制形式：')
23 和 29 的二进制形式：
>>> a,b=23,29
```

```
>>> print(bin(a),bin(b))           #输出 23 和 29 的二进制形式
0b10111 0b11101
>>> print('23 和 29 的位与：')
23 和 29 的位与:
>>> np.bitwise_and(23,29)          #求 23 和 29 的位与结果
21
>>>
```

2. bitwise_or()函数

bitwise_or()函数的主要作用是对数组中整数的二进制形式执行按位或运算。这个函数的原型是 bitwise_or(a,b)。其中，a 和 b 为两个要进行位或运算的数字。还是利用上面的例子来说明该函数，下面的代码观察其位或结果。

```
>>> import numpy as np
>>> np.bitwise_or(23,29)           #求 23 和 29 的位或结果
31
>>>
```

3. invert()函数

invert()函数的主要作用是对数组中的整数进行按位取反运算，即 0 变成 1，1 变成 0。这个函数的原型是 invert(n)。其中，n 为按位取反运算的数字。下面的代码对数字 23 进行了按位取反操作。

```
>>> import numpy as np
>>> np.invert(np.array([23],dtype=np.uint8))
array([232], dtype=uint8)          #23 按位取反后是 232
>>> np.binary_repr(23,width=8)
'00010111'                         #观察 23 的二进制表达
>>> np.binary_repr(232,width=8)
'11101000'                         #观察 232 的二进制表达，发现与 23 是按位取反
>>>
```

4. left_shift()函数

left_shift()函数的主要作用是将数组元素的二进制形式向左移动指定位数，右侧附加相等数量的 0。这个函数的原型是 left_shift(a,b)。其中，a 为要左移的数字，b 为要左移的位数。下面的代码通过 29 来测试它的左移，输出其二进制形式并观察。

```
>>> import numpy as np
>>> np.left_shift(29,2)
116
>>> np.binary_repr(29,width=8)         #29 的二进制表达
'00011101'
>>> np.binary_repr(116,width=8)        #116 的二进制表达
'01110100'
>>>
```

5. right_shift()函数

right_shift()函数的主要作用是将数组元素的二进制形式向右移动指定位数，左侧附加相等数量的 0。这个函数的原型是 right_shift(a,b)。其中，a 为要右移的数字，b 为要右移的位数。下面的代码通过 29 来测试它的右移，输出其二进制形式并观察。

```
>>> import numpy as np
>>> np.right_shift(29,2)
7
>>> np.binary_repr(29,width=8)      #29 的二进制表达
'00011101'
>>> np.binary_repr(7,width=8)       #7 的二进制表达
'00000111'
>>>
```

2.3.2 数学函数

数学函数主要用于和数学相关的基本运算。使用数学函数可以快速完成简单的基础数学运算，例如，求和、平方、开方、绝对值、取整、三角函数等。本小节主要介绍两类数学函数：三角函数和舍入函数。

1. 三角函数

NumPy 提供了标准的三角函数：sin()、cos()、tan()，括号里的角度值是以弧度制计算的数值。下面的代码分别计算弧度值为 1 的对应三角函数值。

```
>>> import numpy as np
>>> np.sin(1)                 #使用 sin()函数
0.8414709848078965
>>> np.cos(1)                 #使用 cos()函数
0.5403023058681398
>>> np.tan(1)                 #使用 tan()函数
1.5574077246549023
>>>
```

NumPy 也提供了反三角函数：arcsin()、arccos()和 arctan()，返回给定角度的 sin、cos 和 tan 的反三角函数。下面的代码分别计算对应三角函数值为 0.5 的弧度值。

```
>>> import numpy as np
>>> np.arcsin(0.5)            #使用 arcsin()函数
0.5235987755982989
>>> np.arccos(0.5)            #使用 arccos()函数
1.0471975511965979
>>> np.arctan(0.5)            #使用 arctan()函数
0.4636476090008061
>>>
```

这些函数的结果可以通过 degrees()函数将弧度转换为角度。下面的代码将三角函数值为 0.5 的弧度值转化成角度值。

```
>>> import numpy as np
>>> np.degrees(np.arcsin(0.5))  #使用 degrees()函数将弧度值转化为角度值
30.000000000000004
>>> np.degrees(np.arccos(0.5))  #使用 degrees()函数将弧度值转化为角度值
60.00000000000001
>>> np.degrees(np.arctan(0.5))  #使用 degrees()函数将弧度值转化为角度值
26.56505117707799
>>>
```

2. 舍入函数

around()函数返回指定数字的四舍五入值。这个函数的原型是 around(array,decimals)。它有两个参数：array 表示数组；decimals 表示舍入的小数位数，默认值为 0，如果为负，整数将四舍五入到小数点左侧的位置。下面的代码创建了一个一维数组，分别设置不同的小数位数来观察对应函数的处理结果。

```
>>> import numpy as np
>>> array1=np.array([1.45,2.15,5.71,6.198,10.982])
>>> #创建一个一维数组
>>> array1                    #查看创建的一维数组
array([ 1.45 ,  2.15 ,  5.71 ,  6.198, 10.982])
>>> np.around(array1)         #使用 around()函数取整，以 1 为单位
array([ 1.,  2.,  6.,  6., 11.])
>>> np.around(array1,-1)      #使用 around()函数取整，以 10 为单位
array([ 0.,  0., 10., 10., 10.])
>>> np.around(array1,1)       #使用 around()函数取整，以 0.1 为单位
array([ 1.4,  2.2,  5.7,  6.2, 11. ])
>>>
```

floor()函数用于返回小于或者等于指定表达式的最大整数，即向下取整。下面的代码测试了正数和负数的向下取整。

```
>>> import numpy as np
>>> np.floor(2.3)             #使用 floor()函数向下取整
2.0
>>> np.floor(2.9)             #使用 floor()函数向下取整
2.0
>>> np.floor(-2.3)            #使用 floor()函数向下取整
-3.0
>>>
```

ceil()函数用于返回大于或者等于指定表达式的最小整数，即向上取整。下面的代码测试了正数和负数的向上取整。

```
>>> import numpy as np
>>> np.ceil(2.3)              #使用 ceil()函数向上取整
3.0
>>> np.ceil(2.9)              #使用 ceil()函数向上取整
3.0
>>> np.ceil(-2.3)             #使用 ceil()函数向上取整
-2.0
>>>
```

2.3.3　算术函数

NumPy 算术函数主要针对数字进行最基本的运算，例如，加减乘除、取倒数、求幂、求余数等。本小节介绍基本的加减乘除函数 add()、subtract()、multiply()和 divide()，取倒数函数 reciprocal()，求幂函数 power()，求余数函数 mod()与 remainder()。

1. 简单的加减乘除函数

add()、subtract()、multiply()和 divide()是简单的加减乘除运算函数，也是基本的运算函数。这里要注意的是数组必须具有相同的形状或符合数组广播规则，否则会报错。下面的代码定义了两个数组，并对它们分别进行了加减乘除的操作。

```
>>> import numpy as np
>>> array1=np.array([[1,4,7],[2,5,8],[3,6,9]])        #创建一个二维数组
>>> array1                                              #查看创建的二维数组
array([[1, 4, 7],
       [2, 5, 8],
       [3, 6, 9]])
>>> array2=np.array([2,3,4])                            #创建一个一维数组
>>> np.add(array1,array2)                               #数组相加
array([[ 3,  7, 11],
       [ 4,  8, 12],
       [ 5,  9, 13]])
>>> np.subtract(array1,array2)                          #数组相减
array([[-1,  1,  3],
       [ 0,  2,  4],
       [ 1,  3,  5]])
>>> np.multiply(array1,array2)                          #数组相乘
array([[ 2, 12, 28],
       [ 4, 15, 32],
       [ 6, 18, 36]])
>>> np.divide(array1,array2)                            #数组相除
array([[0.5       , 1.33333333, 1.75      ],
       [1.        , 1.66666667, 2.        ],
       [1.5       , 2.        , 2.25      ]])
>>>
```

2. reciprocal()函数

reciprocal()函数返回参数的倒数，如 1/5 的倒数为 5/1。下面的代码通过几个不同的数来说明。

```
>>> import numpy as np
>>> array1=np.array([1/5,5/2,5/4])                      #创建一个一维数组
>>> array1                                              #查看创建的一维数组
array([0.2 , 2.5 , 1.25])
>>> np.reciprocal(array1)                               #使用 reciprocal()函数取倒数
array([5. , 0.4, 0.8])
>>>
```

3. power()函数

power()函数将第一个输入数组中的元素作为底数，计算它与第二个输入数组中相应元素的幂。下面的代码通过几个不同的数来说明。

```
>>> import numpy as np
>>> array1=np.array([2,3,4])                  #创建一个一维数组
>>> array1                                    #查看创建的一维数组
array([2, 3, 4])
>>> array2=np.array([4,3,2])                  #创建一个一维数组
```

```
>>> array2                                    #查看创建的一维数组
array([4, 3, 2])
>>> np.power(array1,array2)                   #使用 power() 函数求幂
array([16, 27, 16], dtype=int32)
>>>
```

4. mod()与 remainder()函数

mod()函数计算输入数组中相应元素相除后的余数，remainder()函数也产生相同的结果。下面的代码创建了一个一维数组，分别使用 mod()函数和 remainder()函数进行处理。

```
>>> import numpy as np
>>> array1=np.array([15,23,34])               #创建一个一维数组
>>> array1                                    #查看创建的一维数组
array([15, 23, 34])
>>> array2=np.array([4,3,2])                  #创建一个一维数组
>>> array2                                    #查看创建的一维数组
array([4, 3, 2])
>>> np.mod(array1,array2)                     #使用 mod() 函数求余数
array([3, 2, 0], dtype=int32)
>>> np.remainder(array1,array2)               #使用 remainder() 函数求余数
array([3, 2, 0], dtype=int32)
>>>
```

2.3.4　统计函数

NumPy 提供了很多统计函数，用于从数组中查找最小值、最大值、百分位数、标准差和方差等。运用这些函数可以完成统计学中最基本的统计工作。本小节介绍最大值函数 amax()与最小值函数 amin()、百分数位函数 percentile()、中位数函数 median()、平均值函数 mean()与 average()、标准差函数 std()与方差函数 var()。

1. 最大值函数 amax()与最小值函数 amin()

这两个函数的功能分别是用于计算数组中的元素沿指定轴的最大值和最小值。下面代码中的 ptp()函数计算数组中最大值与最小值的差（最大值-最小值）。

```
>>> import numpy as np
>>> array1=np.array([13,65,89,34,32,11,23,25,46])     #创建一维数组
>>> array1                  #查看创建的一维数组
array([13, 65, 89, 34, 32, 11, 23, 25, 46])
>>> np.amax(array1)         #使用 amax() 函数求最大值
89
>>> np.amin(array1)         #使用 amin() 函数求最大值
11
>>> np.ptp(array1)          #使用 ptp() 函数求最大值与最小值的差值
78
>>>
```

2. 百分位数函数 percentile()

percentile()函数的功能是计算数组中的百分位数。百分位数是统计中经常使用的度量，表示小

于这个值的观察值的百分比。这个函数的原型是 percentile(array, q, axis)，其核心参数如下。

① array：输入数组。

② q：要计算的百分位数，在 0～100 之间。

③ axis：计算百分位数的轴。

下面的代码创建了一个一维数组，并查找位于 50%的值。

```
>>> import numpy as np
>>> array1=np.array([13,65,89,34,32,11,23,25,46])      #创建一维数组
>>> array1                                              #查看创建的一维数组
array([13, 65, 89, 34, 32, 11, 23, 25, 46])
>>> np.percentile(array1,50)
>>> #使用percentile()函数查找位于数组中50%的值
32.0
>>>
```

3. 中位数函数 median()

median()函数的功能是计算数组中元素的中位数（中值）。下面的代码使用和上面一样的数组，查找它的中位数。

```
>>> import numpy as np
>>> array1=np.array([13,65,89,34,32,11,23,25,46])      #创建一维数组
>>> array1                                              #查看创建的一维数组
array([13, 65, 89, 34, 32, 11, 23, 25, 46])
>>> np.median(array1)                                   #使用median()函数查找中位数
32.0
```

4. 算术平均值函数 mean()与加权平均值函数 average()

mean()函数的功能是返回数组中元素的算术平均值。如果提供了轴，则沿其计算。算术平均值是沿轴的元素的总和除以元素的数量。

average()函数根据在另一个数组中给出的各自的权重计算数组中元素的加权平均值。该函数可以接收一个轴参数，如果没有指定轴，则数组会被展开。加权平均值即将各数值乘以相应的权数，然后求和得到总体值，再除以总的单位数。

下面的代码创建了一个一维数组，并对其分别使用 mean()函数和 average()函数计算对应的平均值。

```
>>> import numpy as np
>>> array1=np.array([13,65,89,34,32,11,23,25,46])      #创建一维数组
>>> array1                                              #查看创建的一维数组
array([13, 65, 89, 34, 32, 11, 23, 25, 46])
>>> np.mean(array1)                                     #使用mean()函数计算算术平均值
37.55555555555556
>>> np.average(array1)                                  #使用average()函数计算加权平均值
37.55555555555556
>>>
```

5. 标准差函数 std()与方差函数 var()

标准差是对一组数据平均值分散程度的一种度量，统计学中的方差（样本方差）是每个样本值

与全体样本值的平均数之差的平方值的平均数，其中标准差是方差的平方根。下面的代码创建了一个一维数组，并通过 std()函数和 var()函数分别计算标准差和方差。

```
>>> import numpy as np
>>> array1=np.array([13,65,89,34,32,11,23,25,46])        #创建一维数组
>>> array1                                               #查看创建的一维数组
array([13, 65, 89, 34, 32, 11, 23, 25, 46])
>>> np.std(array1)                                       #使用 std()函数计算标准差
24.019025380870758
>>> np.var(array1)                                       #使用 var()函数计算方差
576.9135802469136
>>>
```

2.3.5　线性代数函数

NumPy 提供了线性代数函数库 linalg，这个库包含了线性代数所需的所有功能对应的函数，如表 2-4 所示。

表 2-4　　线性代数函数表

函数	描述
dot()	计算两个数组的点积，即元素对应相乘
vdot()	计算两个向量的点积
inner()	计算两个数组的内积
matmul()	计算两个数组的矩阵乘积
linalg.det()	计算数组的行列式
linalg.solve()	求解线性矩阵方程
linalg.inv()	计算矩阵的乘法逆矩阵

1. dot()函数

dot()函数对于一维数组，计算的是两个数组对应下标元素的乘积和（数学上称为“内积”）；对于二维数组，计算的是两个数组的矩阵乘积；对于多维数组，它的通用计算公式为 dot(a, b)[i,j,k,m] = sum(a[i,j,:] * b[k,:,m])，即结果数组中的每个元素都是数组 a 的最后一维上的所有元素与数组 b 的倒数第二维上的所有元素的乘积和。下面的代码计算两个二维数组的矩阵乘积。

```
>>> import numpy.matlib
>>> import numpy as np
>>> array1=np.array([[2,4],[6,8]])          #创建一个二维数组
>>> array1                                  #查看创建的二维数组
array([[2, 4],
       [6, 8]])
>>> array2=np.array([[22,44],[66,88]])      #创建一个二维数组
>>> array2                                  #查看创建的二维数组
array([[22, 44],
       [66, 88]])
>>> np.dot(array1,array2)                   #使用 dot()函数求数组的乘积
array([[308, 440],
       [660, 968]])
```

```
>>>
```

2. vdot()函数

vdot()函数的作用是计算两个向量的点积。如果第一个参数是复数，那么它的共轭复数会用于计算。如果参数是多维数组，它将会被先展开，后计算。下面的代码分别计算两组数据的点积，第一组数据是两个一维数组的点积；第二组数据是一个一维数组与一个二维数组的点积。

```
>>> import numpy as np
>>> array1=np.array([2,4,6,8])       #创建一个一维数组
>>> array1                           #查看创建的一维数组
array([2, 4, 6, 8])
>>> array2=np.array([1,3,5,7])       #创建一个一维数组
>>> array2                           #查看创建的一维数组
array([1, 3, 5, 7])
>>> np.vdot(array1,array2)           #使用 vdot()函数求两个数组的点积
100
>>> array3=np.array([[1,3],[5,7]]) #创建一个二维数组
>>> array3                           #查看创建的二维数组
array([[1, 3],
       [5, 7]])
>>> np.vdot(array1,array3)           #使用 vdot()函数求两个数组的点积
100
>>>
```

3. inner()函数

inner()函数的作用是返回一维数组的向量内积。对于更高的维度，它返回最后一个轴上的和的乘积。下面的代码测试两个一维数组的内积。

```
>>> import numpy as np
>>> array1=np.array([2,4,6,8])       #创建一个一维数组
>>> array1                           #查看创建的一维数组
array([2, 4, 6, 8])
>>> array2=np.array([1,3,5,7])       #创建一个一维数组
>>> array2                           #查看创建的一维数组
array([1, 3, 5, 7])
>>> np.inner(array1,array2)          #使用 inner()函数求两个数组的内积
100
>>>
```

4. matmul()函数

matmul()函数用于计算两个数组的矩阵乘积。虽然它返回二维数组的正常乘积，但如果任一参数的维数大于 2，则其只计算该矩阵的最后两个维度，并进行相应广播。另一方面，如果任一参数是一维数组，则通过在其维度上附加 1 来将其提升为矩阵，并在乘法之后被去除。下面的代码计算两个二维数组的矩阵乘积。

```
>>> import numpy.matlib
>>> import numpy as np
>>> array1=np.array([[2,4],[6,8]])       #创建一个二维数组
>>> array1                               #查看创建的二维数组
```

```
array([[2, 4],
       [6, 8]])
>>> array2=np.array([[22,44],[66,88]])  #创建一个二维数组
>>> array2                               #查看创建的二维数组
array([[22, 44],
       [66, 88]])
>>> np.matmul(array1,array2)             #使用 matmul()函数求两个数组的矩阵乘积
array([[308, 440],
       [660, 968]])
>>>
```

5. linalg.det()函数

linalg.det()函数用于计算输入矩阵的行列式。下面的代码计算二维数组对应的行列式。

```
>>> import numpy as np
>>> array1=np.array([[1,3],[5,7]])       #创建一个二维数组
>>> array1                               #查看创建的二维数组
array([[1, 3],
       [5, 7]])
>>> np.linalg.det(array1)                #使用 linalg.det()函数求数组的行列式
-7.999999999999998
>>>
```

6. linalg.solve()函数

linalg.solve()函数用于求矩阵形式的线性方程的解。下面通过解线性方程来观察结果，线性方程如图 2-5 所示。

$$\begin{bmatrix} 1 & 1 & 1 \\ 0 & 2 & 5 \\ 2 & 5 & -1 \end{bmatrix}\begin{bmatrix} x \\ y \\ z \end{bmatrix}=\begin{bmatrix} 6 \\ -4 \\ 27 \end{bmatrix}$$

图 2-5　线性方程

```
>>> import numpy as np
>>> array1=np.array([[1,1,1],[0,2,5],[2,5,-1]])   #创建一个二维数组
>>> array1                                        #查看创建的二维数组
array([[ 1,  1,  1],
       [ 0,  2,  5],
       [ 2,  5, -1]])
>>> array2=np.array([[6],[-4],[27]])              #创建一个二维数组
>>> array2                                        #查看创建的二维数组
array([[ 6],
       [-4],
       [27]])
>>> np.linalg.solve(array1,array2)
>>> #使用 linalg.solve()函数求数组对应的线性方程的解
array([[ 5.],
       [ 3.],
       [-2.]])
>>>
```

7. linalg.inv()函数

linalg.inv()函数用于计算矩阵的乘法逆矩阵。逆矩阵定义如下：设 ***A*** 是数域上的一个 *n* 阶矩阵，若在相同数域上存在另一个 *n* 阶矩阵 ***B***，使得 ***AB***=***BA***=***E***，则称 ***B*** 是 ***A*** 的逆矩阵，而 ***A*** 被称为"可逆矩阵"。注意，***E*** 为单位矩阵。下面的代码对一个二维数组对应的矩阵进行求逆运算。

```
>>> import numpy as np
>>> array1=np.array([[1,2],[3,4]])          #创建一个二维数组
>>> array1                                  #查看创建的二维数组
array([[1, 2],
       [3, 4]])
>>> np.linalg.inv(array1)                   #使用 linalg.inv()函数对数组进行求逆运算
array([[-2. ,  1. ],
       [ 1.5, -0.5]])
>>>
```

2.4 NumPy 使用案例

下面的代码通过创建二维数组并查看其基本属性，以及对线性代数中的矩阵进行一系列的相关操作，来演示 NumPy 的具体用法。

```
>>> import numpy as np
>>> #创建学生成绩数组
>>> #第一行为平时成绩，第二行为期末成绩，第三行为总分
>>> array1=np.array([[88,90,94,90,85],[93.5,93.5,92.5,90.5,90.5],[0,0,0,0,0]])
>>> array1    #查看创建的学生成绩数组
array([[88. , 90. , 94. , 90. , 85. ],
       [93.5, 93.5, 92.5, 90.5, 90.5],
       [ 0. ,  0. ,  0. ,  0. ,  0. ]])
>>> #查看数组 array1 的相关属性
>>> array1.ndim
2
>>> array1.shape
(3, 5)
>>> array1.size
15
>>> array1.dtype
dtype('float64')
>>> array1.itemsize
8
>>> array1.flags
  C_CONTIGUOUS : True
  F_CONTIGUOUS : False
  OWNDATA : True
  WRITEABLE : True
  ALIGNED : True
  WRITEBACKIFCOPY : False
  UPDATEIFCOPY : False
```

```
>>> #查看学生期末考试成绩
>>> array1[1]
array([93.5, 93.5, 92.5, 90.5, 90.5])
>>> #修改单一学生成绩
>>> array1[1,1]=90
>>> array1
array([[88. , 90. , 94. , 90. , 85. ],
       [93.5, 90. , 92.5, 90.5, 90.5],
       [ 0. ,  0. ,  0. ,  0. ,  0. ]])
>>> #整体修改学生成绩
>>> array2=array1+2
>>> array2
array([[90. , 92. , 96. , 92. , 87. ],
       [95.5, 92. , 94.5, 92.5, 92.5],
       [ 2. ,  2. ,  2. ,  2. ,  2. ]])
>>> #计算学生成绩总分
>>> array2[2]=array2[0]*0.5+array2[1]*0.5
>>> array2
array([[90.  , 92.  , 96.  , 92.  , 87.  ],
       [95.5 , 92.  , 94.5 , 92.5 , 92.5 ],
       [92.75, 92.  , 95.25, 92.25, 89.75]])
>>> #查找学生成绩总分中位数
>>> np.median(array2[2])
92.25
>>> #计算学生成绩总分平均分
>>> np.average(array2[2])
92.4
>>> #计算学生成绩总分标准差与方差
>>> np.std(array2[2])
1.7578395831246945
>>> np.var(array2[2])
3.09
>>>
```

习题

1. 简述什么是 NumPy，以及如何安装 NumPy。
2. 数组对象的属性有哪些？
3. Python 中数组的自增自减运算有什么特点？
4. 求下列矩阵的逆矩阵。

```
array1=np.array([[1,4,7],[2,5,8],[3,6,9]])
```

5. 编程题：使用 NumPy 数组对象，创建两个 3*3 的矩阵，并计算矩阵乘积。
6. 计算 $1+\frac{1}{3}+\frac{1}{5}+\frac{1}{7}+\cdots+\frac{1}{99}$ 的和。

03 第3章 使用pandas进行数据分析

pandas 是基于 NumPy 的一种工具，该工具是为了完成数据分析任务而创建的，它纳入了大量库和一些标准的数据模型，提供了高效操作大型数据集所需的工具。pandas 提供了大量能快速、便捷处理数据的函数和方法，是使 Python 成为强大而高效的数据分析的编程语言的重要因素之一。

本章主要讲解 pandas 的安装方法、pandas 的对象、pandas 的基本操作、pandas 的基本运用和 pandas 的使用案例。

3.1 安装 pandas

pandas 的安装与 NumPy 的安装类似。本节介绍如何在 Windows 中安装 pandas。

（1）检查计算机中的 Python 版本，输入 cmd 命令，打开命令行，输入 python 命令，如图 3-1 所示。运行后可以看到，当前 Python 的版本是 Python 3.7.1，64 位。

```
C:\Users\Administrator>python
Python 3.7.1 (tags/v3.7.1:1b293b6, Dec 18 2019, 23:11:46) [MSC v.1916 64 bit (AM
D64)] on win32
Type "help", "copyright", "credits" or "license" for more information.
>>>
```

图 3-1 Python 版本检查

（2）根据计算机中已安装的 Python 版本，选择要下载的 pandas 版本，如图 3-2 所示。这里选择图中所示的版本下载，37 即版本 3.7，64 即 64 位。

（3）下载后将 pandas 安装包放在 Python 安装目录下的 Scripts 文件夹中，如图 3-3 所示。

（4）打开命令行，输入 cd 命令找到文件所在位置，然后输入 pip install pandas，如图 3-4 所示。这时开始安装 pandas，接下来等待安装即可。

Pandas: a cross-section and time series data analysis toolkit.
Requires numpy, dateutil, pytz, setuptools, and optionally numexpr, bottleneck, scipy, matplotlib,
pandas-1.0.5-pp36-pypy36_pp73-win32.whl
pandas-1.0.5-cp39-cp39-win_amd64.whl
pandas-1.0.5-cp39-cp39-win32.whl
pandas-1.0.5-cp38-cp38-win_amd64.whl
pandas-1.0.5-cp38-cp38-win32.whl
pandas-1.0.5-cp37-cp37m-win_amd64.whl
pandas-1.0.5-cp37-cp37m-win32.whl
pandas-1.0.5-cp36-cp36m-win_amd64.whl
pandas-1.0.5-cp36-cp36m-win32.whl

图 3-2　下载 pandas 文件

▸ AppData ▸ Local ▸ Programs ▸ Python ▸ Python38 ▸ Scripts　　搜索 Scripts
T)　帮助(H)
享 ▾　放映幻灯片　新建文件夹

名称	日期	类型	大小
easy_install.exe	2020/2/22 10:17	应用程序	101 KB
easy_install-3.8.exe	2020/2/22 10:17	应用程序	101 KB
f2py.exe	2020/6/15 11:21	应用程序	101 KB
numpy-1.18.5-cp37-cp37-win_amd64.whl	2020/6/15 11:10	WHL 文件	12,463 KB
pandas-1.0.5-cp37-cp37-win_amd64.whl	2020/7/4 17:10	WHL 文件	8,240 KB
pip.exe	2020/2/22 10:17	应用程序	101 KB
pip3.8.exe	2020/2/22 10:17	应用程序	101 KB
pip3.exe	2020/2/22 10:17	应用程序	101 KB

图 3-3　将 pandas 安装包移动到指定位置

```
C:\Users\Administrator\AppData\Local\Programs\Python\Python38\Scripts>pip instal
l pandas
Collecting pandas
  Downloading https://files.pythonhosted.org/packages/a9/e2/6d1bc05a9eb81952e628
037dd72d76aa826683d3f646898dd0af5d9d31f8/pandas-1.0.5-cp38-cp38-win_amd64.whl (8
.9MB)
     |██████████████                  | 4.0MB 4.9kB/s eta 0:16:33
```

图 3-4　pandas 安装中

（5）pandas 安装成功，如图 3-5 所示。后续使用时需要先在 Python 中使用 import 语句对 pandas 库进行导入。

```
Collecting six>=1.5 (from python-dateutil>=2.6.1->pandas)
  Downloading https://files.pythonhosted.org/packages/ee/ff/48bde5c0f013094d729f
e4b0316ba2a24774b3ff1c52d924a8a4cb04078a/six-1.15.0-py2.py3-none-any.whl
Installing collected packages: pytz, six, python-dateutil, pandas
Successfully installed pandas-1.0.5 python-dateutil-2.8.1 pytz-2020.1 six-1.15.0

WARNING: You are using pip version 19.2.3, however version 20.1.1 is available.
You should consider upgrading via the 'python -m pip install --upgrade pip' comm
and.
```

图 3-5　pandas 安装成功

3.2　pandas 中的对象

在 pandas 中，有两种不同的对象，分别是 Series 对象和 DataFrame 对象，Series 对象类似于在 NumPy 数组上进行扩展，而 DataFrame 对象是在 Series 对象的基础上在维度上进行扩展。本节分别介绍 Series 对象和 DataFrame 对象。

3.2.1 Series 对象

Series 是 pandas 中最基本的对象，类似于一维数组对象，由一组数据和另一组与之相关的数据标签（索引）组成。

Series 对象相比一维数据结构多了一些额外的功能，它的内部结构很简单，由两个相互关联的数组组成（values 和 index）。其中，values 数组用来存放数据，values 数组（又称主数组）的每一个元素都有一个与之相关联的标签，这些标签存储在一个 index 数组中。

下面的代码展示了创建一个 Series 对象的基本操作，创建时只给出主数组的数据，而标签采用默认值。结果显示其标签从 0 开始依次递增。

```
>>> import pandas as pd
>>> x=pd.Series([1,3,5,7])          #创建一个 Series 对象
>>> x                               #查看对象 x 的内容
0    1
1    3
2    5
3    7
dtype: int64
>>>
```

标签 index 内的内容也可以进行指定。下面的代码保持上面的主数组数据不变，但是给出标签数组的赋值，可以看到，标签被改变为 index 数组给出的值 a、b、c、d。

```
>>> import pandas as pd
>>> x=pd.Series([1,3,5,7],index=['a','b','c','d'])
>>> #创建一个 Series 对象
>>> x      #查看对象 x 内容
a    1
b    3
c    5
d    7
dtype: int64
>>>
```

在完成了上述定义后，可以使用下面的代码尝试查看这个对象中的两个数组 values 和 index 里的内容。

```
>>> x.values        #查看 x 对象中 values 数组
array([1, 3, 5, 7], dtype=int64)
>>> x.index         #查看 x 对象中 index 数组
Index(['a', 'b', 'c', 'd'], dtype='object')
>>>
```

Series 对象的 values 数组本来就是一个 NumPy 数组对象，也是对 NumPy 中 ndarray 对象的引用。如果改变原有引用对象的值，Series 对象的值也会跟着改变。

在下面的代码中同时引入了 NumPy 和 pandas 两个库，首先创建 array1 数组，然后使用 array1 数组创建对象 x，接下来再使用对象 x 创建对象 y，并观察其输出结果。

```
>>> import numpy as np
>>> import pandas as pd
>>> array1=np.array([1,3,5,7])          #创建一个一维数组
>>> array1                              #查看创建的一维数组
array([1, 3, 5, 7])
>>> x=pd.Series(array1)                 #创建一个 Series 对象，用 array1 数组导入
>>> x                                   #查看对象 x 的内容
0    1
1    3
2    5
3    7
dtype: int32
>>> y=pd.Series(x)                      #使用对象 x 再创建一个对象
>>> y
0    1
1    3
2    5
3    7
dtype: int32
>>>
```

因为 Series 对象的 index 数组对应 values 数组，所以可以用字典对象来构造 Series 对象。将字典中所有的键放在 Series 对象的 index 数组中，字典中所有的值放在 Series 对象的 values 数组中，仍然保持对应关系。下面的代码给出了一个字典实例，如果 index 数组中的值在字典中有对应的键，则生成的 Series 对象中该值对应的元素为在字典中对应的值；如果没有，则其值为 NaN，即空值。

```
>>> import pandas as pd
>>> z={"a":3,"b":4,"c":5}               #创建字典数据类型
>>> z                                   #查看字典 z 的内容
{'a': 3, 'b': 4, 'c': 5}
>>> x=pd.Series(z,index=["a","b","c", "d"])
>>>                                     #使用字典对象创建 Series 对象
>>> x                                   #查看对象 x 内容
a    3.0
b    4.0
c    5.0
d    NaN                                #字典中不存在"d"这个键
dtype: float64
>>>
```

3.2.2 DataFrame 对象

DataFrame 对象的数据结构与 Excel 表相似，其目的是将 Series 对象的使用场景由一维扩展到多维，它由按一定顺序排列的多列数据组成，各列的数据类型可以不同。

DataFrame 对象有两个索引数组（index 和 columns）。第一个数组 index 与行相关，它与 Series 对象的索引数组极为相似，每个索引值与其所在的行相关联；第二个数组 columns 包含一系列列标签

（每个值相当于列名）。DataFrame 对象可以理解为一个由 Series 对象组成的字典，其中每一列的名称为字典的键，形成 DataFrame 列的 Series 对象为字典的值，每个 Series 对象的所有元素映射到名为 index 的标签数组中。

下面的代码展示了创建一个 DataFrame 对象的基本操作，使用了字典数据来构造这个对象。这里选择 index 数组的内容为默认值。

```
>>> import pandas as pd
>>> data={"a":[1,2,3,4],"b":[5,6,7,8],"c":[9,10,11,12]}
>>> x=pd.DataFrame(data)                  #使用字典创建 DataFrame 对象
>>> x                                     #查看对象 x 的内容
   a  b   c
0  1  5   9
1  2  6  10
2  3  7  11
3  4  8  12
>>>
```

这里可以像 Series 对象一样，指定 index 数组的内容，下面的代码中指定了 index 数组的内容。

```
>>> y=pd.DataFrame(data,index=["one","two","three","four"])
>>> #使用字典创建 DataFrame 对象，并指定 index 数组的内容
>>> y                  #查看对象 y 的内容
       a  b   c
one    1  5   9
two    2  6  10
three  3  7  11
four   4  8  12
>>>
```

这里同样可以使用数组矩阵构造 DataFrame 对象，如下面的代码使用 NumPy 数组函数创建了数组，从而创建了 DataFrame 对象。

```
>>> import numpy as np
>>> import pandas as pd
>>> x=pd.DataFrame(np.arange(16).reshape((4,4)),index=["one","two","three","four"],
columns=["ball", "pen", "pencil", "paper"])
>>> #使用 NumPy 数组创建 DataFrame 对象，并指定 index、columns 标签的内容
>>> x                  #查看对象 x 的内容
       ball  pen  pencil  paper
one       0    1       2      3
two       4    5       6      7
three     8    9      10     11
four     12   13      14     15
>>>
```

3.3 pandas 的基本操作

pandas 是基于 NumPy 构建的一个强大的数据分析工具库，那么如何使用这个工具库呢？本节主要讲解在 Windows 系统中 pandas 的基本操作。

3.3.1　导入与导出数据

本小节介绍数据的导入和导出方法。

1. 数据导入

数据如果是以数据库的形式存放的话，只需要连接数据库，然后就可以读取数据了。

（1）csv 文件的导入

csv 文件是以逗号作为分隔符的一种纯文本文件。pandas 导入 csv 文件主要使用 read_csv()函数完成，这个函数的原型是 read_csv(filepath,sep,names,encoding)。

其核心参数如下。

① filepath：导入 csv 文件的路径，一般使用绝对路径，且用“/”或者“\”表示。

② sep：分隔符，一般 csv 文件默认是逗号。

③ names：导入的列和指定列的顺序，默认按顺序导入所有列。

④ encoding：文件编码，大多时候 encoding='utf-8'。

下面通过导入 data.csv 文件进行说明。

```
>>> import pandas as pd
>>> #读取 csv 文件，使用函数 pd.read_csv(文件路径)
>>> #df1 为 DataFrame 对象
>>> df1=pd.read_csv(r"C:\data.csv")
>>> #注意如果不加 r，则要将'\'换成'/'。pandas 默认的编码方式是 utf-8
>>>
```

（2）txt 文件的导入

txt 文件也是文本文件，是最常见的一种文件类型。导入 txt 文件一般用 read_table()函数，其参数和 read_csv()函数中的一样。但是由于 txt 文件的分隔符不确定，所以它的参数设置要求比 csv 文件更准确，一般要设置好列名（names）、分隔符（sep）和编码（encoding）。

下面通过导入 data.txt 文件进行说明。

```
>>> df1=pd.read_table(r"C:\data.txt",header=None)
>>> #因为 data.txt 没有列名，所以要加上 header=None
>>>
```

（3）Excel 文件的导入

Excel 文件本身就很直观，而且也拥有计算、图标等功能，一般用 pandas 的 read_excel()函数来导入数据。它的参数只有路径名、读取的表格名、读取的列名，一般只用写好路径名就行了。

下面通过导入 data.xlsx 文件进行说明。

```
>>> df1=pd.read_excel(r"C:\data.xlsx")
>>> #df1 为 DataFrame 对象
>>>
```

2. 数据导出

处理完数据之后，想要把处理好的结果保存起来，就需要导出数据。在 pandas 中用 to_csv()函数导出数据，这个函数的原型是 to_csv(filepath,sep,names,encoding)。

其核心参数如下。

① 文件路径 filepath 的末尾要写上.csv 文件格式。

② sep：输出文件的分隔符，默认为逗号，也可以用制表符等。

③ names：是否输出索引，默认为输出索引，如果不想输出可以改为 False。

④ encoding：用于设置输出文件中使用的编码格式，默认的编码格式为 utf-8。

```
>>> df1.to_csv(r"C:\data1.csv",index=True,header=True)
>>> #注意导出文件的扩展名要写成.csv
>>> df1.to_csv(r"C:\data2.csv",index=False,header=True)
>>> #index 和 header 默认为 True
>>>
```

3.3.2 数据的查看与检查

本小节介绍两种对象数据的查看与检查方法。查看数据可以采用不同的引用类型进行，数据的检查可以保证其正确性。

1. Series 对象数据的查看与检查

在 Series 对象中，有两种方法可以获取数组的值：第一种是直接通过主数组的下标来获取，另一种是通过对象的 index 标签来获取。下面的代码介绍了两种数据获取方法。

```
>>> x[2]       #通过下标查看数组
5
>>> x['c']     #通过 index 标签查看数组
5
>>>
```

Series 对象可以一次性获取多个元素，方法与上面获取一个元素类似。对于数组下标，只需要用“:”连接起始和终止的位置即可（这个结果只包含起始值但不包含终止值）。如下面的代码中使用[0:2]获取数组的第 0 项和第 1 项数据。使用 index 标签获取多个元素时，只需要详细列举出标签名即可。

```
>>> x[0:2]                 #通过下标连续引用多个数据
a    1
b    3
dtype: int64
>>> x[['a','b']]           #通过 index 标签连续引用多个数据
a    1
b    3
dtype: int64
>>>
```

2. DataFrame 对象数据的查看与检查

首先通过最基本的直接获取来说明。下面的代码先使用 NumPy 数组创建了对象 x，然后分别输出对象的 3 个属性值及其数据类型，观察其结果。

```
>>> import numpy as np
>>> import pandas as pd
```

```
>>> x=pd.DataFrame(np.arange(16).reshape((4,4)),index=["one","two","three","four"],
columns=["ball", "pen", "pencil", "paper"])
>>> #创建 x 对象
>>> x                      #查看对象 x 的内容
      ball  pen  pencil  paper
one      0    1       2      3
two      4    5       6      7
three    8    9      10     11
four    12   13      14     15
>>> x.columns              #查看对象 x 的 columns 标签
Index(['ball', 'pen', 'pencil', 'paper'], dtype='object')
>>> type(x.columns)        #查看对象 x 的 columns 标签的数据类型
<class 'pandas.core.indexes.base.Index'>
>>> x.index                #查看对象 x 的 index 标签
Index(['one', 'two', 'three', 'four'], dtype='object')
>>> type(x.index)          #查看对象 x 的 index 标签的数据类型
<class 'pandas.core.indexes.base.Index'>
>>> x.values               #查看对象 x 的 values 标签
array([[ 0,  1,  2,  3],
       [ 4,  5,  6,  7],
       [ 8,  9, 10, 11],
       [12, 13, 14, 15]])
>>> type(x.values)         #查看对象 x 的 values 标签的数据类型
<class 'numpy.ndarray'>
>>>
```

也可以获取 DataFrame 对象的一列数据，获取一列数据有两种方法：一种是使用[]，另一种是使用符号.来连接。下面的代码首先测试使用[]方法进行引用，然后测试使用符号.进行引用。

```
>>> x["pencil"]                    #通过 pencil 标签获取一列数据
one       2
two       6
three    10
four     14
Name: pencil, dtype: int32
>>> x.pen                          #通过符号.连接获取一列数据
one       1
two       5
three     9
four     13
Name: pen, dtype: int32
>>>
```

也可以获取 DataFrame 对象的多行数据。下面的代码直接用[0:2]引用第 0 行到第 1 行的数据。

```
>>> x[0:2]              #通过下标连续引用多列数据
     ball  pen  pencil  paper
one     0    1       2      3
two     4    5       6      7
>>>
```

3.3.3 数据的增删查改

本小节介绍数据的一系列基本操作——增加、删除、查找、修改。

1. 数据的增加

增加数据可以像字典一样直接添加，下面的代码直接在对象里增加了标签为 e 的内容。

```
>>> import pandas as pd
>>> x=pd.Series([1,3,5,7],index=['a','b','c','d'])#创建一个对象
>>> x               #查看对象 x 的内容
a    1
b    3
c    5
d    7
dtype: int64
>>> x['e']=9        #增加对象标签为 e 的内容
>>> x
a    1
b    3
c    5
d    7
e    9
dtype: int64
>>>
```

也可以使用 append()函数增加数据，其效果与上述代码的效果类似，区别在于用 append()函数增加内容后，原对象没有改变。

```
>>> x.append(pd.Series([9],index=['e']))      #增加对象标签为 e 的内容
a    1
b    3
c    5
d    7
e    9
dtype: int64
>>>
```

2. 数据的删除

del 方法可用于删除元素，下面的代码删除了标签为 a 的内容。

```
>>> del x['a']           #删除对象中标签为 a 的内容
>>> x
b    3
c    5
d    7
dtype: int64
>>>
```

pandas 也提供了删除函数 pop()。下面的代码展示了删除实例。使用 pop()函数时可以看到删除的值的内容，并且原来的对象 x 的内容也会改变。

```
>>> x.pop('b')                #使用 pop()函数删除数据
```

```
3
>>> x                           #查看对象 x 的内容
a    1
c    5
d    7
dtype: int64
>>>
```

pandas 还提供了删除函数 drop()用来删除元素，它和 pop()函数的区别是不会改变对象原来的内容。

```
>>> x.drop('c')                 #使用 drop()函数删除数据
a    1
b    3
d    7
dtype: int64
>>> x                           #查看对象 x 的内容
a    1
b    3
c    5
d    7
dtype: int64
>>>
```

3. 数据的查找与修改

在数据被找到后，可以直接输出它，也可以对其进行修改。下面的代码使用了两种方法分别进行修改：将数组下标为 2 的元素重新赋值为 6；将 index 属性值为 a 的元素赋值为 0，最后输出结果并观察修改情况。

```
>>> import pandas as pd
>>> x=pd.Series([1,3,5,7],index=['a','b','c','d'])          #创建对象 x
>>> x               #查看对象 x 的内容
a    1
b    3
c    5
d    7
dtype: int64
>>> x[2]=6          #修改对象中下标为 2 的元素
>>> x['a']=0        #修改对象标签为 a 的元素
>>> x               #查看对象 x 的内容
a    0
b    3
c    6
d    7
dtype: int64
>>>
```

由于 pandas 库是以 NumPy 库为基础开发的，所以 NumPy 数组的许多操作方法对 Series 对象也有效，例如数据的筛选。下面的代码列举了从上述数组中筛选出大于 4 的对象内容。

```
>>> x[x>4]          #筛选 x>4 的对象
2    5
```

```
3    7
dtype: int32
>>>
```

修改 DataFrame 对象数据的方法与前类似。查找某个元素值的方法类似于二维数组的查找，需要用两个[]分别查找它的行标和列标，同时也可以找到它的位置然后修改它的值。

```
>>> x["pencil"][1]                #查找对象中的值
6
>>> x["pencil"][1]=12             #修改查找的值
>>> x["pencil"][1]                #查看修改后对象中的值
12
>>>
```

3.4 pandas 的基本运用

pandas 可以运用在数学统计和数学运算中，使用 pandas 提供的统计函数和数学函数可以快速、简便地完成相关的运算和统计。

3.4.1 数据统计

pandas 对象拥有一些常用的数学和统计函数，使用数学函数可以快速完成简单的运算，使用统计函数可以快速统计到想要的数据。

1. sum()函数与 cumsum()函数

sum()函数用于对象求和。下面的代码定义了一个 4 行 2 列的数组，用这个数组创建了一个对象 x。第一次使用 sum()函数时，所有参数使用默认值，此时可以看到结果是按列求和；令 sum()函数中的参数 axis=1，这时观察结果可以看到是按行求和。

```
>>> import numpy as np
>>> import pandas as pd
>>> array1=np.array([1,2,3,4,5,6,7,8]).reshape(4,2)       #创建一个数组
>>> array1             #查看创建的数组
array([[1, 2],
       [3, 4],
       [5, 6],
       [7, 8]])
>>> x=pd.DataFrame(array1,index=['a','b','c','d',],columns=['one','two'])
>>> #使用数组创建对象
>>> x                  #查看创建的对象
   one  two
a    1    2
b    3    4
c    5    6
d    7    8
>>> x.sum()            #使用 sum()函数计算
one    16
two    20
```

```
dtype: int64
>>> x.sum(axis=1)       #使用 sum()函数计算，axis=1
a     3
b     7
c    11
d    15
dtype: int64
>>>
```

cumsum()函数用于累计求和，从下面的代码可以观察其与 sum()函数的输出结果不同。不同点在于 sum()函数只显示了单列或者单行结果，而 cumsum()函数显示的是累计求和的过程。

```
>>> x.cumsum()              #使用 cumsum()函数计算
   one  two
a    1    2
b    4    6
c    9   12
d   16   20
>>>
```

2. idxmax()函数与 idxmin()函数

这两个函数的功能是返回最大、最小值的行名称。在下面的代码中，使用函数后每一列结果都返回了其值所在行的行名称。

```
>>> x.idxmax()              #使用 idxmax()函数计算
one    d
two    d
dtype: object
>>> x.idxmin()              #使用 idxmin()函数计算
one    a
two    a
dtype: object
>>>
```

3. unique()函数与 value_counts()函数

unique()函数的功能是去除重复的元素，Series 对象可以使用 unique()函数返回一个 NumPy 数组。

value_counts()函数的功能是返回一个 Series 对象，index 为原 Series 对象中不重复的元素，values 为不重复的元素出现的次数。

下面的代码创建了一个数组，首先进行去重复值操作，并观察生成数组的类型；然后统计原来的 x 对象中不重复元素出现的次数，并观察生成数组的类型。

```
>>> import numpy as np
>>> import pandas as pd
>>> x=pd.Series([1,3,5,7,2,4,3,5,7,6,7])             #创建一个对象
>>> x      #查看对象 x 的内容
0     1
1     3
2     5
3     7
4     2
5     4
```

```
6    3
7    5
8    7
9    6
10   7
dtype: int64
>>> x.unique()                          #使用 unique()函数进行去重复值操作
array([1, 3, 5, 7, 2, 4, 6], dtype=int64)
>>> type(x.unique())                    #查看去除重复值后的数据类型
<class 'numpy.ndarray'>
>>> x.value_counts()                    #使用 value_counts()函数进行去重复值操作
7   3
5   2
3   2
6   1
4   1
2   1
1   1
dtype: int64
>>> type(x.value_counts())              #查看去除重复值后对象的数据类型
<class 'pandas.core.series.Series'>
>>>
```

4. isin()函数

isin()函数可用于筛选数据，判定 Series 对象中的每个元素是否包含在给定的 isin()函数的参数中，如果包含，则返回 True，否则返回 False。下面的代码对上面创建的数组进行了筛选，并给出了筛选后的结果。

```
>>> x.isin([2,4])         #使用 isin()函数进行数据筛选
0     False
1     False
2     False
3     False
4      True
5      True
6     False
7     False
8     False
9     False
10    False
dtype: bool
>>> x[x.isin([2,4])]
>>> #使用 isin()函数进行数据筛选，并输出筛选后的数据
4    2
5    4
dtype: int64
>>>
```

3.4.2 算术运算与数据对齐

对象与对象之间可以通过数学中的基本运算符进行算术运算操作，这和普通的数学运算类似，

仅仅是将运算的数字变成了对象。而在对象的运算之中，对象内容的长度、大小可能不同，在运算过程中可能存在空值（NaN）。本小节介绍对象之间的基本算术运算和在存在空值的情况下的数据对齐。

1. 算术运算

NumPy 数组中可以使用的运算符（如+、-、*、/）或者其他的数学函数也适用于 pandas。下面的代码同时引入了 NumPy 和 pandas 两个库，然后创建对象 x 并对其进行除以 2 的操作；接下来再对 x 进行调用 log()函数的操作，分别观察其结果。

```
>>> import numpy as np
>>> import pandas as pd
>>> x=pd.Series([20,40,60,80])              #创建 x 对象
>>> x                                        #查看 x 对象的内容
0    20
1    40
2    60
3    80
dtype: int64
>>> x/2                                      #对 x 对象进行除以 2 的操作
0    10.0
1    20.0
2    30.0
3    40.0
dtype: float64
>>> np.log(x)                                #对 x 对象使用 log()函数
0    2.995732
1    3.688879
2    4.094345
3    4.382027
dtype: float64
>>>
```

2. 数据对齐

pandas 的数据对齐是数据清洗的重要过程，可以按索引进行对齐运算，没对齐的位置就填充 NaN，即空值，在数据的末尾也可以填充 NaN。对象除了和标量之间可以进行运算，对象和对象之间也可以进行运算，但这样可能存在有数据没对齐的情况。如果 index 的值没有对齐，则没有对齐的元素运算之后的值为 NaN。下面的代码中，x 不变，新增加了对象 y，然后让 x 和 y 相加，这时由于数据是没有对齐的，因此 d 就补充了 NaN。

```
>>> y=pd.Series({"a": 1, "b": 7, "c": 2, "d": 11})
>>> #使用字典创建对象 y
>>> y                    #查看对象 y 的值
a     1
b     7
c     2
d    11
dtype: int64
>>> x+y                  #对象之间的加法运算
```

```
a     4.0
b    11.0
c     7.0
d     NaN
dtype: float64
>>>
```

3.5 pandas 使用案例

本节用一个实际案例来详细展示 pandas 的使用方法。本案例以学生成绩为基本数据。在“data.xlsx”表中，存放了 20 位学生的学号、平时成绩、期末成绩。打开文件后，使用 pandas 的文件导入函数，将这个表中的数据导入给对象 x，然后根据“平时成绩：期末成绩=5：5”的比例计算出总成绩，查看一次总成绩，并查看 x 对象的第 1～10 行，使用统计函数对 x 对象进行分析，寻找最大值、最小值的行标，最后将结果导出为.csv 文件，命名为 data1。

```
>>> import numpy as np
>>> import pandas as pd
>>> f=open('C:\data.xlsx','rb')             #打开文件 data
>>> x=pd.read_excel(f)                       #导入数据对象
>>> x                                        #查看对象 x 的值
      number  Usual performance  Final exam  total points
0   194020066                 88        93.5           NaN
1   194020019                 90        93.5           NaN
2   194020014                 94        92.5           NaN
3   194020004                 90        90.5           NaN
4   194020010                 85        90.5           NaN
5   194020046                 93        89.5           NaN
6   194020002                 92        89.5           NaN
7   194020028                 90        87.5           NaN
8   194020045                 85        86.5           NaN
9   194020021                 92        86.5           NaN
10  194020011                 90        85.5           NaN
11  194020017                 94        85.5           NaN
12  194020058                 93        84.5           NaN
13  194020051                 90        84.5           NaN
14  194020015                 95        84.5           NaN
15  194020038                 88        84.5           NaN
16  194020020                 92        83.5           NaN
17  194020053                 91        83.5           NaN
18  194020063                 89        81.5           NaN
19  194020037                 92        80.5           NaN
>>> x["total points"]=x["Usual performance"]*0.5+x["Final exam"]*0.5
>>> x["total points"]        #查看学生成绩总分
0    90.75
1    91.75
2    93.25
3    90.25
4    87.75
5    91.25
```

```
6     90.75
7     88.75
8     85.75
9     89.25
10    87.75
11    89.75
12    88.75
13    87.25
14    89.75
15    86.25
16    87.75
17    87.25
18    85.25
19    86.25
Name: total points, dtype: float64
>>> x[1:10]                     #查看对象 x 的行
     number  Usual performance  Final exam  total points
1  194020019                90        93.5         91.75
2  194020014                94        92.5         93.25
3  194020004                90        90.5         90.25
4  194020010                85        90.5         87.75
5  194020046                93        89.5         91.25
6  194020002                92        89.5         90.75
7  194020028                90        87.5         88.75
8  194020045                85        86.5         85.75
9  194020021                92        86.5         89.25
>>> x.sum()                     #使用 sum() 函数求和
number               3.880401e+09
Usual performance    1.813000e+03
Final exam           1.738000e+03
total points         1.775500e+03
dtype: float64
>>> x.cumsum()                  #使用 cumsum() 函数求和
       number  Usual performance  Final exam  total points
0   194020066                88        93.5         90.75
1   388040085               178       187.0        182.50
2   582060099               272       279.5        275.75
3   776080103               362       370.0        366.00
4   970100113               447       460.5        453.75
5  1164120159               540       550.0        545.00
6  1358140161               632       639.5        635.75
7  1552160189               722       727.0        724.50
8  1746180234               807       813.5        810.25
9  1940200255               899       900.0        899.50
10 2134220266               989       985.5        987.25
11 2328240283              1083      1071.0       1077.00
12 2522260341              1176      1155.5       1165.75
13 2716280392              1266      1240.0       1253.00
14 2910300407              1361      1324.5       1342.75
15 3104320445              1449      1409.0       1429.00
16 3298340465              1541      1492.5       1516.75
17 3492360518              1632      1576.0       1604.00
```

```
18  3686380581              1721     1657.5      1689.25
19  3880400618              1813     1738.0      1775.50
>>> x.idxmax()          #使用 idxmax()函数求最大值的行标
number                0
Usual performance    14
Final exam            0
total points          2
dtype: int64
>>> x.idxmin()          #使用 idxmin()函数求最小值的行标
number                6
Usual performance     4
Final exam           19
total points         18
dtype: int64
>>> x.to_csv(r"C:\data1.csv",index=True,header=True)
>>>
```

习题

1. 简述什么是 pandas，以及如何安装 pandas。
2. 简述 pandas 和 NumPy 的区别与联系。
3. Series 对象和 DataFrame 对象有什么区别？
4. 如何使用对象快速导入/导出数据？
5. 尝试掷骰子 100 次，在 Excel 表格中记录每一次的值，尝试使用 pandas 来统计分析此数据。
6. 创建学生成绩 Excel 表，快速完成成绩的统计和分析。

04 第4章　Matplotlib数据可视化

对数据进行可视化操作是 Python 的一大优势。数据可视化是指通过可视化表示来探索数据，也就是借助于图形化手段，如统计图表等，来清晰、有效地传达与沟通信息。数据挖掘是针对数据集的规律和特点，使用代码和算法来进行探索和挖掘。数据挖掘与数据可视化两者有着紧密联系。所以，如何使数据的呈现变得既简单又引人注目，使其含义的表达变得直观，并以此来挖掘数据集中潜在的规律和意义成了数据可视化的首要目的。

为了达到这一目的并完成众多领域的数据分析工作，数据科学家们使用 Python 编写了一系列令人印象深刻的可视化分析工具。其中流行的工具之一是 Matplotlib，它用于完成数学绘图，可以用于绘制如折线图、直方图、散点图等多种类型的图表。

本章主要介绍如何使用 Matplotlib 进行数据可视化。

4.1　安装 Matplotlib 与绘图基本步骤

Matplotlib 一般需要单独安装，因为 Python 本身不包含 Matplotlib。如果计算机中安装了 Anaconda，则不需要再额外安装 Matplotlib；如果计算机中没有安装 Anaconda，则需要使用 pip 命令来安装 Matplotlib。

4.1.1　安装 Matplotlib

下面分别介绍在 Windows、Linux、macOS 这 3 个系统中如何安装 Matplotlib。

1. 在 Windows 系统中安装 Matplotlib

（1）输入 cmd 命令，打开命令行，输入以下命令进行升级。

```
python -m pip install -u pip setuptools
```

（2）输入以下命令自动安装 Matplotlib，系统会自动下载安装包。

```
python -m pip install matplotlib
```

（3）安装完成后，可以使用以下命令来查看本机安装的所有三方库模块，以确保 Matplotlib 已经安装成功。

```
python -m pip list
```

或者直接进入 python idle 中，在窗口中输入代码 import matplotlib 后运行程序，如果没有报错，就证明安装成功。

2. 在 Linux 系统中安装 Matplotlib

本书使用 CentOS 7，且已安装 Python 3，则使用以下命令即可安装 Matplotlib。

```
$ sudo yum install python3-matplotlib
```

如果使用的是 CentOS 7 中自带的 Python 2，则需要执行以下命令来安装 Matplotlib。

```
$ sudo yum install python-matplotlib
```

如果在计算机中已经安装了 Python 较新的版本，但需要安装 Matplotlib 依赖的一些库，则可以输入以下命令安装。

```
$ sudo yum install python3.7-dev python3.7-tk tk-dev
$ sudo yum install libfreetype6-dev g++
```

安装好以上 Matplotlib 依赖库之后，再使用 pip 命令来安装 Matplotlib。

```
$ pip install --user matplotlib
```

3. 在 macOS 系统中安装 Matplotlib

macOS 系统中的标准 Python 安装自带了 Matplotlib。要检查 macOS 中是否已经安装了 Matplotlib，可以打开一个终端会话并导入 Matplotlib，如果导入成功未报错，则说明已装有 Matplotlib。如果系统没有自带的 Matplotlib，则可以使用以下命令来安装。

```
$ pip install --user matplotlib
```

如果该命令不管用，可以删除--user 试试。

4.1.2 Matplotlib 绘图基本步骤

在绘图前，先来了解一下 Matplotlib 的组织结构。首先，在整个图形窗口中，底层是一个 Figure 实例，通常称为“画布”，我们所有的图形、图案就绘制在这张画布上。其次，画布上的图形统称为“Axes 实例”，这个实例基本上包含了 Matplotlib 的所有组成元素和属性，例如坐标轴、刻度、刻度标签、图表标题等。

作为 Python 中功能强大的绘图库，Matplotlib 提供了一整套和 MATLAB 相似的 API 命令，十分适合进行交互式制图。Matplotlib 库中的 pyplot 模块是最常用的模块之一，可以方便用户快速地绘制二维图表。例如，使用 matplotlib.pyplot.plot()函数可以绘制折线图；使用 matplotlib.pyplot.scatter()函数可以绘制散点图等。下面就以 pyplot 模块中的 plot()函数为例，介绍用 Matplotlib 绘图的基本步骤。

（1）导入第三方库

导入第三方库 NumPy 和绘图模块 pyplot。科学计算库 NumPy 是 Matplotlib 库的基础，我们绘图所需的数据集需要使用 NumPy 来生成，当然为了方便学习，也可以直接使用列表来生成所需数据。绘图模块 pyplot 是一个函数集合，它可以让 Matplotlib 像 MATLAB 一样工作。使用以下代码导入相应内容。

```
import matplotlib.pyplot as plt
import numpy as np
```

（2）准备数据

导入了需要的第三方库后，就可以准备绘图要使用的数据了。数据可以直接从网上下载。一般会使用两种常见格式的数据：CSV（Comma-Separated Values，逗号分隔值文件格式）和 JSON（JavaScript Object Notation，JS 对象简谱）。为了方便学习，这里采用 NumPy 来生成所需数据，用于生成数据的代码如下。

```
x = np.linspace(1,10,5)
y = np.sin(x)
```

在上面的代码中，linspace(1,10,5)表示在 1～10 之间均匀地取 5 个数。linspace()和 arange()函数的使用方法类似，不同的是，调用 linspace()函数后会获得一个包含起始值和终止值的数组，而且元素之间的步长间隔是相同的。

（3）开始绘图

准备好数据之后即可开始绘制想要的图形。plot()函数的功能是展现变量的变化趋势。根据二维坐标所决定的点的轨迹，使用 plot()函数即可绘制出一幅折线图，用户需要做的仅仅是将 x 与 y 的值传递给 plot()函数。x 与 y 两个数组里的元素若一一对应，则共同构成图像上将要描绘的点集坐标；如果两个数组里元素的个数无法一一对应，则会产生错误。调用函数的代码如下。

```
plt.plot(x,y)
```

（4）完善图表

步骤（3）中根据数据画出了所需的基本图形，然而仅有显示数据变动的图形显然是不够的。一个好的图表需要有相应的说明和标识，以及合适的图像风格，因此需要对图形进行一系列的调整及美化。下面使用一些函数来进一步修饰图表。

首先可以对折线线条进行改进。在 plot()函数中可以加入表示线条宽度的参数来修改线条的样式，例如如下代码。

```
plt.plot(x,y,linewidth=5)
```

然后可以设置图表标题，并且给坐标轴加上标签。设置图表标题和 x、y 轴标签的代码如下。

```
plt.title("plot figure")
plt.xlabel("value of x")
plt.ylabel("value of y")
```

当然，以上演示只对几个简单的元素进行了设置，还有很多需要去完善和调整的地方，后面会进一步介绍。

（5）展示结果

完善了一系列的图表设置后，就可以输出并展示一下绘制的图形了。使用下面的代码即可输出图形，如图 4-1 所示。

```
plt.show()
```

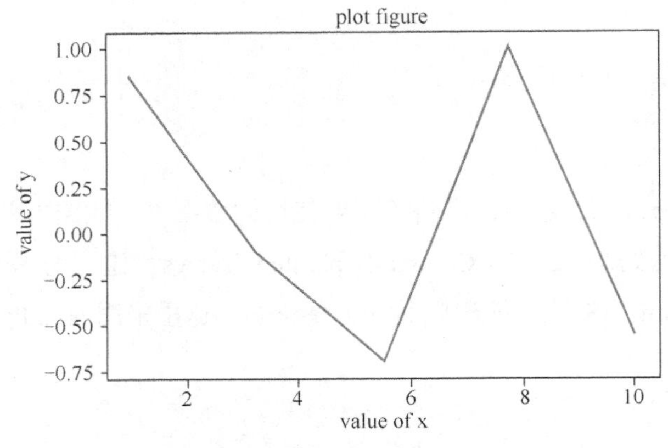

图 4-1　绘制的折线图

4.2 经典图形绘制

本节使用一系列绘图函数来介绍经典常用图形的绘制方法，包括折线图、柱状图、直方图、散点图以及等值线图。本节中的案例除了展示本身的基础案例图表外，还会引用后面第 6 章中一些对应部分的数据可视化案例，来帮助和加深读者对实际绘图操作的一些理解。

4.2.1 折线图

在前面关于 Matplotlib 基本绘图步骤的讲解中，读者应该已经对折线图的绘制有了基本的了解，接下来在这一基础上继续讲解如何进一步完善图形，进行标签文字和线条风格等一系列的图表元素设置。

折线图用于显示随 x 轴上设定的有序类别而变化的连续数据，非常适合用于显示在自变量步长相等的情况下数据的变化趋势。例如，当分类标签是均匀分布的数值时（如月、季度或年度的财政数据），使用折线图就比较好。

绘制折线图一般使用 plot()函数。plot()函数作为展现变量变化趋势的函数，在它传入的参数中可以轻松调整绘制线条的风格。

plot()函数的原型为 plt.plot(x,y,format_string,**kwargs)。其核心参数如下。

① x：x 轴数据、列表或函数，可选。

② y：y 轴数据、列表或函数，该参数在函数调用时必须给出。

③ format_string：控制线条的格式字符串，可选。这一字符串用来定义线条的基本属性，例如颜色、点型、线型。这是一种快速设置样式的方法，接收的是每个属性的单个字母缩写，如定义线条的颜色和点型时，“ro”可表示红色的圆圈。

④ **kwargs：一系列可选关键字参数，可以在里面指定很多内容，例如“label”可指定线条的标签，“linewidth”可指定线条的宽度，“color”可指定线条的颜色等。

设置线条的基本属性时可以用上面的 format_string 参数来快速设置，也可以用关键字参数来对单个属性赋值，例如以下代码。

```
plot(x,y,color='green',marker='o',linestyle='dashed',linewidth=1, markersize=6)
```

其关键字参数的含义分别是颜色为绿色，标记风格为圆圈，线条风格为虚线，线条宽度为 1，标记尺寸为 6。

若使用 format_string 参数，则需使用线条基本属性单词的缩写，可以将上述代码修改如下。

```
plt.plot(x,y,'go--', linewidth=1, markersize=6)
```

除了可以用 plot()函数来绘制线条外，pyplot 模块中还有很多函数可以设置一系列的图表元素，用于给图表增加说明，调整和美化图表。下面通过改进上一节的折线图元素的设置代码，来介绍一些常用的设置函数。

```
plt.title("first graph",fontsize=20)                      #设置图表标题
plt.xlabel("Value of X",fontsize=12)                      #设置 x 轴标签
plt.ylabel("Value of Y",fontsize=12)                      #设置 y 轴标签
plt.tick_params(axis='both',labelsize=10)                 #设置刻度样式
plt.grid(ls=":",c="b")                                    #设置网格线
plt.text(4,0.1,"y=sin(x)",weight="bold",color="b")        #设置注释文本
plt.legend(loc="lower left")                              #设置图例
```

下面对以上代码使用的函数进行简单介绍。

（1）title()函数用于添加整个图形内容的标题。第一个参数用于设置标题的文本内容，第二个参数用于设置标题文本字体大小。

（2）xlabel()和 ylabel()函数分别用于设置 x 和 y 轴的标签。第一个参数用于设置标签的文本内容，第二个参数用于设置文本字体大小。

（3）tick_params()函数用于对刻度线样式进行设置。第一个参数用于指定要修改的坐标轴，这里设置为两个坐标轴都修改，第二个参数用于对标签刻度大小进行设置。

（4）grid()函数用于绘制网格线，函数中可以传入定义网格线的样式的参数，例如线条的颜色、类型、粗细等。需要注意的是，如果只想对 x 轴或者 y 轴添加网格线，只需要设置参数 axis="x"或 axis="y"即可。此处第一个参数设置了网格风格为点状，第二个参数设置了网格线的颜色为蓝色。注意，在设定关键字参数时可使用单词缩写形式。

（5）text()函数用于添加图形内容细节的无指向型注释文本。第一个参数为注释文本内容所在位置 x 轴坐标，第二个参数为注释文本所在位置 y 轴坐标，第三个参数为注释文本内容，第四个参数设置文本字体的粗细风格，第五个参数设置文本字体的颜色。

（6）legend()函数用于标识不同图形的文本标签图例。参数 loc 为图例在图中的位置。

通过以上各种函数对图表进行完善后，可以使用 savefig()函数将图像保存到当前.py 文件所在的目录中。

```
plt.savefig("test.png", dpi=120)
```

savefig()函数的第一个参数将生成的图像保存为 test.png；第二个参数 dpi 指定图像的分辨率为 120。注意，plt.savefig()函数要出现在 plt.show()函数之前，否则关闭图像窗口后，图像对象将被释放，无法保存。

经过以上一系列操作后，图形已绘制完毕，可以将其展示出来了。使用 show()函数即可输出图形，绘制折线图的完整代码如下，结果如图 4-2 所示。

```
import matplotlib.pyplot as plt
import numpy as np

#数据准备
x=np.linspace(1,10,5)
y=np.sin(x)

#绘制折线
plt.plot(x,y,'ro',linestyle='-',linewidth=2,label="figure")

#完善图表
plt.title("first graph",fontsize=20)
plt.xlabel("Value of x",fontsize=12)
plt.ylabel("Value of y",fontsize=12)
plt.tick_params(axis='both',labelsize=10)
plt.grid(ls=":",c="b")
plt.text(4,0.1,"y=sin(x)",weight="bold",color="g")
plt.legend(loc="lower left")

#保存并输出图像
plt.savefig("test.png",dpi=120)
#显示图像
plt.show()
```

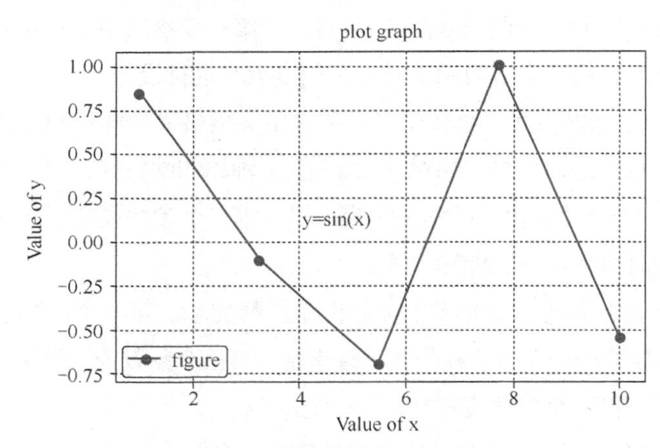

图 4-2 完善后的折线图

下面是一个数据可视化代码片段的示例（这是第 6 章相关案例中的代码）。

```
#绘制前 n 条记录
n = 50
#绘制模型估计值
plt.plot(range(len(yhat[:n])),yhat[:n])
#绘制模型实际值
plt.plot(range(len(Ytest[:n])),Ytest[:n])
```

```
#图形设置
plt.xlabel('个例')
plt.ylabel('单价')
plt.title('线性回归预测结果')
plt.legend(["预估","实际"])
```

该段代码一共调用了两次 plot()函数，作用是在画布上分别绘制出两条折线，Matplotlib 用两种不同的颜色显示这两条折线，以示区分。在两个 plot()函数中，x 与 y 的取值分别是以 n 为界限对 yhat、Ytest 两个数组的切片使用，yhat 数组是回归模型的预测数据，Ytest 数组是实际数据。最后在 legend()函数中传入两个元素的字符串数组，来显示两条折线的图例信息。代码生成的图形如图 4-3 所示，图中可以清晰地观察到两条折线的走势。

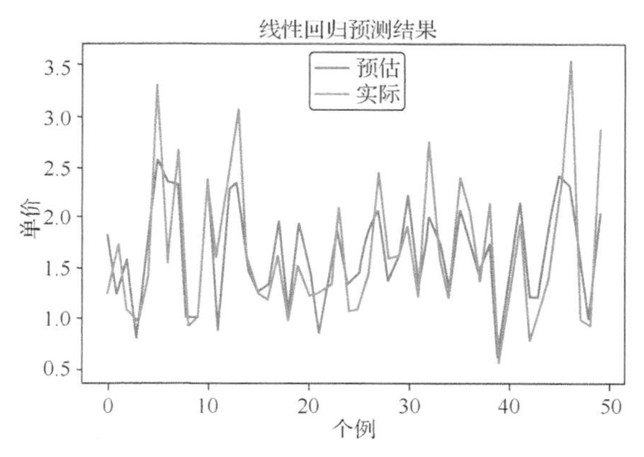

图 4-3　房产估价线性回归折线图

本小节不仅为读者展示了如何绘制折线图，还介绍了在 pyplot 模块中使用函数对图表中的主要元素和属性进行设置的方法，使读者对如何完善一张图表有了更加深刻的认识。具体图形元素设置的相关内容将在 4.3 节中进行讲解。如果读者想了解更多有关 Matplotlib 图表组成元素的设置函数，可以去官网阅读 pyplot 的官方文档。

4.2.2　柱状图

柱状图是统计中使用频率很高的一种图形，其使用长条形表示每一个类别，长条形的长度表示类别的频数，宽度下用文字标示类别。柱状图主要应用于定性数据的可视化场景，或者是离散型数据的分布展示中。

通常使用 bar()函数来绘制柱状图，官方文档中 bar()函数的原型为 matplotlib.pyplot.bar(x, height, width=0.8, bottom=None, *, align='center', data=None, **kwargs)

其核心参数如下。

① x：一个标量序列，标示在 x 轴上的定性数据类别，即每个柱状的 x 轴坐标。

② height：标量或标量序列，和 x 对应，确定每种定性数据类别的数量，即柱状的 y 轴高度。

③ width：标量或数组形式序列，可选，决定单个柱状图的宽度，默认值为 0.8。

④ bottom：标量或数组等类似序列，设置 y 边界坐标轴起点，默认值为 0。

⑤ align：可选的两个值为{'center'，'edge'}，其默认值为 center，使基准在 x 位置居中，如赋值为 edge 会使柱状的左边缘与 x 位置对齐。如果想要对齐柱状的右边缘，则需要传递负宽度和 align='edge'。

⑥ **kwarg：传递一系列的关键字参数。常用的参数有 color 指定柱状图的颜色，只给出一个值表示全部使用该颜色，若赋值颜色列表，则会逐一染色，若给出颜色列表中的颜色数目少于柱状图数目，则会循环利用；edgecolor 指定柱状边缘的颜色；linewidth 指定柱状的宽度；tick_label 设置柱状图的刻度标签，默认情况下没有标签，根据 x 的设置来显示；hatch 来设置条形的绘制风格，每一种 hatch 字符代表填充的形状，其中/代表斜杆、*代表五角星、.代表点、o 代表圆形。更多参数请参阅官方文档。

下面是一个货运箱重量统计的柱状图代码实例，图形绘制结果如图 4-4 所示。

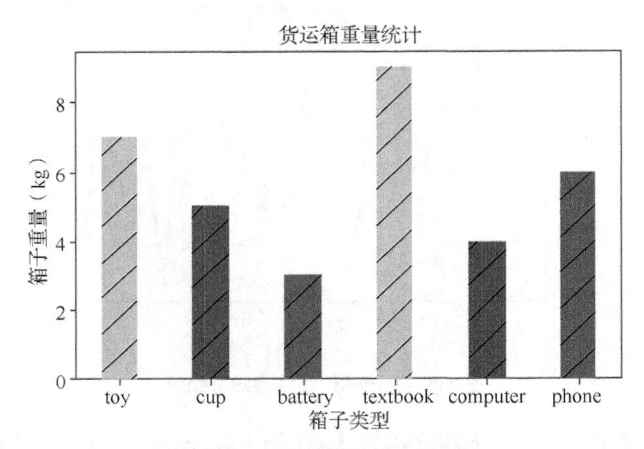

图 4-4　货运箱重量柱状图

```
import matplotlib.pyplot as plt
import matplotlib as mpl

#字体设置
mpl.rcParams["font.sans-serif"]="SimHei"     #设置字体样式
mpl.rcParams["axes.unicode_minus"]=False     #设置为字符显示
mpl.rcParams["font.size"] = 12               #设置字体大小

#数据准备
x = [1,2,3,4,5,6]
y = [7,5,3,9,4,6]

#绘制柱状图
plt.bar(x,y,width=0.4,align="center",tick_label=["toy","cup","battery","textbook",
"computer","phone"],color=color=['c','b','r'],hatch='/')

#完善图形说明
plt.xlabel("箱子类型")
```

```
plt.ylabel("箱子重量(kg)")
plt.title("货运箱重量统计",color="b")
#显示图像
plt.show()
```

使用 Matplotlib 绘制图表时直接输出汉字会形成乱码，无法正常显示，而使用属性字典 rcParams 或 matplotlib.rc()函数可以很好地解决这一问题。这里采用设置 rcParams 属性字典的方式来设置该案例的汉字输出。调用属性字典 matplotlib.rcParams，利用属性字典的属性名、属性值的对应关系与更新字典键值对的方法，就可以改变 matplotlib 的相关属性值，此处将 font.sans-serif 的值设置为想要输出的汉字字体即可。

下面是一个统计房屋朝向分布的数据可视化示例（这是第 6 章案例中对预处理好的数据进行可视化时的代码片段）。

```
import pandas as pd
import numpy as np
import matplotlib.pyplot as plt

#设置绘图时显示中文的字体
plt.rcParams['font.sans-serif'] = ['Microsoft YaHei']

#读入数据
input_file_path = '房产信息_预处理.xlsx'
data = pd.read_excel(input_file_path)
data.head(5)

#统计房屋朝向
data[['东','南','西','北','东南','西南','西北','东北']].sum().plot(kind='bar',rot=0)
plt.ylabel('数量')
```

在这一可视化案例中用到了 pandas 库。其中，read_excel()函数从 Excel 表格中读取所需要的数据，并返回一个 DataFrame 类型对象赋给 data；根据 data 中的房屋朝向用 sum()函数按列求和，再返回一个 Series 数据；这里柱状图则使用 Series 对象中的 plot()函数绘制，指定参数 kind 为 bar 即可绘制柱状图。代码生成结果如图 4-5 所示。

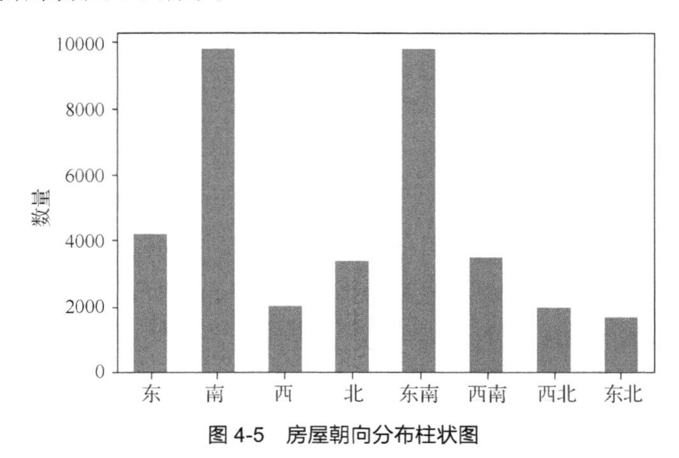

图 4-5　房屋朝向分布柱状图

4.2.3 直方图

直方图是一种统计报告图，形式上类似柱状图，也是一个个的长条形，但是直方图用长条形的面积来表示频数，长条形的宽度为组距，长条形的高度=频数/组距。直方图主要用于展现连续型数据的分布特征，即统计不同数据区间中数据的分布情况。

直方图一般用来描述等距数据，柱状图一般用来描述名称（类别）数据或顺序数据。直观地看，直方图各个长条形是衔接在一起的，表示数据间的数学关系；柱状图各长条形之间留有空隙，用以区分不同的类。

绘制直方图一般使用 hist()函数，在官方文档中，hist()函数的原型为 matplotlib.pyplot.hist(x, bins=None, range=None, density=False, weights=None, cumulative=False, bottom=None, histtype='bar', align='mid', orientation='vertical', rwidth=None, log=False, color=None, label=None, stacked=False, *, data=None, **kwargs)。

可以看到该函数的参数很多，下面对其中较为常用的参数进行说明。

① x：在 *x* 轴上绘制长条形的定量数据，即要统计的数据集。它可以是单个数组，也可以是不要求长度相同的数组序列。

② bins：整数值或序列，或字符串，可选，默认值为 10。该参数为整数值时指定长条形的个数，也就是直方图上的长条形的数量；该参数为数组时规定限制长条形的边界，包括第一个长条形的左边界和最后一个长条形的右边界，此时可解决一些刻度上的数字与长条形无法对齐的问题。

③ histtype：直方图类型，可选值为{'bar', 'barstacked', 'step', 'stepfilled'}，默认值为 bar。

bar：传统的条形直方图。如果给出多个数据，则条形图并排排列。

barstacked：一种条形直方图，其中多个数据相互堆叠。

step：生成默认情况下未填充的线图。

stepfilled：生成默认情况下已填充的线图。

④ align：设置直方图的对齐方式，可选值为{'left'，'mid'，'right'}，默认值为 mid。

left：指定直方图在最左边 bin 的边缘上居中。

mid：指定直方图在 bin 左右边缘之间居中。

right：指定直方图在最右边 bin 的边缘上居中。

⑤ orientation：指定直方图的方向，可选值为{'horizontal', 'vertical'}。如果取值为 horizontal，则直方图将以 *y* 轴为基线，水平排列。

⑥ rwidth：标量值或 None，设置长条形的宽度占 bin 宽度的比例；例如，当 bins=range(1,8)时，每个长条形默认宽为 1，若设置 rwidth=0.8，则长条形的宽度将为 0.8，长条形之间的距离为 0.2。

⑦ color：具体颜色或数组（元素为颜色）或 None，可选，指定长条形的颜色。

⑧ label：字符串或字符串序列或 None，用于标注区分多个数据集。

⑨ **kwargs：关键字参数，常用的关键字如下。

normed：指定是否将得到的直方图向量归一化，默认值为 0。

facecolor：指定直方图的颜色。

edgecolor：指定直方图边框的颜色。

alpha：指定透明度。

下面是计算机专业学生英语成绩的直方图统计代码实例，图形绘制结果如图 4-6 所示。

```
import matplotlib.pyplot as plt
import matplotlib as mpl
import numpy as np

#设置字体
mpl.rcParams["font.sans-serif"]="SimHei"
mpl.rcParams["axes.unicode_minus"]=False
mpl.rcParams["font.size"] = 12

#数据准备
x = [np.random.randint(0,100,40),np.random.randint(0,100,40)]
y = list(range(0,101,10))

#绘制直方图
plt.hist(x,bins=y,color=['c','b'],histtype="bar",rwidth=1, alpha=0.6,edgecolor=
"black",label=['一班','二班'])

#完善图表说明
plt.xlabel("测试成绩")
plt.ylabel("学生人数")
plt.title("学生英语考试分数统计",color="r")
#设置图例和展示图像
plt.legend()
plt.show()
```

上述代码中的 x 数组代表了两个班的考试成绩，是两个人数都为 40 的数据集；bins 用来确定每个长条形所包含的数据范围，除了最后一个长条形的数据范围是闭区间外，其他长条形的数据范围都是左闭区间、右开区间，这里的 bins 以 10 为跨度；label 参数用数组来区分两个数据及所代表的班级；color 参数指定两个颜色来区分数组。

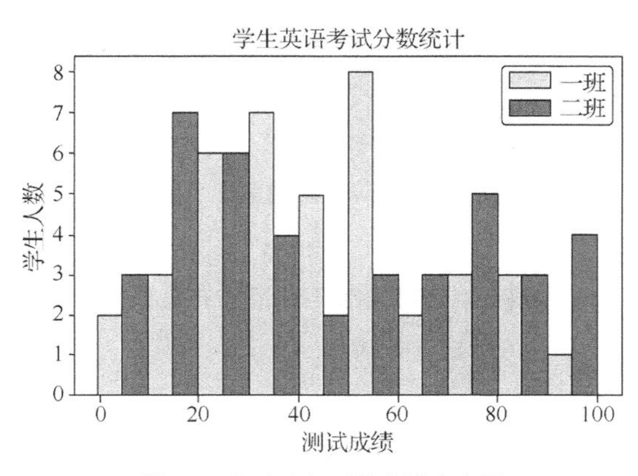

图 4-6　两个班级成绩统计直方图

下例中的直方图负责统计成都市双流区房屋价格所在区间的分布情况（这是第 6 章案例中对预处理数据进行数据可视化时的代码片段）。

```
import pandas as pd
import numpy as np
import matplotlib.pyplot as plt

#设置绘图显示中文字体
plt.rcParams['font.sans-serif'] = ['Microsoft YaHei']

#读入数据
input_file_path = '房产信息_预处理.xlsx'
data = pd.read_excel(input_file_path)
data.head(5)

#设置划分区间
bins = [0,0.5,1,1.5,2,3,5,8,12]
#设置 x 轴标签
plt.xlabel("价格")
plt.ylabel('频数')
#plot
plt.hist(x = data[data['区域']=='双流'].单价, bins = bins)
#设置刻度范围
plt.xlim((0, 5))
```

该段代码用到了 pandas 库。首先，将数据从 Excel 文件中读出，并且定义一个列表 bins 来存储价格的区间划分；然后将数据中房屋区域为双流的数据选出，并从这些数据中提取出房屋的单价信息；最后将提取的单价数据以及价格区间 bins 作为参数传给 plot()函数，绘制出相应的直方图。代码生成图表如图 4-7 所示。

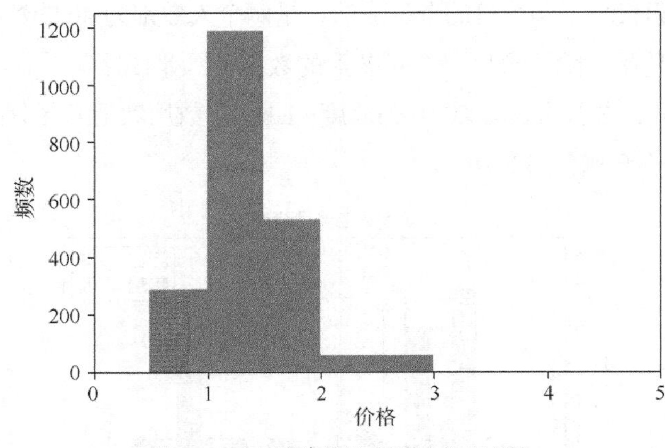

图 4-7　房屋价格所在区间分布直方图

4.2.4　散点图

散点图是一种数据点在直角坐标系平面上的分布图，用于表示因变量随自变量变化的大致趋势，常用在回归分析中，据图可以选择合适的函数对数据点进行拟合。散点图多用于显示和比较数值，在数据科学、数据统计和数据工程等领域中经常会用到。

绘制散点图一般使用 scatter()函数，官方文档中 scatter()函数的原型为 matplotlib.pyplot.scatter(x, y, s=None, c=None, marker=None, cmap=None, norm=None, vmin=None, vmax=None, alpha=None, linewidths=None, verts=<deprecated parameter>, edgecolors=None, *, plotnonfinite=False, data=None, hold=None, **kwargs)。

该函数的常用参数说明如下。

① x，y：标量或形如 shape(n,m)的数组，两个参数共同决定所绘点的位置。

② s：标量或数组等，可选。该参数用来指定点的大小（也就是面积），默认值为 20。

③ c：数组或颜色或颜色列表，可选。该参数用来指定点的颜色或颜色序列，默认是蓝色。

④ marker：标记样式，用来指定点的形状，可选，默认是圆形。标记可以是类的实例，也可以是特定标记的文本简写。

⑤ cmap：一个 colormap 实例或记录的 colormap 名，用来指定颜色映射。当 c 为浮点型数组时，cmap 是非常有用的。

⑥ vmin、vmax：与 norm 一起标准化亮度数据。如果该参数保持默认值为 None，则使用颜色阵列的各自的最小值和最大值。

⑦ linewidths：标量或类似数组的值，可选。该参数用来指定线条的宽度，保持默认值为 None 时宽度为 1.5。

⑧ alpha：标量，可选，默认值为 None，可选值为 0（透明）至 1（不透明）之间的 alpha 混合值。

⑨ edgecolors：可填写值{'face', 'none', None}或颜色或颜色序列，可选，默认值为 face。该参数用来指定点的边缘颜色，当值为 face 时点边缘颜色将始终与 face 颜色相同；值为 None 时不绘制点的边界。

⑩ hold：可用于在一个图上画多条曲线。

散点图不同于其他的图形，它可以通过点的描绘，展现出许多精美有趣、具有艺术感的图像，下面以“随机漫步”为例来展现用 scatter()函数绘制散点图的魅力。

随机漫步是指每次绘制的点都是完全随机的，没有明确的方向，结果是由一系列的随机决策决定的。随机漫步在很多领域都有应用，例如水滴中的水分子运动和花粉的传播路径都是完全随机的，就如随机漫步一样。

首先创建一个 RandomWalk()类，用来模拟随机漫步；然后通过绘点来将 RandomWalk()类中的随机漫步过程用可视化的方式呈现出来；最后再对图像设置进行一系列的调整，即可绘制完成。

RandomWalk()类中需要两个函数，第一个函数用于初始化类中的变量，示例如下。

```
def __init__(self, point_num=5000):            #初始化变量
    self.point_num = point_num
    self.xval = [0]
    self.yval = [0]
```

上面的代码用 point_num 记录漫步的点数，并且设置了两个列表 xval 和 yval 的初值，让每次漫

步都从(0,0)出发。

第二个函数用于执行随机漫步，计算每次漫步的点。该函数需要一个循环，在这个循环中要计算出每次漫步点的位置，代码如下。

```
def fill_walk(self):          #计算每次漫步点的坐标

    while len(self.xval) < self.point_num:
        #计算 x 和 y 两个坐标的漫步方向和步数
        x_direction = choice([1,-1])
        step_num = choice([0,1,2,3,4])
        xstep = x_direction * step_num

        y_direction = choice([1,-1])
        step_num = choice([0,1,2,3,4])
        ystep = y_direction * step_num

        #如果原地踏步，则跳过此次循环
        if xstep == 0 and ystep == 0:
            continue
        #计算下一个点的坐标
        x_next = self.xval[-1] + xstep
        y_next = self.yval[-1] + ystep

        #将该点的坐标加入 xval 与 yval 两个列表
        self.xval.append(x_next)
        self.yval.append(y_next)
```

在该函数中，choice()函数的作用是在给定的列表或数组中随机选定一个值，使用此函数需要先导入 random 库中的 choice，代码示例如下。

```
from random import choice
```

choice([1,−1])和 choice([0,1,2,3,4])分别表示点的行走方向和行走的步数，将值分别赋给 x_direction 与 y_direction、step_num。之后利用这几个值计算出点在 x 与 y 轴方向上的步数 xstep 与 ystep，再配合当前点的位置计算出下一次点的坐标 x_next 与 y_next，将下次点的坐标加入记录每次点的位置的两个列表 xval 与 yval。当然还需要考虑原地踏步的情况，此处不允许原地踏步，所以如果判断 xstep 与 ystep 都为 0，直接跳过此次循环。

在写完 RandomWalk()类后便可以开始绘制点了。

首先，创建类的实例，并且开始随机漫步，指定漫步 5000 次，一共将绘制 5000 个点。

```
rw = RandomWalk(5000)
rw.fill_walk()
```

其次，根据 rw 里面点的位置列表开始绘制，且使用颜色映射来按照漫步点的先后顺序设置颜色渐变，并将 edgecolor 设为 none 以删除点的轮廓，使颜色更突出。为了根据顺序描点，设置一个列表 point_numbers 来根据 rw 中的 point_num 生成点的顺序。此外再使用参数 camp 告诉 pyplot 使用颜色 Blues 进行映射，代码便会将较小的 point_numbers 设置为浅蓝色，较大的 point_numbers 设置为深蓝色。

最后，绘制随机漫步的起点和终点，表示漫步的开始和结束。

生成随机漫步散点图的示例如下。

```
#生成 1-5000 的序列
point_numbers = list(range(rw.point_num))
#按照 point_numbers 列表指定的点序来绘制颜色渐变的散点
plt.scatter(rw.x_val,rw.y_val,c=point_numbers,cmap=
plt.cm.Blues,edgecolor='none',s=15)
#绘制起点和终点
plt.scatter(0,0,c='green',edgecolors='none',s=100)
plt.scatter(rw.x_val[-1],
rw.y_val[-1],c='red',edgecolor='none',s=100)
```

完成以上工作，一幅随机漫步的散点图就画出来了，为了更加突出图形，我们将坐标轴通过以下代码隐藏。最终绘制结果如图 4-8 所示。

```
plt.axes().get_xaxis().set_visible(False)
plt.axes().get_yaxis().set_visible(False)
```

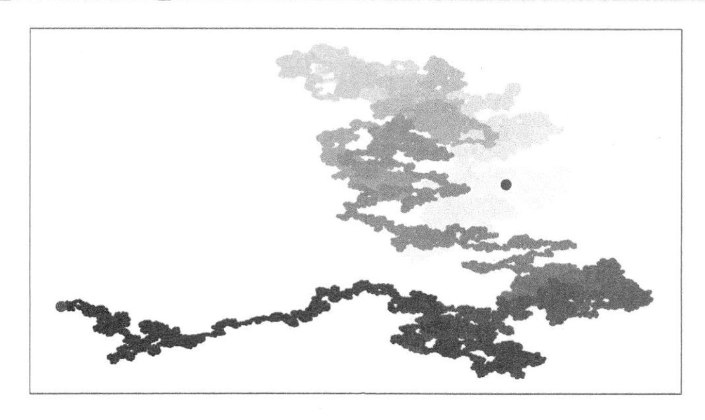

图 4-8　随机漫步散点图

可以看到，这幅图如水墨画一般，十分优美。接下来为了使它看起来更像一幅云彩图，可以将点的数量扩大至 50000，且把点的大小 s 调为 2，效果如图 4-9 所示。

图 4-9　改进后的随机漫步散点图

改进后的随机漫步实例的完整代码如下。

```
from random import choice
import matplotlib.pyplot as plt
```

```
class RandomWalk():                #初始化变量
    def __init__(self, point_num=5000):
        self.point_num = point_num
        self.xval = [0]
        self.yval = [0]

    def fill_walk(self):           #计算每次漫步点的坐标

        while len(self.xval) < self.point_num:
            #计算x和y两个坐标的漫步方向和步数
            x_direction = choice([1,-1])
            step_num = choice([0,1,2,3,4])
            xstep = x_direction * step_num

            y_direction = choice([1,-1])
            step_num = choice([0,1,2,3,4])
            ystep = y_direction * step_num

            #如果原地踏步，则跳过此次循环
            if xstep == 0 and ystep == 0:
                continue

            #计算下一个点的坐标
            x_next = self.xval[-1] + xstep
            y_next = self.yval[-1] + ystep

            #将该点坐标加入xval与yval两个列表
            self.xval.append(x_next)
            self.yval.append(y_next)
#漫步50000次
rw = RandomWalk(50000)
rw.fill_walk()
#生成1-50000的序列
point_numbers = list(range(rw.point_num))
#按照point_numbers列表指定的点序来绘制颜色渐变的散点
plt.scatter(rw.x_val,rw.y_val,c=point_numbers,cmap=plt.cm.Blues,edgecolor
='none',s=2)
#绘制起点和终点
plt.scatter(0,0,c='green',edgecolors='none',s=100)
plt.scatter(rw.x_val[-1],rw.y_val[-1],c='red',edgecolor='none',s=100)
#隐藏坐标轴
plt.axes().get_xaxis().set_visible(False)
plt.axes().get_yaxis().set_visible(False)
#显示图形
plt.show()
```

4.2.5 等值线图及地理信息可视化

等值线图又称“等量线图”，是以相等数值点的连线来表示连续分布且逐渐变化的数量特征的一种图形。等值线图用数值相等的点连成的曲线（即等值线）在平面上的投影来表示物体的外形和大小。等值线图在科学绘图方面经常用到，它适于表现连续分布且具有数量特征（如高低、大小、强弱、快慢等）的现象，着重于显示各种数量变化的规律，是一种较常用的专题地图，此外它也常用于表示地形高低、矿体形状和品位、岩体应力等的变化。等值线图虽然看起来复杂，但使用 Matplotlib 实现起来很容易。此外，地理信息可视化也是 Matplotlib 应用较为突出的一个领域。

1. 等值线图

等值线图包括等高线图、等温线图、地层等厚度图。下面使用等值线图中的等高线图为例展示如何绘制等值线图，并且给等高线间加上温度变化。等高线图这种可视化方法是用一圈圈封闭的曲线组成的等值线来表示三维结构的表面，其中封闭的曲线表示的是一系列处于同一层级或 z 值相同的数据点。

虽然等高线图看上去结构很复杂，但是使用 Matplotlib 实现起来并不难，绘图主要依赖于 $z=f(x,y)$ 函数生成的三维结构。首先需要定义 x、y 的取值范围，确定要显示的区域；再使用 $f(x,y)$函数计算每一对(x,y)所对应的 z 值，得到一个 z 值矩阵；最后，用 contour()函数生成三维结构表面的等高线图。等高线图是三维图形 z 轴的投影图，既然是投影图就要刻画三维图形 z 轴的变化趋势，这就是等值线的作用。此外还可以定义颜色表，为等值线图添加不同的颜色，即用渐变色填充等值线划分出的区域，这样效果往往会更好。

下面以绘制一个等高线图为例讲解等值线图的绘制过程。

（1）准备工作

导入所需要的库。

```
import matplotlib as mpl
import matplotlib.pyplot as plt
import numpy as np
```

（2）数据准备

采用 linspace()函数来从−4 到 4 之间等间隔生成 128 个 x 与 y 的数据。x 与 y 这两个数组将共同决定 z 的值。

```
num = 128
x = np.linspace(-4, 4, num)
y = np.linspace(-4, 4, num)
```

等高线是将 z 轴上函数值相等的点连接起来，而函数值是通过二元函数计算得出的，所以可以定义一个如下所示的函数，用来计算 z 的值。

```
#定义根据 x、y 值计算 z 值的函数
def f(x, y):
    z = (1-y**6+x**6) * np.exp(-x**2-y**2)
    return z
```

（3）填充等高线颜色

要画出等高线，用到的核心函数是 plt.contourf()，该函数的作用并不是绘制线条，而是在不同的等高线区域间填充颜色，以区分不同的等高线区域。此外，在这个函数中输入的参数是 x、y 对应的

网格数据以及此网格对应的高度值，因此还需要调用 np.meshgrid(x,y)函数把 *x*、*y* 值转换成网格数据才行，代码如下。

```
#x、y 数据生成 mesh 网格状的数据，等值线显示的是在网格的基础上添加的高度值
x1, y1 = np.meshgrid(x, y)
z = f(X, Y)
#填充等高线区间
plt.contourf(x1, y1, z)
```

通过 plt.show()函数可看到目前的绘制成果，如图 4-10 所示。

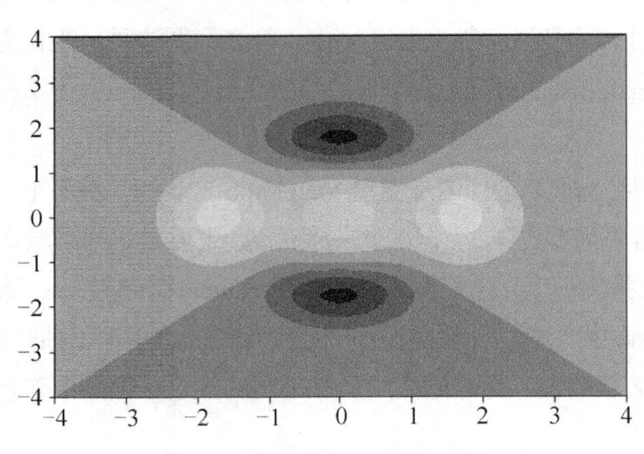

图 4-10　初步绘制出的等高线图

图 4-10 的颜色为冷色调，如果想要显示热力图，只要在 plt.contourf()函数中添加属性 cmap=plt.cm.hot 就可以了。其中，cmap 代表 colormap，这一设置把 colormap 映射成了 hot（热力图），同时将函数返回值赋给了 csf 变量，代码修改如下。

```
csf = plt.contourf(x1, y1, z, cmap=mlp.cm.hot)
```

再次输出结果，可以看到图中的冷色调变为了暖色调，如图 4-11 所示。

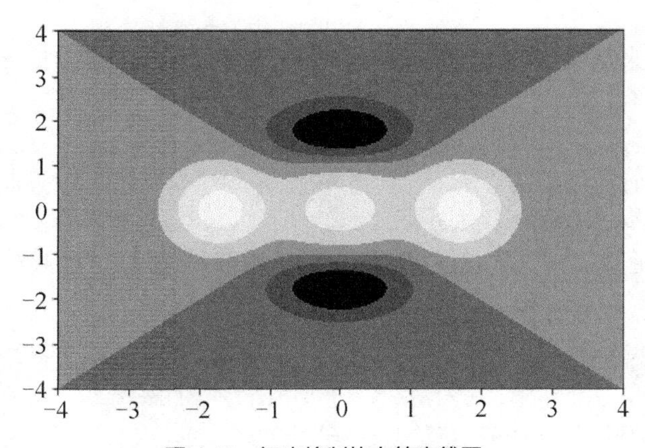

图 4-11　初步绘制热力等高线图

（4）绘制等高线

上面用了 plt.contourf()函数填充等高线颜色，还有一种方式可以在步骤（3）的基础上显示等高线，使不同颜色区域边界区分明显，代码如下。

```
#绘制等高线
```

```
cs = plt.contour(x ,y, z, 10, colors='black')
#添加等值线文字标签
plt.clabel(cs, inline=True, fontsize=12)
```

通过调用函数 contour()可获得一个 ContourSet 实例，进而可以将 ContourSet 实例作为参数代入函数 clabel()中，为等高线添加标签并以此表示出每条等高线的数值大小。在上述代码的 contour()函数中，10 代表的是显示等高线的密集程度，数值越大，画的等高线数就越多，colors 表示等高线的颜色。clabel()函数中的 inline 表示等高线是穿过数字还是不穿过。

此外，如若使用等高线图，在该图的一侧增加图例以作为对图表中所用颜色的说明是很有必要的，在代码的最后增加 colorbar()函数即可实现该功能。因此再将 contourf()函数返回的 QuadContourSet 实例传入 colorbar()函数中为等高线图配置颜色标尺，用来呈现每条等高线的颜色所代表的在 z 轴上的实际投影位置，最终输出图形即可。

```
#添加图例
plt.colorbar(csf)
#显示图形
plt.show()
```

（5）输出等高线图

以上操作都完成后便可以显示最终结果，如图 4-12 所示。

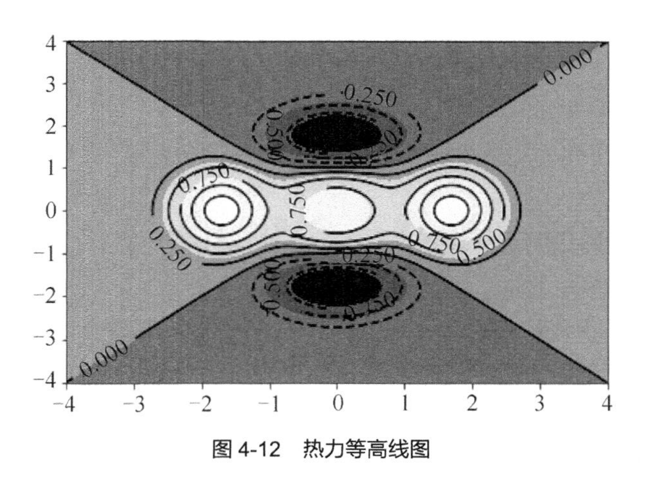

图 4-12　热力等高线图

完整代码如下所示。

```
import numpy as np
import matplotlib.pyplot as plt
import matplotlib as mlp

#计算 x 和 y 坐标对应的高度值
def f(x, y):
    z = (1-y**6+x**6) * np.exp(-x**2-y**2)
    return z

#生成 x 和 y 的数据
n = 128
x = np.linspace(-4, 4, n)
```

```
y = np.linspace(-4, 4, n)

#x 和 y 的数据生成 mesh 网格状的数据，在此基础上用函数 f()来计算网格平面上每个点对应的高度值
#根据网格上每个点的二维坐标及其高度值，即可绘制出等高线
x1, y1 = np.meshgrid(x, y)
z = f(x1, y1)
#填充等高线
csf = plt.contourf(x1, y1, z, cmap=mlp.cm.hot)
#绘制等高线
cs = plt.contour(x ,y, z, 10, colors='black')
#添加等高线文字标签
plt.clabel(cs, inline=True, fontsize=12)
#添加图例
plt.colorbar(csf)
plt.show()
```

2. **地理信息可视化**

等值线图在某些方面也算是一种地理信息可视化，下面介绍一些地理信息可视化的相关知识。

在数据可视化过程中，常常需要将数据根据其采集的地理位置在地图上显示出来，例如在地图上画出城市、飞机的航线等。地理空间型图表主要展示数据中的精确位置和地理分布规律，包括等值区间地图、带气泡的地图、带散点的地图等。

要绘制这些不同类型的图表，主要使用 Matplotlib、Plotnine、Seaborn 等库。对于二维直角坐标系下的图表，主要使用 Plotnine 和 Seaborn 库；对于极坐标系和三维直角坐标系下的图表，则需要使用 Matplotlib 库。而 Matplotlib 中的 Basemap 库自带世界地图的数据信息，可以使用 Basemap()函数读入数据并绘制地图。

下面以使用 Basemap 库绘制世界地图为例来介绍地理信息的可视化。

（1）绘制平面世界地图并上色

```
from mpl_toolkits.basemap import Basemap
import matplotlib.pyplot as plt

#设置投影方式
map = Basemap(projection = 'cyl')

#给背景涂上蓝色
map.drawmapboundary(fill_color = 'aqua')
#给画出的陆地涂上土黄色,给江河湖泊涂上蓝色
map.fillcontinents(color = 'coral', lake_color = 'aqua')
#绘制图形
map.drawcoastlines()
plt.show()
```

结果是一个展开的世界地图，如图 4-13 所示。

在 Basemap()函数中通过设定参数 projection 可以绘制不同地球投影下的世界地图，包括等距圆柱投影（cyl）、墨卡托投影（merc）、正射投影（ortho）、兰勃特等积投影（lacs）等 30 多种不同的地球投影。因此，通过改变投影方式，可以绘制出不同形式的世界地图，例如像地球仪一样的球状世界地图。

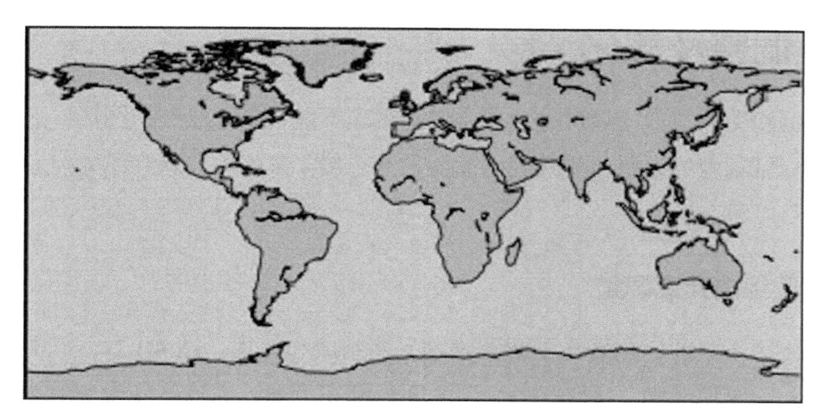

图 4-13　平面世界地图

（2）绘制球状世界地图

要将地图改变为球状投影方式非常简单，只需要在 Basemap()函数中加入 projection（作为正射投影参数）、lat_0、lon_0 参数即可，代码如下。输出图形如图 4-14 所示。

```
from mpl_toolkits.basemap import Basemap
import matplotlib.pyplot as plt

#设置投影方式
Map = Basemap(projection = "ortho", lat_0 = 0, lon_0 = 0)

#给背景涂上蓝色
map.drawmapboundary(fill_color = "aqua")
#给画出的陆地涂上土黄色,给江河湖泊涂上蓝色
map.fillcontinents(color = "coral", lake_color = "aqua")
#绘制图形
map.drawcoastlines()
plt.show()
```

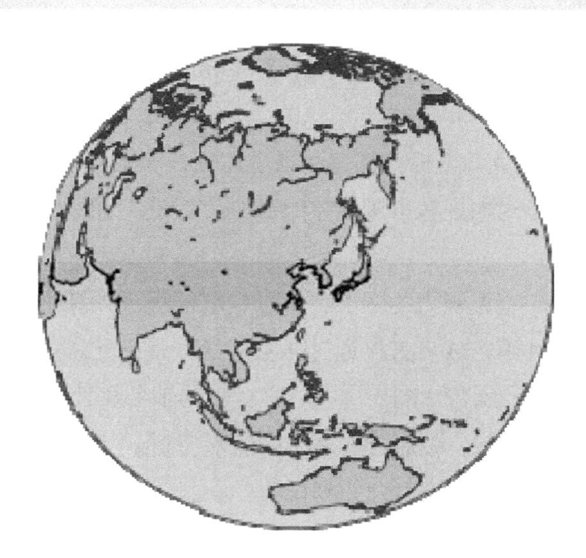

图 4-14　球状世界地图

4.3 图表调整及美化

在前面讲解折线图的部分已经讲过，一个好的图表不能只有所绘制的图形，还需要有相应的说明、标签以及坐标轴刻度的设置，使其变得通俗易懂。接下来的内容将介绍如何完善图表的元素和说明。

4.3.1 图表主要组成元素调整

在调整和美化图表之前，需要先了解图表的元素组成和使用。在 4.1.2 小节中已讲过，绘图的底层是一个 Figure 实例，也叫“画布”，绘制的图形都在上面，而这些图形统称为“Axes 实例”。该实例基本上包含了 Matplotlib 的所有组成元素和属性。具体一点说，Matplotlib 图表的组成元素主要包括：图形（figure）、二维直角坐标系（axes）、图表标题（title）、图例（legend）、主要刻度（major tick）、次要刻度（minor tick）、刻度标签（tick label）、*y* 轴标签（*y* axis label）、*x* 轴标签（*x* axis label）、数据标记（markers）、网格（grid）线等。总的来说，在 Matplotlib 中主要有以下两大类元素。

（1）基础类元素：线（line）、点（marker）、文字（text）、图例、图表标题、图片（image）等。

（2）容器类元素：图形、坐标图形、坐标轴（axis）和刻度（tick）。

基础类元素是需要绘制的标准对象，容器类元素可以包含许多基础类元素并将它们组织成一个整体，它们也有层级结构：图形包含坐标图形，坐标图形包含坐标轴，坐标轴又包含刻度。这些元素的区别和说明如下。

① figure 对象：整个图形是一个 figure 对象，figure 对象至少包含一个子图，也就是 axes 对象。figure 对象包含一些特殊的 artist 对象，例如图表标题、图例。

② axes 对象：从字面上理解，axes 是 axis 的复数，但它并不是指这些坐标轴，而是指子图对象。可以这样理解，每一个子图都有 *x* 轴和 *y* 轴，axes 用于代表这两个坐标轴所对应的一个子图对象。

③ axis 对象：axis 是数据轴对象，它有 locator 和 formatter 两个子对象，分别用于控制数据轴上的刻度位置和显示数值。

④ tick 对象：常见的二维直角坐标系都有两条坐标轴，横轴和纵轴，每个坐标轴都包含两个元素，即刻度（容器类元素，该对象里包含刻度本身和刻度标签）和标签（基础类元素，该对象包含的是坐标轴标签）。

要画出一张细致、精确、有说服力的图表，可以在容器里添加基础元素，例如线、点、文字、图例、网格、图表标题、图片等，或者直接通过函数对这些基础元素进行设置。除图表数据系列的格式外，平时主要调整的图表元素包括图表尺寸、坐标轴的轴名及其标签、刻度、图例、网格线等。要具体地调整和设置这些基础元素，可通过一系列函数来控制。

下面对常用基础元素的设置函数进行介绍和说明。

1. **添加图例和标题**

图例是集中于地图或图表一角或一侧，对各种图形、符号和颜色所代表内容与指标进行说明的标识，它有助于观察者更好地认识图表。图例和图形的区别是：图例是对图形的标识说明，图形是数据可视化的内容。如果不对绘图区域中的单个或多个图形加以说明，观察者会很难识别出图形想要表达的内容，因此对图形添加标签和说明十分重要。

添加图例一般使用 legend()函数，添加标题使用 title()函数，两者的官方函数原型分别为 legend(*args, **kwargs)和 title(label, fontdict=None, loc=None, pad=None, y=None, **kwargs)。

（1）title()函数的核心参数如下。

① label：一个字符串，为标题的文本内容。

② fontdict：一个控制标题文本外观的字典，可以指定字体大小（fontsize）和字体颜色（color）等一系列文本风格。

③ loc：指定文本的放置方位，可选值为{'center', 'left', 'right'}，分别表示居中、靠左、靠右。

（2）legend()函数的核心参数都在**kwargs 中，具体如下。

① loc：指定图例的位置，可以用完整的方位名词或对应数字代码来设置，方位名词和数字代码两者的对应关系如表 4-1 所示。

表 4-1　方位名词和数字代码对应表

方位名词	数字代码	方位名词	数字代码
best	0	center left	6
upper right	1	center right	7
upper left	2	lower center	8
lower left	3	upper center	9
lower right	4	center	10
right	5	-	-

② facecolor：图例的背景颜色，默认为白色。

③ edgecolor：图例的边框颜色，默认为黑色。

④ fontsize：图例的字体大小。

2. 调整刻度格式、标签设置、内容和格式设置

图表中的 x、y 轴刻度设置决定了绘图区域中图形展示效果的优劣。如果图表中有良好的刻度格式、标签、内容和格式设置，会极大地提升可视化效果。

对 x、y 轴的刻度范围设置一般使用 xlim()和 ylim()两个函数，标签设置一般使用 xlabel()和 ylabel()两个函数，内容和格式设置一般使用 xticks()和 yticks()两个函数。

（1）xlim()和 ylim()函数的原型分别为 xlim(*args, **kwargs)和 ylim(*args, **kwargs)，它们的函数调用形式为 xlim(left,right)和 ylim(left,right)。其中，left 代表限定的最小值，right 代表限定的最大值。

（2）xlabel()和 ylabel()函数的原型分别为 xlabel (xlabel, fontdict, labelpad, loc, **kwargs)和 ylabel (ylabel, fontdict, labelpad, loc, **kwargs)，两个函数的核心参数如下。

① xlabel、ylabel：一个指定字符串，为标签的文本内容。

② loc：指定标签位置，可选值为{'bottom', 'center', 'top'}，分别表示位于底部、居中、顶部，默

认为居中。

③ **kwargs：传入一系列 text 属性参数，用于控制标签文本外观，如 alpha、color 等属性。

（3）xticks()和 yticks()函数的原型分别为 xticks(ticks, labels, **kwargs)和 yticks(ticks, labels, **kwargs)，两个函数的核心参数如下。

① ticks：传入数组等类似变量，可选。该参数是轴线上每个刻度位置的列表，如果传入一个空列表，则会移除该坐标轴刻度。

② labels：传入数组等类似变量，可选。这个参数所传递的标签内容将会安放在 ticks 所传数组的相应位置上，要求两个数组必须对应，不然会出错。

③ **kwargs：传入一系列 text 属性参数，用于控制标签文本的外观，如 alpha、color 等属性。

3. 为图表添加网格线

有的时候图形的某些部分无法用肉眼看出其对应于刻度线上确切的值，这时使用垂直于 *x* 轴或 *y* 轴的网格线在很大程度上可以辅助观察图形上点所对应的值。

绘制网格线一般使用 grid()函数，其函数原型为 grid(b, which, axis, **kwargs)。

其核心参数如下。

① b：bool 型值或 None，可选，用于指定是否展现网格。

② which：可选值为{'major', 'minor', 'both'}，指定想要修改的网格线。

③ axis：可选值为{'both', 'x', 'y'}，用于指定更改哪条坐标轴。

④ **kwargs：传入一系列 line2D 属性参数，用于指定网格线条的特性，如 linestyle、linewidth 等属性。

4. 绘制参考线

除了绘制网格线，有的时候绘制相应的参考线能让图表数据某些特征能更直观地展现出来。

绘制参考线一般使用 axhline()和 axvline()两个函数，分别可以绘制平行于 x、y 轴的参考线。axhline()和 axvline()函数的原型分别为：axhline(y, xmin, xmax, **kwargs)和 axhline(y, xmin, xmax, **kwargs)。

axhline()和 axvline()函数的核心参数如下。

① x 或 y：水平参考线的出发点。

② **kwargs：传入一系列 line2D 属性参数，这一参数指定参考线线条的特性，例如 linestyle、linewidth 等属性。

5. 添加图表注释

为图表添加注释，可以让观察者在第一时间明白有关图形的一些关键信息，例如，图形描绘的是什么函数，图形最高点和最低点代表的数值是多少等。

绘制注释一般使用 annotate()和 text()函数，分别用于添加指向型注释文本和无指向型注释文本。annotate()和 text()函数的原型分别为 annotate(text, xy, *args, **kwargs)和 text(x, y, s, fontdict)。

annotate()函数核心参数如下。

① text：注释的文本内容，一个字符串。

② xy：(float,float)形式，指定所添加注释指向的点的坐标。

③ xytext：属于*args 里的参数，(float,float)形式，注释文本的位置坐标。

④ arrowprops：属于*args 里的参数，指示被注释内容的箭头的属性字典。

⑤ **kwargs：传入一系列 text 属性参数，用于控制标签文本外观，如 alpha、color 等属性。

6. 向统计图形添加表格

Matplotlib 可以绘制精美的图形，数据可视化的主要作用就是直观地解释数据，但有的时候只靠图形来诠释数据规律也略显不足，这个时候可以将统计图形和表格结合使用，以便更全面地诠释数据规律和特点。

绘制表格一般使用 table()函数，其函数原型为 table(cellText=None, cellColours=None, cellLoc='right', colWidths=None, rowLabels=None, rowColours=None, rowLoc='left', colLabels=None, colColours=None, colLoc='center', loc='bottom', bbox=None, edges='closed', **kwargs)。其核心参数如下。

① cellText：二维列表或字符串，放在表格单元里面的文本内容。

② cellLoc：表格中的数据对齐位置，可选值为{'left', 'center', 'right'}，分别为左对齐、居中、右对齐，默认为右对齐。

③ colWidths：表格每列的宽度。

④ colLabels：表格每一列的列名称标签。

⑤ colColours：表格每列的列头所在单元格的颜色。

⑥ rowLabels：表格每一行的行名称标签。

⑦ rowLoc：表格每行名称单元格的对齐方式，可选值为{'left', 'center', 'right'}，分别为左对齐、居中、右对齐，默认为左对齐。

⑧ loc：表格在画布中的位置。

基本元素设置的相关函数介绍完毕，下面通过一个综合运用元素设置的案例，来展现一下元素设置如何使图表变得更加直观优美。本案例代码如下，输出图形如图 4-15 所示。

```
import matplotlib.pyplot as plt
import numpy as np
import matplotlib as mpl

#设置字体
mpl.rcParams["font.sans-serif"]="SimHei"
mpl.rcParams["axes.unicode_minus"]=False

#数据准备
x = np.linspace(0.2,3.0,100)
y1 = np.sin(x)
y2 = np.random.randn(100)

#绘图
plt.scatter(x,y2,c="green",label="散点图",edgecolor="none")
plt.plot(x,y1,ls="--",c="orange",lw=3,label="曲线图")
```

```
#完善图表元素设置
#设置刻度范围
plt.xlim(0.0,4.0)
plt.ylim(-4.0,4.0)
#设置坐标轴标签
plt.ylabel("Y 轴",rotation=360)
plt.xlabel("X 轴")
#设置网格
plt.grid(True,ls=":",color="grey")
#设置参考线
plt.axhline(y=0.0,c="r",ls="--",lw=2)
#设置注释
plt.annotate("y=sin(x)",xy=(np.pi/2,1.0),xytext=(1.8,2),color="r",
fontsize=15,arrowprops=dict(arrowstyle="->",connectionstyle="arc3",color=
"r"))
plt.annotate("y, x 轴",xy=(0.75,-4),xytext=(0.35,-2.7),color="b",
fontsize=15,arrowprops=dict(arrowstyle="->",connectionstyle="arc3",color=
"b"))
plt.annotate("",xy=(0,-3.5),xytext=(0.3,-2.7),color="b",
arrowprops=dict(arrowstyle="->",connectionstyle="arc3",color="b"))

plt.annotate("",xy=(3.5,0.0),xytext=(3.4,-1.0),color="b",
arrowprops=dict(arrowstyle="->",connectionstyle="arc3",color="b"))

plt.text(3.0,-1.3,"图表参考线",color="b",fontsize=15)
#设置标题
plt.title("图表元素设置示例",color="m",fontsize=20)
#设置图例
plt.legend(loc="upper right",fontsize="12")
#展示图形
plt.show()
```

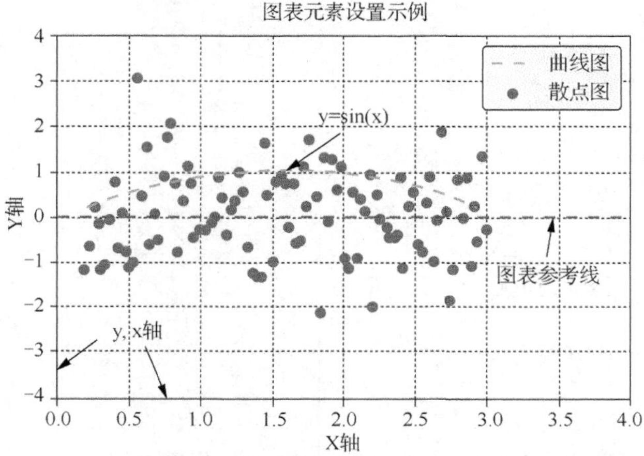

图 4-15　图表元素设置综合示例图

4.3.2　颜色参数及映射表

在用 Matplotlib 绘图时对颜色进行设置，借助颜色来展示数据，能够在很大程度上影响观察者对图形的理解。使用颜色后，更加能够发挥数据可视化的优势，例如让不同的数据集图像区别更明显以方便观察，用不同颜色标出不同的标签注释以凸显重点与不同等。本小节从颜色参数和颜色映射表两方面来介绍颜色的使用。

1. 颜色参数的使用

颜色参数一般是在具体的函数中使用，例如下面在前文的代码中出现过的函数调用。

```
plt.title("图表元素设置示例",color="m",fontsize=20)
plt.text(3.0,-1.3,"图表参考线",color="b",fontsize=15)
map.fillcontinents(color = "coral", lake_color = "aqua")
```

总结起来，颜色参数有以下几种赋值方式。

（1）使用英文全称，代码如下。

```
color = 'black'
color = 'red'
```

Matplotlib 完整的颜色名称对应如图 4-16 所示。

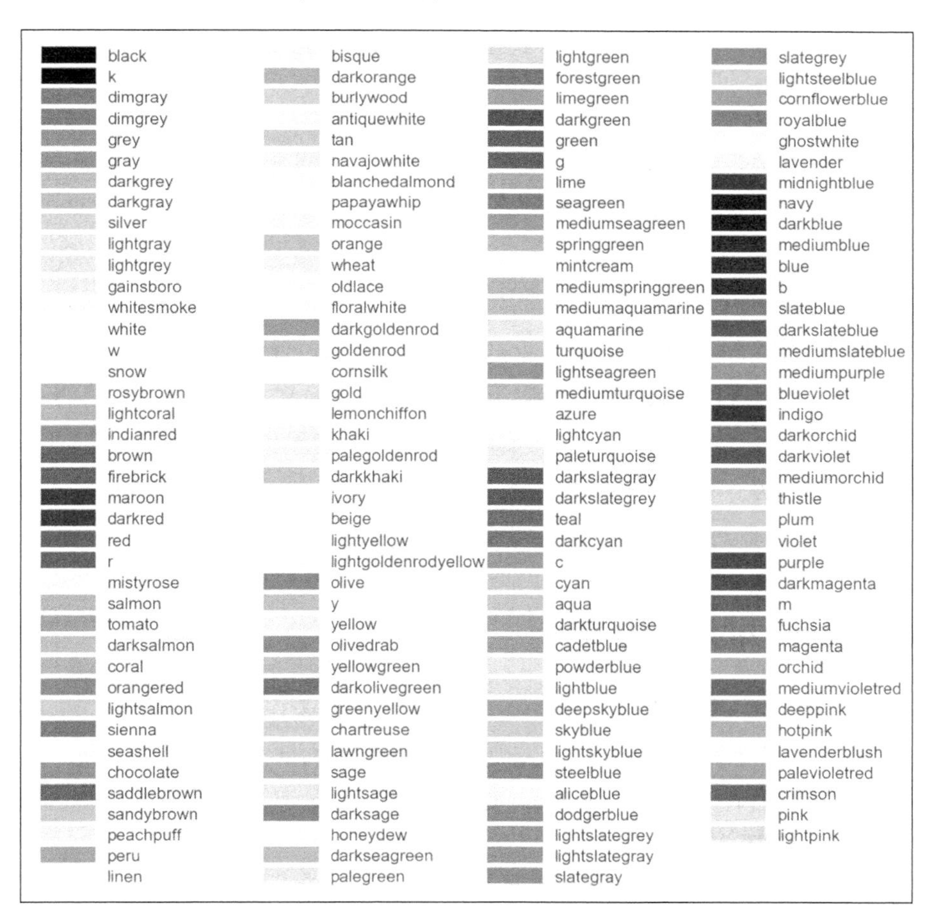

图 4-16　颜色名称对应图

（2）使用英文缩写，代码如下。常见颜色英文缩写对应表如表 4-2 所示。

```
color = 'k'
color = 'r'
```

表 4-2　　常见颜色英文缩写对应表

颜色	缩写	颜色	缩写
蓝色	b	洋红色	m
绿色	g	黄色	y
红色	r	黑色	k
青色	c	白色	w

（3）使用 Hex 模式的#RRGGBB 字符串，代码如下。

```
color = "#0F0F0F"
color = "#4682B4"
```

（4）用区间[0,1]上的浮点数指定三元（RGB）或四元（RGBA）元组，代码如下。

```
color = (0.6325,0.2355,0.4562)
```

2. 颜色映射表的使用

Matplotlib 提供了很多颜色映射表，可以在 bar()、scatter()、plot()等函数中使用颜色映射表。目前主要有两种使用颜色映射表的方式。

（1）使用关键字参数，代码如下。此方式在前面的案例中已经使用过，例如随机漫步和等值线图中的颜色映射表使用。

```
plt.scatter(…,cmap=plt.cm.Blues,edgecolor='none',s=2)
plt.contourf(x1, y1, z, cmap=mlp.cm.hot)
```

（2）使用 matplotlib.pyplot.set_cmap()函数，代码如下。

```
plt.imshow(x)
plt.set_cmap('hot')
plt.set_cmap('jet')
```

最常用的颜色映射表有 autumn、bone、cool、copper、flag、gray、hot、hsv、jet、pink、spring、summer、winter 等。其他颜色映射表主要有以下 3 类。

① sequential：同一颜色从低饱和度过渡到高饱和度的单色颜色映射表。

② diverging：颜色从中间的明亮颜色开始，然后过渡到两个不同颜色范围的方向上。

③ qualitative：让不同种类的数据彼此之间可以轻易地区分出来。

4.4 Matplotlib 使用案例

本节使用一个掷骰子的案例来展示生活中一些日常事件的数据统计和可视化。

这里使用的骰子是六面骰，它是一个正立方体，上面分别有 1 到 6 的 6 个数字，其相对两面数字之和必为 7，每次随机掷出骰子，记录正面向上的数字。

1. 导入库和字体设置

本案例除了前面示例所用到的库和模块外，还要导入一个生成随机整数的模块 randint，代码如下。

```
import matplotlib.pyplot as plt
from random import randint
import matplotlib as mpl

#字体设置
mpl.rcParams["font.sans-serif"]="Microsoft YaHei"     #设置字体样式
mpl.rcParams["axes.unicode_minus"]=False              #设置为字符显示
```

2. 数据准备

首先，创建一个 Die()类，在其中设置两个函数__init__(self,num =6)与 roll_die(self)，一个函数用于初始化骰子，第二个函数用于模拟掷骰子，返回各面的随机值，Die()类的代码如下。

```
class Die():        #骰子类
    def __init__(self,num =6):
        self.num = num

    def roll_die(self):
        return randint(1, self.num)
```

其次，需要开始掷骰子统计数据，这里以掷一个骰子为例，创建一个 Die()类的实例，使用一个 results 列表来统计所有结果，指定掷骰子 1000 次。results 列表统计出来后使用 count_nums 数组来统计每面点数出现的次数，通过一个循环，遍历骰子的每一面数字，将每一种数字被掷到的次数统计后存储在 count_nums 数组中，代码如下。

```
die = Die()                    #创建 Die()类实例
results = []                   #统计每次掷骰子的点数
count_nums = []                #统计分别掷出每面点数的次数
x = list(range(1,7))           #生成 1-6 的序列

#掷 1000 次，将每次结果存入 results 列表
for roll_num in range(1000):
    result = die.roll_die()
    results.append(result)
#统计每一面被掷到的次数
for value in range(1 , die.num + 1):
    count_num = results.count(value)
    count_nums.append(count_num)
```

3. 绘制柱状图

完成数据准备后即可开始绘制柱状图，使用 pyplot 模块里面的 bar()函数，其用法前文已讲过。创建柱状图后将图片存储为.png 文件，代码如下。

```
#绘制柱状图
plt.bar(x,count_nums,width=0.6,edgecolor="black",alpha=0.6,label="频数")

#完善图表说明
plt.xlabel("骰子点数")
plt.ylabel("各点数出现的频数")
plt.title("单个骰子掷 1000 次",color="r")
```

```
plt.grid(axis='y',ls=":",color="grey",alpha=0.5)

#显示图例
plt.legend()
#保存并显示图片
plt.savefig("die1.png", dpi=200)
plt.show()
```

最后的生成结果如图 4-17 所示。

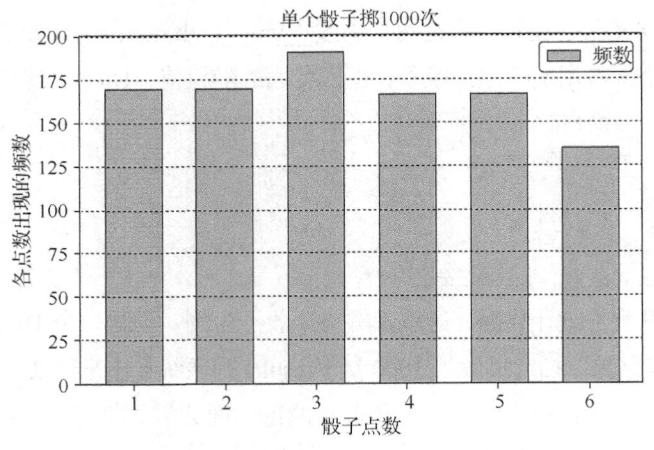

图 4-17　掷一个骰子 1000 次的统计柱状图

4. 增加骰子

只掷一个骰子还看不出来类似于正态分布的结果，下面做出改进，掷两个骰子 2000 次并进行统计，创建两个 Die()类的实例 die1 与 die2，代码如下。

```
die1 = Die()
die2 = Die()
```

两个骰子的点数和为 1 到 12，因此循环统计部分和柱状图的 x 轴刻度都需要做出改进，代码如下。

```
#循环条件改进部分
for value in range(1 , die1.num + die2.num + 1):
#循环内容改进部分
result = die1.roll_die() + die2.roll_die()
#柱状图改进部分
hist.x_labels = list(range(1,13))
```

完整代码如下，输出结果如图 4-18 所示，可看到整体结果呈类似正态分布的形式。

```
import matplotlib.pyplot as plt
from random import randint
import matplotlib as mpl

#字体设置
mpl.rcParams["font.sans-serif"]="Microsoft YaHei"      #设置字体样式
mpl.rcParams["axes.unicode_minus"]=False               #设置为字符显示

class Die():                                           #骰子类
    def __init__(self,num =6):
        self.num = num
```

```
    def roll_die(self):
        return randint(1, self.num)
#创建两个骰子类实例
die1 = Die()
die2 = Die()

results = []                        #统计每次掷骰子的点数
count_nums = []                     #统计分别掷出每面点数的次数
x = list(range(1,13))               #生成 1-12 的序列

#掷 2000 次，将每次结果存入 results 列表
for roll_num in range(2000):
    result = die1.roll_die() + die2.roll_die()
    results.append(result)
#统计每一面被掷到的次数
for value in range(1 , die1.num + die2.num + 1):
    count_num = results.count(value)
    count_nums.append(count_num)

#绘制柱状图
plt.bar(x,count_nums,width=0.7,edgecolor="black",alpha=0.6, label="频数")

#完善图表说明
plt.xlabel("骰子点数和")
plt.ylabel("各点数之和的频数")
plt.title("两个骰子掷 2000 次",color="r")
plt.xticks(range(1,13))
plt.grid(axis='y',ls=":",color="grey",alpha=0.5)

#显示图例
plt.legend()
#保存并显示图片
plt.savefig("die2.png", dpi=200)
plt.show()
```

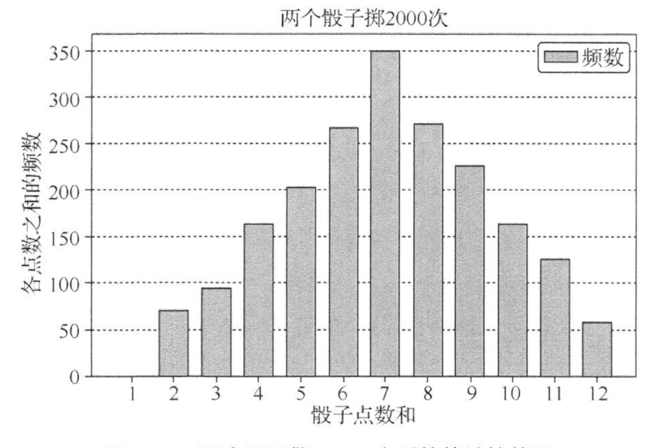

图 4-18　两个骰子掷 2000 次后的统计柱状图

习题

1. 简述使用 Matplotlib 进行数据可视化的绘图步骤。
2. 折线图、柱状图、直方图、散点图、等值线图分别用什么函数绘制，它们的常用参数有哪些？
3. 简述基础类元素和容器类元素分别有哪些，它们的关系是什么？
4. 常用的图形元素设置函数有哪些，它们的作用分别是什么？
5. 简述怎样使用颜色参数和颜色映射表来调整图表。

05

第5章　数据预处理

数据预处理（Data Preprocessing）是指在做主要的处理之前对数据进行的优化合理处理。现实世界中的数据大体上都是不完整、不一致的“脏”数据，无法直接进行数据挖掘，或挖掘结果不尽人意。为了提高数据挖掘的质量产生了数据预处理技术。数据预处理有多种方法：数据清理、数据集成、数据变换、数据归约等。这些数据预处理技术在数据挖掘之前使用，可以大大提高数据挖掘的质量，减少实际进行数据挖掘所需要的时间。

本章主要讲解如何进行数据清洗准备和数据规整的方法。

5.1　数据清洗与准备

从各种渠道获得的源数据大多是“脏”数据，不符合人们的需求，如数据中含有唯一数据或重复数据、异常数据（包含错误或存在偏离期望的异常值，如 age="-10"，明显是错误数据），以及数据不完整（如缺少属性值）等。而我们在使用数据的过程中对数据的要求是具有一致性、准确性、完整性、时效性、可信性、可解释性。本节介绍如何确定异常数据类型以及如何处理异常数据。

5.1.1　数据清洗准备

需要被清洗的数据一般有以下类型：重复数据、异常数据、缺失数据。下面逐一介绍如何对这些数据进行预处理。

（1）重复数据的预处理

重复数据指多次出现的数据。若重复数据在整体样本中占比过大，容易导致结果具有错误的倾向性。因此对于重复数据，常用的预处理方法是剔除，或者按比例降低其权重，进行数据的重新布局，形成概率分布。对于一般数量可控的重复数据，通常采用的方法是简单的比较算法剔除。对于重复的可控数据，一般通过代码实现对信息的匹配并比较，进而剔除不需要的数据。

（2）异常数据的预处理

异常数据是无意义的数据，这个词通常作为损坏数据的同义词使用，但现阶段其范围已经扩展到包含所有难以被计算机正确理解和翻译的数据，如非结构化文本。任何不可被源程序读取和运用的数据，不管是已经接收的、存储的，还是改变的，都被称为“噪声数据”。

数据中的异常有两种：一种是随机误差，另一种是错误。例如，某一位顾客的身高记录是 20 米，很明显，这是一个错误数据。如果这个样本进入训练数据，可能会对结果产生很大影响，这也是进行异常值检测的意义所在。

一般来讲，对异常数据检测的方法主要有箱线图、简单统计量（如观察极大、极小值）、3∂原则等；对异常数据的处理方法主要有删除法、插补法、替换法等。

（3）缺失数据的预处理

大数据采集时还存在一种数据无法使用的情况，即缺失数据。缺失数据表示数据不完整、信息丢失，因而无法完成相关匹配和计算，如信息统计中年龄和性别丢失的情况。缺失数据的预处理主要有 4 种方法：均值补差、利用同类均值补差、极大似然估计、多重补差。从简单意义上讲，均值补差和利用同类均值补差是思维简单的处理方法，在实际中应用比较广泛。极大似然估计是在概率上用最大可能的方法处理数据的缺失问题，其存在局部极值而且收敛速度过慢，计算也较为复杂。多重补差是为每一个缺失值提供一个可能的替换值，以确保其无关性，构成替换阈，再根据其自由组合，从而对每一个替换结果进行总体预测，对结论进行总体评判。多重补差这种思想来源于贝叶斯极大似然法，但又比该方法在预判性上有更多的多元化操作。

5.1.2 数据清洗

上一小节介绍了各种异常数据的异常情况，本小节介绍如何处理这些异常数据。

1. 唯一值与重复值的处理

获取唯一值的方法是采用 unique()函数，用于 Series 对象。例如，下面的代码使用 unique()函数去除了所有的重复值，获得唯一值并赋给了新的对象。

```
>>> import pandas as b
>>> x=b.Series([2,3,4,1,2,5,3,6,4,9,5,3,4,2,1,2])
>>> x
0    2
1    3
2    4
3    1
4    2
5    5
6    3
7    6
8    4
9    9
10   5
11   3
12   4
```

```
13    2
14    1
15    2
dtype: int64
>>> y=x.unique()
>>> y
array([2, 3, 4, 1, 5, 6, 9], dtype=int64)
>>>
```

注意，unique()函数不能用于 DataFrame 对象，因为在对 DataFrame 对象使用删除重复值操作时，需要使用 drop_duplicates()函数。下面的代码展示了对 DataFrame 对象删除重复值的操作。

```
>>> import pandas as b
>>> a=b.DataFrame({
                 'a': [1, 1, 3, 2,],
                 'b': [1, 1, 6, 4,],
                 'c': [1, 1, 3, 9,]
                })
>>> a
   a  b  c
0  1  1  1
1  1  1  1
2  3  6  3
3  2  4  9
>>> a.drop_duplicates()
   a  b  c
0  1  1  1
2  3  6  3
3  2  4  9
>>>
```

2. 缺失值的处理

数据缺失分为两种情况：一种是行记录的缺失，这种情况又称为“数据记录丢失”；另一种是数据列值的缺失，即由于各种原因导致的数据记录中某些列的值空缺。

在不同的数据存储环境中对于缺失值的表示结果也不同，例如 Python 返回对象是 None，或者是 pandas 和 NumPy 中的 NaN。在极少数情况下，部分缺失值也会使用空字符串来代替，但空字符串绝对不等同于缺失值。从对象的实体来看，空字符串是有实体的，实体为字符串类型；而缺失值其实是没有实体的，即没有数据类型。

判断一个数据集是否存在缺失值，通常从两个方面入手：一是从变量的角度，即判断每个变量中是否包含缺失值；另外是从数据行的角度，即判断每行数据中是否包含缺失值。

（1）删除数据

这种方法简单明了，直接删除带有缺失值的行记录（整行删除）或者列字段（整列删除），以减少缺失数据记录对总体数据的影响，但删除数据意味着会消减数据特征。这种方法在样本数据量十分大且缺失值不多的情况下非常有效，但如果样本量本身不大且缺失值也不少，那么不建议使用这种方法。

可以使用 pandas 中的 dropna()函数来直接删除有缺失值特征的数据。

```
#删除数据表中含有空值的行
```

```
df.dropna(how='any')
```

（2）数据填补

相对删除而言，填补是更加常用的缺失值处理方式。数据填补是通过一定的方法将缺失的数据补上，从而形成完整的数据记录。这对后续的数据处理、分析和建模至关重要。

对缺失值的填补大体可分为替换缺失值和拟合缺失值两种方式。替换缺失值是通过数据中非缺失数据的相似性来填补，其核心思想是发现相同群体的共同特征；拟合缺失值是通过其他特征建模来填补，其核心思想是衍生新变量代替缺失值。

① 替换缺失值：对于数值型的数据，使用平均数（mean）或中位数（median）等方法补足；对于分类型数据，使用类别众数（mode）最多的值补足。下面的代码分别使用了平均数和中位数填补缺失值。

```
#使用price均值对空值进行填充
df['price'].fillna(df['price'].mean())
df['price'].fillna(df['price'].median())
```

② 拟合缺失值：拟合就是利用其他变量做模型的输入进行缺失变量的预测，与正常建模的方法一样，只是目标变量变为了缺失值，从而得到最为可能的补全值。如果带有缺失值的列是数值变量，采用回归模型补足；如果是分类变量，则采用分类模型补足。

（3）不处理

在数据预处理阶段，对于具有缺失值的数据记录不做任何处理，也是一种思路。这种思路主要看后期的数据分析和建模应用，很多模型对于缺失值有较高的容忍度或更灵活的处理方法，因此在预处理阶段可以不做处理。

补齐处理只是用我们的主观估计值来填补未知值，不一定完全符合客观事实，在对不完备信息进行补齐处理的同时，我们或多或少地改变了原始的系统信息。而且，对缺失值不正确的填补往往会引入新的噪声数据，导致挖掘任务产生错误的结果。因此，在许多情况下，我们还是希望在保持原始信息不发生变化的前提下对系统信息进行处理。

常见的能够自动处理缺失值的模型包括邻近算法（K-Nearest Neighbor，KNN）、决策树和随机森林、神经网络和朴素贝叶斯、基于密度的带有噪声的空间聚类（Density-Based Spatial Clustering of Applications with Noise，DBSCAN）等。这些模型对缺失值的处理思路是忽略，缺失值不参与距离计算。例如KNN，它会将缺失值作为分布的一种状态，并参与建模过程。

3. 异常值的处理

在数据研究中，通常可以发现，数据整体总是呈一种统计概率分布。但是仍有少量样本偏离总体，在总体规律中有不合理的表现，这样的样本点被称为“异常值”。

不同领域的分析研究人员对待异常值的态度也不相同，一方面，异常值可能会对样本总体造成偏移，或者有些算法对异常值尤其敏感，可能会造成拟合的统计模型发生偏差，影响效果；另一方面，异常值在某些行业被研究者重视，如疾病监测（异常值可能代表疾病情况）、信用欺诈（异常值可能代表欺诈行为）等。因此，对异常值的检测和处理要慎重，要根据不同的分析场景采取不同的处理措施。

（1）异常值检测

异常值的检测按照处理方式可以分为图形法和模型法。图形法主要借助箱线图或正态分布图来判断；而模型法主要是建立总体模型，偏离模型的即为异常值。

① 因为每个变量都有各自的意义，所以数据一定要在具体的场景下应用，不然数据就会变得没有意义。因此，数据检测第一步可以从数据指标的含义入手，检测数据是否符合其本身的业务含义。例如，age表示年龄字段，年龄一般均在0～100之间，如果出现了-10或200这样不合逻辑的数值，则一定是数值出现了异常，需要处理。

数值需要符合变量的业务含义，不合逻辑的数值需要处理。

② 箱线图。箱线图是识别异常数据的常用方法之一，它借助数据分位数原理来工作。对于服从连续概率密度函数 $f(x)$ 的随机变量 x，若满足 $p(x \leqslant Z_a)=\alpha$，则称 Z_a 为 α%的分位点，其中，$0<\alpha<1$、$0<p<1$。

```
>>> #pandas和NumPy中都有计算分位数的函数
>>> #在pandas中是quantile()函数，在NumPy中是percentile()函数
>>> #quantile()函数的优点是可以与pandas中的groupby()函数结合使用
>>> #可以在分组之后取每个组的某分位数
>>> import numpy as a
>>> a.percentile()
>>> import pandas as b
>>> b.quantile()
>>>
```

其中，常用的分位点为上四分位数q1（数据的75%分位点所对应的值）、中位数q2（数据的50%分位点所对应的值）和下四分位数q3（数据的25%分位点所对应的值），上下四分位数的差值为四分位差，即q1-q3。其中，上须=q1+1.5*(q1-q3)，下须=q3-1.5*(q1-q3)，上须和下须之外的数据值为异常值。箱线图中间部分的两个点分别为中位数和均值，可以反映数据的集中趋势。

```
#箱线图可以借助matplotlib.pyplot中的boxplot()函数
import matplotlib.pyplot as pltplt.boxplot()
```

③ 正态分布图。在数据服从正态分布的情况下，可以借助3∂原则来对异常值进行检测，因为 $P(|x-u|>3\partial) \leqslant 0.003$，即数据在均值左右3∂的地方出现的概率是很小的，如果出现，可以作为异常值看待。

若数据有偏差，仍然可以用远离平均值的 m 倍标准差来描述。m 依据数据的业务含义和具体问题定义。

④ 模型法。模型法，顾名思义是要建立一个统计概率模型，并输出对象符合该模型的概率。这里每个点均是一个对象或变量，对于一个概率分布，有拟合概率。如果模型是簇状的，则远离任何簇中心的点都属于异常点；如果是回归模型，则远离预测值的点为异常点。

（2）异常值处理

异常值的处理要严格依据数据的业务含义以及数据分析的背景要求来进行。例如，对于银行放贷的反欺诈分析，查找异常值代表对欺诈用户的识别，这时，异常值是不需要处理的，而是直接识别出来拒绝放贷。这里可能需要建立识别异常值的统计模型，仅依靠箱线图是无法实现的。再如，

处理异常值常作为建模过程中的数据清洗工作，因为一些算法对异常值敏感，例如回归模型，这时，我们通常会采取一些措施对异常值进行处理，使得数据满足建模要求。

异常值的处理方法一般可分为以下几种。

① 不处理：对异常值不敏感的算法或本身就是针对异常值进行识别的算法，不做处理。

② 填充：如果数据符合明显的概率分布（正态分布等），可以用均值、中位数、分位数进行数据填充，也可采用常用的盖帽法处理。

③ 删除：直接删除含有异常值的记录，适用于数据量大且异常值不多的情况。

④ 编码：将异常值作为单独的一组值或类别进行编码。

⑤ 盖帽法：将某连续变量均值上下 3 倍标准差范围外的记录替换为均值上下 3 倍标准差值，即盖帽处理。当然，这里的分位数可以依据数据的业务含义自己定义。例如，可以分别将小于 3%分位数和大于 97%分位数的值用 3%分位数和 97%分位数替代。

5.2 正则表达式

正则表达式（Regular Expression）又称“规则表达式”，其概念早在 20 世纪 40 年代就已经被提出，是一种对字符串进行操作的逻辑公式。它由一些事先已经定义好的特定字符组成。使用这些特定字符组成的正则表达式，可以快速匹配一个字符串中符合表达式要求的内容，从而对这些匹配的内容进行操作。

5.2.1 正则表达式的特点与组成

正则表达式最大的特点是功能十分强大，它几乎可以从一个字符串中获取类似于电话号码、身份证号码、姓名、邮箱等任何内容。除此之外，正则表达式还有以下 3 个特点。

（1）逻辑性强。正则表达式像数学公式一样，必须使用特定字符构成正确的逻辑公式，才能匹配字符串中特定的内容。

（2）应用广泛。正则表达式自其诞生至今，已经被广泛应用在各类软件以及编程语言中。如 Linux 系统的文件检索、Vim 编辑器、grep 工具，Windows 系统的 Microsoft Word 和 NotePad++，以及 Python、C、Java、Perl、JavaScript 等各大编程语言都支持正则表达式。

（3）深奥难懂。对于初次接触正则表达式的人来说，它是深奥难懂的，因为它看起来和普通的字符串很不一样。

正则表达式由一些普通字符和元字符组成。其中普通字符包括区分大小写的英文字母和数字等，如 pattern 是一个正则表达式，它可以匹配 pattern、pattern123 等字符串，却不能匹配 Pattern。另外，Windows 系统中的文件检索使用的也是由普通字符组成的正则表达式。

正则表达式还可以由元字符组成，元字符是正则表达式的核心内容，要学习正则表达式，首先要学习的就是元字符。正则表达式的元字符有很多，如表 5-1 所示。

表 5-1　　正则表达式的元字符

序号	元字符	说明
1	\	类似于字符串中的转义字符，通常在匹配特殊字符时使用，如：\、'、"、(、)
2	^	匹配字符串的起始位置
3	$	匹配字符串的起始位置
4	.	匹配除了换行符的任意字符
5	*	匹配*前面的表达式任意次，如 ok*能匹配 o，也能匹配 ok 和 okk
6	?	匹配?前面的表达式 0 次或一次
7	+	匹配+前面的表达式一次或多次
8	|	对两个匹配条件进行 or 运算
9	()	将括号内的内容定义为组，如(ok)匹配 okokok 可以匹配 ok 3 次
10	{n}	匹配 *n* 次，如(ok){2}匹配字符串 okokokok 两次
11	{n,}	最少匹配 *n* 次，如(ok){1,}最少匹配字符串 okokokok 一次
12	{n, m}	最少匹配 *n* 次，最多匹配 *m* 次
13	[0-9]	匹配 0～9 的数字
14	[a-z]	匹配 26 个小写英文字母
15	[A-Z]	匹配 26 个大写英文字母
16	[a-zA-Z0-9]	匹配任意英文字母和数字
17	[\u4e00-\u9fa5]	匹配所有中文字符
18	\d	匹配一个数字字符
19	\D	匹配一个非数字字符
20	\w	匹配包括下画线的任意单词字符
21	\W	匹配任意非单词字符
22	\s	匹配任意不可见字符，如空格符、换行符、制表符、换页符
23	\S	匹配任意可见字符
24	\A	匹配字符串开始
25	\z	匹配字符串结束
26	\Z	匹配字符串结束，如果存在换行，则只匹配到换行符之前的内容
27	\G	匹配最后匹配完成的位置
28	\b	匹配单词边界，如 o\b 可以匹配 zoo 中的 o，却不能匹配 how 中的 o
29	\B	匹配非单词边界
30	\n,\t	匹配换行符\n、制表符\t
31	\<number>	引用编号为 number 的组匹配的字符串
32	(?#…)	#后的内容作为注释被忽略
33	(?=…)	之后的字符串需要匹配=后的表达式才能匹配成功
34	(?!…)	之后的字符串需要不匹配=后的表达式才能匹配成功
35	(?<=…)	之前的字符串需要匹配=后的表达式才能匹配成功
36	(?<!…)	之前的字符串需要不匹配=后的表达式才能匹配成功

5.2.2　字符串方法

在 Python 中，字符串属于不可变序列类型，即不能修改已定义的字符串。Python 除了支持序列通用方法（包括切片操作）以外，还支持特有的字符串操作方法。对于短字符串，将其赋给多个不同的对象时，内存中只有一个副本，多个对象共享该副本。而长字符串不遵守驻留机制。Python 中默认使用 utf-8 编码格式，无论是一个数字、英文字母，还是一个汉字，都按一个字符对待和处理，

utf-8 编码格式对全世界所有国家需要用到的字符进行了编码，以一个字节表示英语字符（兼容ASCII），以 3 个字节表示中文字符，还有些语言的符号使用两个字节（如俄语和希腊语符号）或 4 个字节来表示。

字符串格式化是字符串处理的重要方法。在生活中，经常会出现类似“亲爱的 xxx，您的 x 月话费消费为 xx 元，余额为 xx 元”这样的短信提示，其中 x 的内容是根据实际情况（变量）来改变的，这就可以用一种简便的格式化字符串的方法来实现。

1. 使用符号%进行格式化

%是格式字符，使用这种方式进行字符串格式化时，要求被格式化的内容和格式字符之间必须一一对应。

如下面的代码中定义了一个变量 *x*，并给它赋初值为 13579，分别用%o、%x、%e 3 种不同的输出方式来输出变量 *x*，观察其输出内容。

```
>>> x=13579          #初始化变量
>>> a="%o"%x         #设置%o 的输出方式
>>> a                #输出变量值
'32413'
>>> b="%x"%x         #设置%x 的输出方式
>>> b                #输出变量值
'350b'
>>> c="%e"%x         #设置%e 的输出方式
>>> c                #输出变量值
'1.357900e+04'
>>>
```

也可以对输出结果的宽度和精度进行设置，如下面的代码所示。

```
>>> print("9876543210\n%9.3f"%53.27)          #设置输出结果的宽度和精度
9876543210
   53.270
```

当有多个值需要输出时，可以采用 Tuple 形式，使用元组对字符串进行格式化，按位置进行对应，下面的代码中 A、B 就分别按顺序对应了%s。

```
>>> print("Hello,%s and %s."%("A","B"))
>>> #使用元组对字符串进行格式化
Hello,A and B.
>>>
```

也可以利用格式字符进行字符类型的转换，如下面的代码中将数字和数组转化成%s 类型。

```
>>> "%s"%67               #利用格式字符进行字符类型的单个字符转换
'67'
>>> "%s"%[1,3,5]          #利用格式字符进行字符类型的多个字符转换
'[1, 3, 5]'
>>>
```

2. 使用 format()函数

使用 format()函数进行格式化是 Python 推荐的方法。这个方法非常灵活，不仅可以使用位置进行

格式化，还支持使用关键参数进行格式化，可调换顺序，支持序列解包格式化字符串，为我们提供了非常大的便利。这个方法与%s 方法的不同之处是将%s 换成大括号{}，可以通过{n}方式来指定接收参数的位置，将调用时传入的参数按照位置进行传入，相比%s 可以减少参数的个数，从而实现参数的复用。

如下面的代码所示，第一组是无编号数据，这时候数据和括号必须是一一对应的；第二组是带数字编号的数据，为了测试其对应关系，给出了第三组打乱顺序的例子；第四组是带有关键字的数据。

```
>>> print('{}{}'.format('A','B'))                #不带编号，必须一一对应
AB
>>> print('{0}{1}'.format('A','B'))              #带数字编号
AB
>>> print('{1}{0}{1}'.format('A','B'))           #打乱顺序
BAB
>>> print('{a}{b}{a}'.format(a='A',b='B'))       #带关键字
ABA
>>>
```

format()函数有几种用法，下面给出了其中 3 种，分别是 format()函数取位数、进制转化、字符串对齐及位数补全操作。

（1）format()函数取位数。下面的代码中第一组数据是字符串取 10 位默认左对齐，可以看出字母后边补充了 5 个空格；第二组数据是数值取两位小数；第三组数据是对比保留两位有效位和两位小数的区别，其中字符串默认是左对齐，数字默认是右对齐。

```
>>> '{:10}'.format('hello')                      #取 10 位默认左对齐
'hello     '
>>> '{0}to{1:.2f}'.format(3.14159,3.14159)      #取两位小数
'3.14159to3.14'
>>> '{0:5.2}to{0:5.2f}'.format(3.14159)         #保留两位有效位和两位小数对比
'  3.1to 3.14'
>>>
```

（2）format()函数也可以用作进制转化。如下面的代码所示，第一组数据测试了 123 的不同进制表示的转换。还可以在具体编号里，在进制符号前面加#，输出带进制前缀符号的数。

```
>>> "int: {0:d}; hex: {0:x}; oct: {0:o}; bin: {0:b}".format(123)
'int: 123; hex: 7b; oct: 173; bin: 1111011'
>>> print("The number {0} in hex is: {0:#x}, the number {1} in oct is
{1:#o}".format(1111,22))  #在前面加#，则带进制前缀
The number 1111 in hex is: 0x457, the number 22 in oct is 0o26
>>>
```

（3）format()函数也可以用作字符串对齐及位数补全操作，<符号代表左对齐，是默认值，>符号代表右对齐，^符号代表中间对齐，=符号代表在小数点后进行补齐（=只用于数字）。下面的代码中展示了这几个对齐符号的使用情况。

```
>>> '{:<20}'.format('hello world')      #左对齐
'hello world         '
>>> '{:>20}'.format('hello world')      #右对齐
```

```
'        hello world'
>>> '{:^20}'.format('hello world')        #中间对齐
'    hello world     '
>>> '{:*^20}'.format('hello world')       #中间对齐并填充*
'****hello world*****'
>>> '{:0=20}'.format(1234)                #=仅用于数字
'00000000000000001234'
>>>
```

%符号用于百分数，其作用是将数的值乘以 100 然后以 fixed-point('f')格式输出，值后面会有一个百分号。

```
>>> print('{:%}'.format(20)) 20
2000.000000%
>>>
```

还可以通过{str}方式来指定名字，调用时使用 str="xxx"，以此来确定参数传入。

```
>>> print("my name is {name}, my age is {age}, and my QQ is {qq}".format(name="xxx",
age=22,qq="88888888"))
my name is xxx, my age is 22, and my QQ is 88888888
>>>
```

也可以使用元组，实现多个变量一次输出，下面的代码中使用了 position 元组来存储数字。

```
>>> position=(2,5,8)
>>> print("X:{0[0]};Y:{0[1]};Z:{0[2]}".format(position))
X:2;Y:5;Z:8
>>>
```

3. 使用格式化的字符串常量 f-string 方法

f-string 方法是从 Python 3.6 开始支持的一种新的字符串格式化方式，官方称为 Formatted String Literals，其含义与字符串对象的 format()函数类似，但形式更加简洁。f-string 是一个文本字符串，前缀为 f。

下面的代码定义了两个变量，使用 f-string 方法，使得字符串的表达非常简洁。

```
>>> name='Chen'
>>> age=25
>>> f'My name is {name},and I am {age} years old.'
'My name is Chen,and I am 25 years old.'
>>>
```

如果输出宽度及小数位数需要取决于某变量，则变量要用{}括起来。例如，让%10.2f 里的 10 用变量表示，即总宽度可灵活变化。下面的代码中给出了两个案例，第一个案例对总宽度和精度进行了设置，第二个案例对比保留有效位数和保留小数位数的区别。

```
>>> width=10
>>> precision=4
>>> value=11/3
>>> f'result:{value:{width}.{precision}}'          #总宽度和精度设置
'result:     3.667'
>>> a=10
>>> b=5
>>> c=3
>>> x=3.1415926
```

```
>>> f"{x:{a}.{b}}"                                    #小数位数
'    3.1416'
>>> f"{x:{a}.{c}f}"                                   #对比小数位数区别
'     3.142'
>>>
```

f-string 提供了一种方法，可以使用最精简的语法在字符串中嵌入表达式。括号内的表达式在运行时被替换为它们的值。

如下面的代码所示，当给出变量是数值时，做运算的时候就将数字做乘法；如果给的是字符变量，那么就会复制。

```
>>> a=5                #变量赋初值，数值类型
>>> f"{a*4}"           #乘法运算
'20'
>>> a='5'              #变量赋初值，字符类型
>>> f"{a*4}"           #乘法运算
'5555'
>>>
```

5.2.3　re 模块

正则表达式是一个特殊的字符序列，它能帮助用户方便地检查一个字符串是否与某种模式匹配。Python 增加了 re 模块，它提供 Perl 风格的正则表达式模式，re 模块使 Python 语言拥有了全部的正则表达式功能。本小节主要介绍 Python 中常用的正则表达式处理函数。

1. re.match()函数

这个函数的功能是从字符串的起始位置匹配一个模式，其函数原型是 re.match(pattern, string, flags=0)，其核心参数如下。

① pattern：匹配的正则表达式。

② string：要匹配的字符串。

③ flags：标志位，用于控制正则表达式的匹配方式，例如是否区分大小写、多行匹配等。

如果不是起始位置匹配成功的话，match()函数就返回 None。

下面的代码分别测试了两种情况，一种是在起始位置匹配，另一种是不在起始位置匹配。

```
>>> import re
>>> print(re.match('www','www.baidu.com').span())          #在起始位置匹配
(0, 3)
>>> print(re.match('com','www.baidu.com'))                 #不在起始位置匹配
None
>>>
```

我们可以使用 group(num)或 groups()匹配对象函数来获取匹配表达式。如下面的代码所示，分别对 group()函数的参数不赋值、赋 1 值、赋 2 值，观察输出结果。

```
>>> import re
>>> line = "Cats are smarter than dogs"                #初始化字符串
>>> matchObj = re.match( r'(.*) are (.*?) .*', line, re.M|re.I)
```

```
>>> if matchObj:                                          #进行 if 语句判断
 print("matchObj.group() : ",matchObj.group())
 print("matchObj.group(1) : ",matchObj.group(1))
 print("matchObj.group(2) : ",matchObj.group(2))
#分别对不同的情况使用 group() 函数
else:
 print("No match!!")


matchObj.group() : Cats are smarter than dogs
matchObj.group(1) : Cats
matchObj.group(2) : smarter
>>>
```

2. re.search()函数

re.search()函数的功能是扫描整个字符串并返回第一个成功的匹配，其函数原型是 re.search(pattern, string, flags=0)，其核心参数如下。

① pattern：匹配的正则表达式。

② string：要匹配的字符串。

③ flags：标志位，用于控制正则表达式的匹配方式，例如是否区分大小写、多行匹配等。

若匹配成功则返回一个匹配的对象，否则返回 None。

下面的代码分别测试了两种情况，一种是在起始位置匹配，另一种是不在起始位置匹配。

```
>>> import re
>>> print(re.search('www', 'www.baidu.com').span())
>>> #在起始位置匹配
>>> print(re.search('com', 'www.baidu.com').span())
>>> #不在起始位置匹配
>>>
```

re.match()与 re.search()函数的区别如下：re.match()函数只匹配字符串的开始，如果字符串的开始不符合正则表达式，则匹配失败，函数返回 None；而 re.search()函数会匹配整个字符串，直到找到一个成功的匹配。

3. re.sub()函数

re.sub()函数的功能是用于替换字符串中的匹配项，其函数原型是 re.sub(pattern, repl, string, count=0, flags=0)，其核心参数如下。

① pattern：正则表达式中的模式字符串。

② repl：替换的字符串，也可为一个函数。

③ string：要被查找替换的原始字符串。

④ count：模式匹配后替换的最大次数，默认值为 0，表示替换所有的匹配。

下面的代码中给出了一个字符串，里面是一个外国电话号码，这里经过两次处理，删除了#后的内容和-。

```
>>> import re
>>> phone="2020-221-342"                     #这是外国电话号码
```

```
>>> num=re.sub(r'#.*$', "", phone)        #删除字符串中#后的字符
>>> num
'2020-221-342 '
>>> num=re.sub(r'\D', "", phone)          #删除-符号
>>> num
'2020221342'
>>>
```

4. re.compile()函数

re.compile()函数用于编译正则表达式，生成一个正则表达式对象，供 match()和 search()这两个函数使用，其函数原型是 re.compile(pattern[, flags])。

其核心参数如下。

① pattern：一个字符串形式的正则表达式。

② flags：表示匹配模式，可选，例如忽略大小写、多行模式等，具体参数如下。

re.I：忽略大小写。

re.L：表示特殊字符集\w、\W、\b、\B、\s、\S，依赖于当前环境。

re.M：多行模式。

re.S：即.，并且包括换行符在内的任意字符（.不包括换行符）。

re.U：表示特殊字符集\w、\W、\b、\B、\d、\D、\s、\S，依赖于 Unicode 字符属性数据库。

re.X：为了增加可读性，忽略空格和#后面的注释。

下面的代码对 compile()函数的使用进行了详细的说明。第一组数据列举了一个字符串，用于测试匹配位置和返回值形式；第二组数据用于测试匹配模式，通过改变匹配模式来观察不同的效果。

```
>>>import re
>>> pattern = re.compile(r'\d+')                    #用于匹配至少一个数字
>>> m = pattern.match('one12twothree34four')        #查找头部，没有匹配
>>> print(m)
None
>>> m = pattern.match('one12twothree34four', 2, 10)
>>> #从'e'的位置开始匹配，没有成功匹配
>>> print(m)
None
>>> m = pattern.match('one12twothree34four', 3, 10)
>>> #从'1'的位置开始匹配，正好匹配成功
>>> print(m)                                        #返回一个 Match 对象
<_sre.SRE_Match object at 0x10a42aac0>
>>> m.group(0)                                      #可省略 0
'12'
>>> m.start(0)                                      #可省略 0
3
>>> m.end(0)                                        #可省略 0
5
>>> m.span(0)                                       #可省略 0
(3, 5)
>>>  pattern = re.compile(r'([a-z]+) ([a-z]+)', re.I)
```

```
>>> #re.I 表示忽略大小写
>>> m = pattern.match('Hello World Wide Web')
>>> print(m)                                    #匹配成功，返回一个 Match 对象
<_sre.SRE_Match object at 0x10bea83e8>
>>> m.group(0)          #返回匹配成功的整个子串
'Hello World'
>>> m.span(0)           #返回匹配成功的整个子串的索引
(0, 11)
>>> m.group(1)          #返回第一个分组匹配成功的子串
'Hello'
>>> m.span(1)           #返回第一个分组匹配成功的子串的索引
(0, 5)
>>> m.group(2)          #返回第二个分组匹配成功的子串
'World'
>>> m.span(2)           #返回第二个分组匹配成功的子串的索引
(6, 11)
>>> m.groups()          #等价于(m.group(1), m.group(2), ...)
('Hello', 'World')
>>>
```

5. findall()函数

findall()函数的功能是在字符串中找到正则表达式所匹配的所有子串，并返回一个列表。如果没有找到匹配的子串，则返回空列表。其函数原型是 findall(string[, pos[, endpos]])。

其核心参数如下。

① string：待匹配的字符串。

② pos：可选参数，指定字符串的起始位置，默认值为 0。

③ endpos：可选参数，指定字符串的结束位置，默认值为字符串的长度。

下面的代码查找字符串中的所有数字。

```
>>> import re
>>> pattern=re.compile(r'\d+')       #查找数字
>>> result1=pattern.findall('runoob 123 google 456')
>>> result2=pattern.findall('run88oob123google456',0,10)
>>> result1
['123', '456']
>>> result2
['88', '12']
>>>
```

6. finditer()函数

finditer()函数和 findall()函数类似，其功能是在字符串中找到正则表达式所匹配的所有子串，并把它们作为一个迭代器返回。

```
>>> import re
>>> it = re.finditer(r"\d+","12a32bc43jf3")
>>> for match in it:
 print (match.group() )
```

```
12
32
43
3
>>>
```

7. split()函数

split()函数的功能是按照能够匹配的子串将字符串分割后返回列表。其函数原型是 re.split(pattern, string[, maxsplit=0, flags=0])。

其核心参数如下。

① pattern：匹配的正则表达式。

② string：要匹配的字符串。

③ maxsplit：分割次数，maxsplit=1 表示分割一次，默认值为 0，表示不限制次数。

④ flags：标志位，用于控制正则表达式的匹配方式，如是否区分大小写、多行匹配等。

下面的代码给出了这个函数具体的分割情况，采用不同的参数进行测试，最后返回了一个找不到匹配的字符串。

```
>>>import re
>>> re.split('\W+', ' world, world, world.')
['world','world','world', '']
>>> re.split('(\W+)', ' world, world, world.')
['', ' ', 'world', ', ', 'world', ', ', 'world', '.', '']
>>> re.split('\W+', ' world, world, world.', 1)
['', 'world, world, world.']

>>> re.split('a*', 'hello world')
>>> #对于一个找不到匹配的字符串而言，split()函数不会对其进行分割
['hello world']
```

5.3　数据规整

进行了数据清洗准备后，本节介绍如何对数据进行规整处理。

5.3.1　聚合、分组及数据透视

数据规整处理的方法有很多，本小节对分组、聚合及数据透视表进行讲解。

1. 分组与聚合

数据分组的核心思想是“拆分—组织—合并”。首先，介绍一下 groupby()函数。

下面的代码创建了一个对象 data，这里以 A 为关键字对 B 进行分组，然后用 mean()函数求平均值。groupby()函数中可以放入多个分组，分组之间用逗号隔开。

```
>>> import numpy as a
>>> import pandas as b
>>> data=b.DataFrame({'A':['a','b','c','a','b'],'B':[1,3,5,7,9]})
>>> data
  A  B
```

```
0  a  1
1  b  3
2  c  5
3  a  7
4  b  9
>>> combine=data['B'].groupby(data['A'])
>>> combine.mean()
A
a    4
b    6
c    5
Name: B, dtype: int64
>>>
```

这里也可以返回每个分组的频率。如下面的代码所示，使用 size()函数可以得到每个项出现的次数。

```
>>> combine.size()
A
a    2
b    2
c    1
Name: B, dtype: int64
>>>
```

另外，也可以根据数据的所属类型对其进行分组。注意，这里 combine 变量的数据结构是 Serise 结构，需要将其先转换为列表，再转成字典的形式才能输出。

下面的代码先根据所属类型对 data 分组，并将结果赋给 combine 变量，然后使用 list()函数将 combine 转化成列表并输出。

```
>>> combine=data.groupby(data.dtypes,axis=1)
>>> dict(list(combine))
{dtype('int64'):    B
0  1
1  3
2  5
3  7
4  9, dtype('O'):    A
0  a
1  b
2  c
3  a
4  b}
>>>
```

完成分组后就可以开始聚合。Python 提供的聚合函数有很多，具体如表 5-2 所示。

表 5-2　　Python 提供的聚合函数

函数名	说明
count()	分组中非 NA 值的数量
sum()	分组中非 NA 值的和
mean()	分组中非 NA 值的平均数
median()	分组中非 NA 值的算术中位数

续表

函数名	说明
std()、var()	标准差、方差
min()、max()	分组中非 NA 值的最小值、最大值
prod()	分组中非 NA 值的积
first()、last()	第一个和最后一个非 NA 值

下面的代码首先创建了一个对象 data，然后使用 groupby()函数进行分组，最后使用 mean()函数求得分组的平均数。

```
>>> import numpy as a
>>> import pandas as b
>>> data=b.DataFrame({'A':['a','b','c','a','b','a'],'B':[10,15,5,2,8,4]})
>>> data
   A   B
0  a  10
1  b  15
2  c   5
3  a   2
4  b   8
5  a   4
>>> newdata=data['B'].groupby(data['A'])
>>> newdata.agg('mean')
A
a     5.333333
b    11.500000
c     5.000000
Name: B, dtype: float64
>>>
```

也可以多个聚合函数一起使用，下面的代码同时使用了 mean()、sum()、std() 3 种函数。

```
>>> newdata.agg(['mean','sum','std'])
        mean  sum       std
A
a   5.333333   16  4.163332
b  11.500000   23  4.949747
c   5.000000    5       NaN
>>>
```

还能用字典的形式进行聚合运算，下面的代码创建了一个新的字典，并采用聚合函数分别求值。

```
>>> data=b.DataFrame({'A':['a','b','c','b','a'],'B1':[3,5,6,8,9],'B2':[2,5,9,6,8]})
>>> data
   A  B1  B2
0  a   3   2
1  b   5   5
2  c   6   9
3  b   8   6
4  a   9   8
>>> newdata=data.groupby('A')
>>> newdata.agg({'B1':'mean','B2':'sum'})
    B1  B2
A
```

```
a  6.0  10
b  6.5  11
c  6.0   9
>>>
```

2. 数据透视表

在数据分析中，经常要用到 Excel 中的数据透视表功能，这对观察数据的规律十分有帮助，在 Python 中可以通过 pivot_table()函数实现数据透视表功能。

下面的代码创建了一个对象 data，并使用 pivot_table()函数实现数据透视表。

```
>>> import numpy as a
>>> import pandas as b
>>> data=b.DataFrame({'level':['a','b','c','b','a'],'key':['one','two','one','two',
'one'],'num':[3,5,6,8,9],'num1':[2,5,9,6,8]})
>>> data
  level  key  num  num1
0     a  one    3     2
1     b  two    5     5
2     c  one    6     9
3     b  two    8     6
4     a  one    9     8
>>> data.pivot_table(index='key',columns='level')
        num            num1
level    a    b    c    a    b    c
key
one    6.0  NaN  6.0  5.0  NaN  9.0
two    NaN  6.5  NaN  NaN  5.5  NaN
>>>
```

另外，还有一个用于计算分组频率的 cosstab()函数，使用方法要比 pivot_table()函数简单些，形式也类似于 Excel 中的数据透视表功能。下面的代码使用上面代码的数据，测试了 cosstab()函数。

```
>>> b.crosstab(data.key,data.level,margins=True)
level  a  b  c  All
key
one    2  0  1    3
two    0  2  0    2
All    2  2  1    5
```

5.3.2 特征选择（降维）

数据降维可以减少模型的计算量并减少模型运行时间，降低噪音变量信息对于模型结果的影响，便于通过可视化方式展示归约后的维度信息并减少数据存储空间。因此，大多数情况下，当面临高维数据时，都需要对数据做降维处理。数据降维有两种方式：特征选择和维度转换。

（1）特征选择

特征选择指根据一定的规则和经验，直接在原有的维度中挑选一部分特征参与到计算和建模过程，用选择的特征代替所有特征，不改变原有特征，也不产生新的特征。

特征选择这种降维方式的好处是可以在保留原有维度特征的基础上进行降维，这样既能满足后续数据处理和建模需求，又能保留维度原本的业务含义，便于业务理解和应用。对于业务分析性的应用而言，模型的可理解性和可用性很多时候被模型本身的准确率、效率等技术指标限制。例如，决策树得到的特征规则，可以作为选择用户样本的基础条件，而这些特征规则便是基于输入的维度产生的。

（2）维度转换

维度转换是按照一定数学变换方法，把给定的一组相关变量（维度）通过数学模型将高维度空间的数据点映射到低维度空间中，然后利用映射后变量的特征来表示原有变量的总体特征。这种方式是一种产生新维度的过程，转换后的特征并非原来的特征，而是之前的特征转化后的新的表达，新的特征丢失了原有数据的业务含义。通过数据维度变换的降维方法是非常重要的降维方法，这种降维方法分为线性降维和非线性降维两种。其中，线性降维方法主要有核主成分分析（Kernel PCA）、线性判别分析（Latent Dirichlet Allocation，LDA）两种方法；非线性降维方法主要有独立成分分析（Independent Component Correlation Algorithm，ICA）、主成分分析（Principal Components Analysis，PCA）、因子分析（Factor Analysis，FA）、局部线性嵌入（Locally Linear Embedding，LLE）等多种方法。

下面的代码导入了一组数据，并对其进行降维处理，通过可视化观察结果。

```
>>> import numpy as a
>>> import pandas as b
>>> from sklearn.tree import DecisionTreeClassifier
>>> from sklearn.decomposition import PCA
>>> f=open('C:\data.xlsx','rb')            #打开文件 data.xlsx
>>> data=b.read_excel(f)                   #导入数据对象
>>> data.head()                            #查看数据
         RI         Na        Mg        Al  ...        Ca   Ba   Fe  Type
0  1.575767  13.593316  3.568249  0.888998  ...  7.922493  0.0  0.0     1
1  1.138336  12.956559  3.868792  0.670085  ...  7.993568  0.0  0.0     1
2  1.441736  13.258459  3.314331  0.688924  ...  8.262861  0.0  0.0     1
3  1.474773  14.860234  3.415044  0.777583  ...  8.045509  0.0  0.0     1
4  1.117942  12.963604  3.344446  0.766952  ...  8.322620  0.0  0.0     1

[5 rows x 10 columns]
>>> data.isna().values.any()               #查看有无缺失值
False
>>> x=data.iloc[:,:-1].values              #获取特征值
>>> y=data.iloc[:,[-1]].values             #获取标签值
>>> dt_model = DecisionTreeClassifier(random_state=1)
>>> dt_model.fit(x,y)
DecisionTreeClassifier(random_state=1)
>>> feature_importance = dt_model.feature_importances_
>>> feature_importance
array([0.12901844, 0.16541657, 0.06363833, 0.17886359, 0.08435618,
       0.11660299, 0.06792521, 0.18021147, 0.01396722])
>>> #做可视化处理
>>> import matplotlib.pyplot as plt
>>> X=range(len(data.columns[:-1]))
>>> plt.bar(X,height=feature_importance)
```

```
<BarContainer object of 9 artists>
>>> plt.xticks(X,data.columns[:-1])
([<matplotlib.axis.XTick object at 0x0000000029E049A0>, <matplotlib.axis.XTick object at 0x0000000029E04970>, <matplotlib.axis.XTick object at 0x0000000027CF8610>, <matplotlib.axis.XTick object at 0x0000000029E51DF0>, <matplotlib.axis.XTick object at 0x0000000029E30F70>, <matplotlib.axis.XTick object at 0x0000000029E64610>, <matplotlib.axis.XTick object at 0x0000000029E64B20>, <matplotlib.axis.XTick object at 0x0000000029E6A070>, <matplotlib.axis.XTick object at 0x0000000029E6A580>], [Text(0, 0, 'RI'), Text(0, 0, 'Na'), Text(0, 0, 'Mg'), Text(0, 0, 'Al'), Text(0, 0, 'Si'), Text(0, 0, 'K'), Text(0, 0, 'Ca'), Text(0, 0, 'Ba'), Text(0, 0, 'Fe')])
>>>
```

下面的代码继续进行 PCA 降维，并输出其方差和方差占比。

```
>>> #使用 sklearn 的 PCA 进行维度转换
>>> #创建 PCA 模型对象 n_components 控制输出特征个数
>>> pca_model = PCA(n_components=3)
>>> #将数据集输入模型
>>> pca_model.fit(x)
PCA(n_components=3)
>>> #获得转换后的所有主成分
>>> components = pca_model.components_
>>> #获得各主成分的方差
>>> components_var = pca_model.explained_variance_
>>> #获取主成分的方差占比
>>> components_var_ratio = pca_model.explained_variance_ratio_
>>> #输出方差
>>> print(a.round(components_var,3))
[7.81  2.134 0.24 ]
>>> #输出方差占比
>>> print(a.round(components_var_ratio,3))
[0.735 0.201 0.023]
```

5.3.3 数据变换与数据规约

通常情况下，现实生产中的数据是杂乱的，不同的业务变量代表的含义不同，这就造成变量值千差万别。数据变换就是对数据进行规范化处理。例如，进行标准化处理可以消除变量量纲的影响，进行对数变换处理可以调小数据的整体偏移等。经过数据变换的数据对象比较规整，基本可以满足数据分析或者数据建模的需要。

1. 规范化

数据规范化主要采用两种方式：标准化和归一化。这样做可以消除指标之间量纲和取值范围差异的影响。

归一化（normalization）： $\dfrac{X_i - X_{\min}}{X_{\max} - X_{\min}}$

标准化（standardization）： $\dfrac{X_i - \mu}{\sigma}$

其中，μ 为均值，σ 为标准差。对上述两种变化稍做变形，就可以看出，归一化和标准化都属于一种线性变换。

归一化与标准化的区别在于：归一化只与最大值和最小值有关，这样容易受到极值点的影响，输出范围为 0～1；标准化是依据样本总体的变换，每个样本点均有贡献，输出范围为负无穷到正无穷。

数据的规范化处理有利于排除或减弱数据异常的影响，从而提升模型的使用效率；在涉及指标权重考虑时，需要进行规范化处理，例如回归分析、梯度下降、主成分分析等；在训练神经网络的过程中，通过将数据标准化，能够加快权重参数的收敛速度。

其应用代码如下。

```
from sklearn.preprocessing import MinMaxScaler
from sklearn.preprocessing import StandardScaler
#1. 实例化 MinMaxScalar、StandardScaler
transfer1 = MinMaxScaler(feature_range=(0,1))
transfer2 = StandardScaler()
#2. 通过 fit_transform()函数转换
df1 = transfer1.fit_transform(irisFrame[['sepal length (cm)', 'sepal width (cm)', 'petal length (cm)']])
df2 = transfer2.fit_transform(irisFrame[['sepal length (cm)', 'sepal width (cm)', 'petal length (cm)']])
```

2. 离散化

数据离散化即把连续性变量转化为离散型变量的过程，可以理解为连续值的一种映射。例如，把学生成绩划分为 A、B、C、D 4 个等级。

数据离散化有以下好处：算法（如决策树、朴素贝叶斯等）都是基于离散型变量建立的，这样做能更高效地拟合模型；用离散变量创建模型稳定性较强，数据波动较小，对模型结果影响不大，能减小过拟合风险；离散化后的特征对异常数据有很强的鲁棒性；离散后可以通过编码形式进行变量的衍生。

数据离散化的方法如下。

（1）等宽法

等宽法又称“等距法”，即按照变量的取值范围进行区间等长度切分，从而获得切分点和切分区间。下面是具体的一种实现代码。

```
import pandas as b
#cut()函数按照切分点切分
ages = [31,27,11,38,15,74,44,32,54,63,41,23]
bins = [15,25,45,65,100]
group_names = ["A","B","C","D"]
personType=b.cut(ages, bins, labels=group_names)
```

（2）等频法

等频法是按照分位数的概念对区间进行切分，以达到每个区间频数近似相等的效果。下面是具体的一种实现代码。

```
import pandas as b
#qcut()函数是依据频数相等进行切分 m 份
import pandas as pd
result=b.qcut(data,m)
```

3. 编码

在数据处理中，有些字符型特征无法进入模型训练，这时候需要进行特征的编码，如序号编码。

序号编码实际上是特征的映射，并且序号编码是对有先后顺序的变量值或者变量类别进行的编码。例如，成绩等级优、良、中、差可以编码为 1、2、3、4。但是，对没有明显排序属性的特征值序号进行编码是不妥的，例如婚姻状态等。

下面的代码使用 pandas 模块完成编码。

```
import pandas as b
# 方法一
df['gender'].replace(['male', 'female'], [1.0, 0.0])
# 方法二
gender={'male': 1.0, 'female': 0.0}
df['gender']=df['gender'].map(gender)
```

4. 数据规约

数据规约能产生更小且保持数据完整性的新数据集。其意义在于减少无效、错误的数据；降低存储成本；少量且具有代表性的数据将大幅缩减数据挖掘所需要的时间。数据规约主要分为以下两类。

（1）属性规约：将属性合并或删除无关属性数（维），目的是寻找最小子集，使子集概率分布尽可能与原来相同。其常用方法如下。

① 合并属性：将旧属性合并为新属性，如将{A1,A2,A3,B1,B2,C}合并为{A,B,C}。

② 逐步向前选择：从空集开始，逐个加入最优属性，直到无最优属性或满足条件，如{}—{A1}—{A1,A4}。

③ 逐步向后删除：从全集开始，每次删除最差属性，直到无最差属性或满足阈值。

④ 决策树归纳：利用决策树归纳能力进行分类，删除效果差的属性。

⑤ 主成分分析：用少量变量解释大部分变量，保留大部分信息，将相关性高的数据转为彼此独立的数据。

（2）数值规约：通过选择替代的、较小的数据来调少数据量，包括有参数方法（回归、对数线性模型）和无参数方法（直方图、聚类、抽样）。

5.3.4 稀疏表示和字典学习

本小节介绍稀疏表示和字典学习之间的关系。稀疏表示就是让尽可能多的元素为 0；字典学习则需要利用稀疏表示后的处理结果，对数据进行降维表示。

1. 稀疏表示

稀疏表示就是用较少的基本信号的线性组合来表达大部分或全部的原始信号。这些基本信号被称作原子，是从过完备字典中选出来的；而过完备字典则是由个数超过信号维数的原子聚集而来的。可见，任一信号在不同的原子组下有不同的稀疏表示。

假设用一个 $M \times N$ 的矩阵表示数据集 X，每一行代表一个样本，每一列代表样本的一个属性。

一般而言，该矩阵是稠密的，即大多数元素不为 0。稀疏表示的含义是寻找一个稀疏矩阵 $\boldsymbol{A}(K \times N)$ 以及一个字典矩阵 $\boldsymbol{B}(M \times K)$，使得 $\boldsymbol{B} \times \boldsymbol{A}$ 尽可能地还原 X，且 $\boldsymbol{A}$ 尽可能地稀疏。$\boldsymbol{A}$ 便是 X 的稀疏表示。

2. 字典学习

像列表一样，字典是许多值的集合。但不像列表的下标，字典的索引可以使用不同的数据类型，而不只是整数。字典的索引被称为“键”，键及其关联的值被称为“键值对”。在代码中，字典输入时带花括号{ }。

字典学习的算法理论包含两个部分：字典构建（Dictionary Generate）部分和利用字典（稀疏的）表示样本（Sparse Coding with a Precomputed Dictionary）部分，这两个部分都有许多算法可供选择。字典学习的第一个好处是它实质上是对庞大数据集的一种降维表示；第二个好处是如同字是句子最质朴的特征一样，字典学习总是尝试学习蕴藏在样本背后的、最质朴的特征（假如样本最质朴的特征就是样本最好的特征）。稀疏表示的本质是用尽可能少的资源表示尽可能多的知识，这种表示还能带来一个附加的好处，即计算速度快。我们希望字典里的字可以尽量少，但是却可以尽量多地表示句子，这样的字典最容易满足稀疏条件。

下面列举的是字典学习的代码。首先是数据的载入，这里的数据集可以随便使用一个，也可以是一张图片。

```
import numpy as a
import pandas as b
from scipy.io import loadmat
train_data_mat = loadmat("../data/train_data2.mat")
train_data = train_data_mat["Data"]
train_label = train_data_mat["Label"]
print(train_data.shape, train_label.shape)
```

接下来初始化字典，这里使用了 NumPy 数组。

```
u, s, v = a.linalg.svd(train_data)
n_comp = 50
dict_data = u[:, :n_comp]
```

然后是字典的更新，下面的代码通过对上面的数据进行处理，更新了字典。

```
def dict_update(y, d, x, n_components):
    #使用 KSVD 更新字典的过程
    for i in range(n_components):
        index = a.nonzero(x[i, :])[0]
        if len(index) == 0:
            continue
        #更新第 i 列
        d[:, i] = 0
        #计算误差矩阵
        r = (y - a.dot(d, x))[:, index]
        #利用 svd()函数更新字典和求解稀疏矩阵
        u, s, v = a.linalg.svd(r, full_matrices=False)
        #使用左奇异矩阵的第 0 列更新字典
        d[:, i] = u[:, 0]
```

```
        #使用第 0 个奇异值与右奇异矩阵的第 0 行的乘积更新稀疏矩阵
        for j,k in enumerate(index):
            x[i, k] = s[0] * v[0, j]
    return d, x
```

最后进行迭代更新求解，可以指定迭代更新的次数，或指定收敛的误差。下面的代码展示了一次迭代更新求解。

```
from sklearn import linear_model
max_iter = 10
dictionary = dict_data
y = train_data
tolerance = 1e-6
for i in range(max_iter):
    #稀疏编码
    x = linear_model.orthogonal_mp(dictionary, y)
    e = np.linalg.norm(y - np.dot(dictionary, x))
    if e < tolerance:
        break
    dict_update(y, dictionary, x, n_comp)
sparsecode = linear_model.orthogonal_mp(dictionary, y)
train_restruct = dictionary.dot(sparsecode)
```

习题

1. 字符串有哪些方法？它们的特点分别是什么？
2. 什么是正则表达式？
3. 如何处理 Python 中的异常值？
4. 如何整理数据并对数据进行预处理？
5. 数据降维的好处是什么？
6. 什么是稀疏矩阵？如何使用字典学习？

第二部分

实例篇

06 第6章　基于大数据的房产估价

本章主要使用 pandas 库、Matplotlib 库和 Sklearn 库完成对房价数据的处理。首先使用 pandas 库对输入的数据进行清洗并对其量化处理，其后使用 pandas 库自带的可视化功能将清洗好的数据可视化，而 Matplotlib 库支持更细腻的可视化效果，本章中也会有所使用。最后使用 Sklearn 库为清洗后的数据创建回归模型以对房价进行估计，并对其进行效果评价。

6.1　情景问题提出及分析

随着网络时代的来临，越来越多的用户选择在互联网上了解房源信息并选购房屋，如何利用这些房源信息尽可能地帮助我们选房并对房产估价成了一个值得研究的问题。在二手房购买的选择过程中，房源的价格往往与位置、朝向、楼层和房屋面积等因素有关。本章利用这些信息首先对数据进行清洗，再通过建立多元回归模型的方式对房产进行估价。

本章所提供的数据是截至 2020 年 7 月 6 日的成都市二手房信息。如果读者想获取实时数据做一些更有意思的研究，可以在法律允许的范围内使用爬虫爬取最新的数据。

6.2　多元回归模型介绍

多元回归是研究两个或两个以上变量与一个因变量之间关系的模型。变量之间的关系通常分为完全确定关系和相关关系，前者可通过一个或者多个变量唯一确定一个因变量，即函数关系。例如，物体所走过的路程 s 由它移动的速度 v 和时间 t 确定，即 $s=vt$。又如，某学生的学习成绩通常与他自身的学习时间、学习方法以及学习效率等因素密切相关，但又无法从这些因素中唯一确定学习成绩。回归分析的作用就是建立某些数学表达式来描述这些变量之间的近似联系，这个数学表达式称为“回归方程”。换句话说，也就是通过建立回归方程，由一个或多个变量来近似确定一个因变量，它们之间的联系就是通过回归方程建立的。

在多元回归模型中，如果回归方程是变量的线性函数，则称之为“多元线性回归”。反之，则称之为“多元非线性回归”。为简化起见，本章只介绍多元线性回归模型，以下简称多元回归。

一个多元线性回归方程可由以下式子表示：

$$y = c_0 + c_1 x_1 + c_2 x_2 + \cdots + c_p x_p \quad (6\text{-}1)$$

该式即为 p 元回归方程。其中 y 为因变量，$x_1, x_2, \cdots, x_p$ 为自变量，$c_0, c_1, \cdots, c_p$ 为回归系数。

式（6-1）中回归系数待求解，它可以由多次试验（一次样本统计为一次试验。例如，通过一个月的逐日数据求解气温、气压和风速与降水量之间的线性回归模型，那么每一日的这些数据即为一次样本统计）通过最小二乘估计得到，这里不做详细推导，只给出计算表达式：

$$\boldsymbol{C} = \left(\boldsymbol{X'X}\right)^{-1} \boldsymbol{X'Y} \quad (6\text{-}2)$$

其中，“'”表示转置，−1 表示矩阵求逆。$\boldsymbol{C} = (c_0, c_1, \cdots, c_p)$。$\boldsymbol{X}$ 为自变量矩阵，即：

$$\boldsymbol{X} = \begin{pmatrix} 1 & x_{11} & x_{12} & \cdots & x_{1p} \\ 1 & x_{21} & x_{22} & \cdots & x_{2p} \\ \cdots & \cdots & \cdots & \cdots & \cdots \\ 1 & x_{n1} & x_{n2} & \cdots & x_{np} \end{pmatrix} \quad (6\text{-}3)$$

其中，n 为试验次数，p 为自变量个数。$\boldsymbol{Y}$ 为 n 次试验的因变量矩阵，$\boldsymbol{Y} = (y_1, y_2, \cdots y_n)$。

6.3　方法与过程

估价模型的建模流程如图 6-1 所示。其中数据获取通过爬虫实现。创建估价模型主要分为以下 4 步进行。

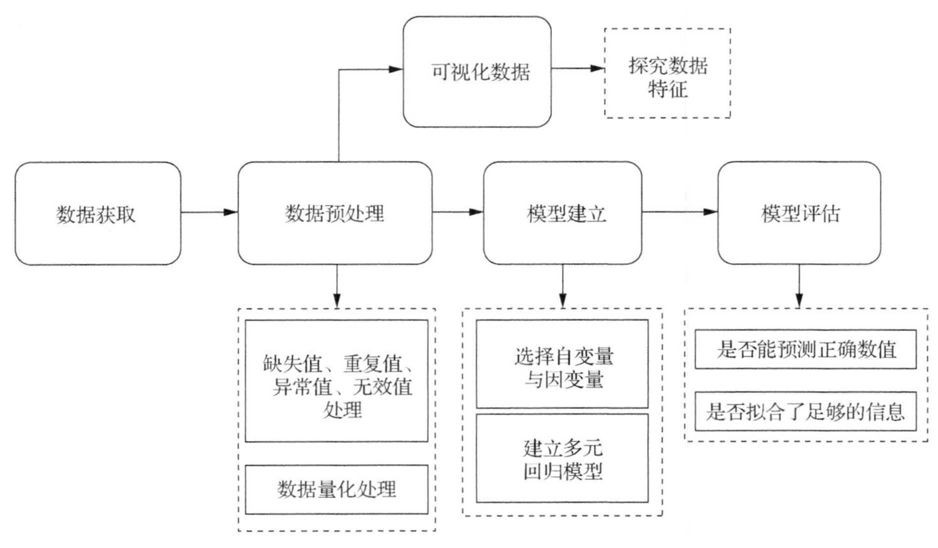

图 6-1　估价模型建模流程

第一步，对读入数据进行预处理。这一步的主要目的是处理爬虫数据当中的缺失值、重复值、异常值以及无效值等，并对数据做量化处理。

第二步，读入预处理好的数据，对数据进行可视化处理以探究数据特征。

第三步，读入第一步预处理好后的数据，选择自变量与因变量建立多元回归模型。

第四步，使用一些统计量对模型效果进行检验。

6.3.1 读入数据并进行数据预处理

本章提供的数据是截至 2020 年 7 月 6 日在链家网上爬取得到的成都市二手房数据，共 24 个 Excel 文件，覆盖了成都的 24 个区域。以双流.xlsx 文件为例，文件内容预览如图 6-2 所示。读者可在人邮教育社区（www.ryjiaoyu.com）的本书页面上下载相关数据文件，文件名为房产信息.rar。读入数据并进行数据预处理的详细步骤如下。

<table>
<tr><th></th><th>A</th><th>B</th><th>C</th><th>D</th><th>E</th><th>F</th><th>G</th></tr>
<tr><td>1</td><td>描述</td><td>位置信息</td><td>区域</td><td>房屋信息</td><td>关注信息</td><td>总价</td><td>单价</td></tr>
<tr><td>2</td><td>威兰德装修套三对中庭，客户只给契税</td><td>威兰德小镇</td><td>双流</td><td>3室2厅 | 86.4平米 | 东 | 简装 | 中楼层(共26层) | 2016年建 | 塔楼</td><td>135人关注 / 6个月以前发布</td><td>91.8万</td><td>单价10625元/平米</td></tr>
<tr><td>3</td><td>房子清水套三户型方正采光好无遮挡，视野开阔！</td><td>南湖逸家二期</td><td>双流</td><td>3室1厅 | 66.12平米 | 东 | 毛坯 | 高楼层(共33层) | 2017年建 | 板塔结合</td><td>40人关注 / 2个月以前发布</td><td>128.5万</td><td>单价19435元/平米</td></tr>
<tr><td>4</td><td>南湖逸家满二精装房，中间楼层，采光良好</td><td>南湖逸家二期</td><td>双流</td><td>3室1厅 | 73.59平米 | 南 | 精装 | 中楼层(共34层) | 2017年建 | 板塔结合</td><td>58人关注 / 15天以前发布</td><td>153万</td><td>单价20791元/平米</td></tr>
<tr><td>5</td><td>佰客郡精装修房子配套成熟业主真心卖</td><td>佰客郡</td><td>双流</td><td>2室1厅 | 75.4平米 | 东 北 | 简装 | 中楼层(共16层) | 2011年建 | 板楼</td><td>36人关注 / 2个月以前发布</td><td>89万</td><td>单价11804元/平米</td></tr>
<tr><td>6</td><td>加贝书香尚品 精装修 带家具家电出售</td><td>加贝书香尚品</td><td>双流</td><td>1室1厅 | 51.69平米 | 南 | 精装 | 高楼层(共15层) | 2007年建 | 板楼</td><td>38人关注 / 1个月以前发布</td><td>64.5万</td><td>单价12479元/平米</td></tr>
<tr><td>7</td><td>华府板块次新房 小区环境好 品质开发商</td><td>中铁骑士府邸</td><td>双流</td><td>3室2厅 | 90.51平米 | 西北 | 毛坯 | 低楼层(共32层) | 2017年建 | 板塔结合</td><td>210人关注 / 4个月以前发布</td><td>158万</td><td>单价17457元/平米</td></tr>
<tr><td>8</td><td>怡心湖套三双卫，精装修满两年，对中庭，安静不临街</td><td>南湖逸家二期</td><td>双流</td><td>3室2厅 | 83.38平米 | 西 | 精装 | 中楼层(共32层) | 2017年建 | 板塔结合</td><td>25人关注 / 19天以前发布</td><td>175万</td><td>单价20989元/平米</td></tr>
<tr><td>9</td><td>海棠金宇 2室1厅 72万</td><td>海棠金宇</td><td>双流</td><td>2室1厅 | 84平米 | 南 | 简装 | 中楼层(共6层) | 板楼</td><td>39人关注 / 10天以前发布</td><td>72万</td><td>单价8572元/平米</td></tr>
<tr><td>10</td><td>交大楠岸 临凤翔湖清水小套三 业主诚心出售</td><td>交大归谷楠岸</td><td>双流</td><td>3室2厅 | 73.92平米 | 西 | 毛坯 | 中楼层(共14层) | 2017年建 | 板塔结合</td><td>30人关注 / 6天以前发布</td><td>105万</td><td>单价14205元/平米</td></tr>
<tr><td>11</td><td>月光湖小套三户型，中间楼层，视野开阔</td><td>通瑞月光湖</td><td>双流</td><td>3室1厅 | 88.92平米 | 东南 | 简装 | 中楼层(共26层) | 塔楼</td><td>27人关注 / 4天以前发布</td><td>115万</td><td>单价12933元/平米</td></tr>
<tr><td>12</td><td>航空港南城锦尚，精装套三户型方正，满2年，看房方便</td><td>南城锦尚</td><td>双流</td><td>3室2厅 | 88.55平米 | 南 北 | 精装 | 高楼层(共23层) | 2016年建 | 板塔结合</td><td>18人关注 / 12天以前发布</td><td>134万</td><td>单价15133元/平米</td></tr>
<tr><td>13</td><td>清水套三双卫+可满二年过户+无抵押 诚心出售</td><td>中海右岸二期</td><td>双流</td><td>3室2厅 | 101.98平米 | 东 西 | 毛坯 | 中楼层(共33层) | 2018年建 | 板塔结合</td><td>47人关注 / 20天以前发布</td><td>166万</td><td>单价16278元/平米</td></tr>
<tr><td>14</td><td>中铁骑士 清水小套三 户型方正无浪费</td><td>中铁骑士府邸</td><td>双流</td><td>3室2厅 | 72.93平米 | 东北 | 毛坯 | 高楼层(共32层) | 2018年建 | 板塔结合</td><td>204人关注 / 3个月以前发布</td><td>130万</td><td>单价17826元/平米</td></tr>
<tr><td>15</td><td>景茂名都东郡，装修套二，户型方正，采光好！</td><td>景茂名都东郡</td><td>双流</td><td>2室2厅 | 86.82平米 | 南 | 精装 | 中楼层(共13层) | 2016年建 | 板楼</td><td>80人关注 / 一年前发布</td><td>121万</td><td>单价13937元/平米</td></tr>
<tr><td>16</td><td>时代锦城 ，给你一个家的温馨选择.</td><td>时代锦城</td><td>双流</td><td>2室2厅 | 73.27平米 | 南 | 简装 | 高楼层(共15层) | 2011年建 | 板塔结合</td><td>33人关注 / 2个月以前发布</td><td>93万</td><td>单价12693元/平米</td></tr>
<tr><td>17</td><td>精装拎包入住，此价格包含一个车位带家具家电</td><td>温哥华花园</td><td>双流</td><td>2室1厅 | 90.14平米 | 东南 | 精装 | 中楼层(共15层) | 2007年建 | 塔楼</td><td>24人关注 / 1个月以前发布</td><td>120万</td><td>单价13313元/平米</td></tr>
<tr><td>18</td><td>清水套三，户型通透，中间楼层！</td><td>王府锦苑</td><td>双流</td><td>3室2厅 | 107.16平米 | 南 北 | 毛坯 | 高楼层(共6层) | 2008年建 | 板楼</td><td>87人关注 / 一年前发布</td><td>100万</td><td>单价9332元/平米</td></tr>
<tr><td>19</td><td>标准套一，居家装修，采光好，户型方正。</td><td>蓝润棠湖春天</td><td>双流</td><td>1室1厅 | 48.09平米 | 北 | 精装 | 中楼层(共14层) | 2014年建 | 板楼</td><td>16人关注 / 9天以前发布</td><td>67万</td><td>单价13933元/平米</td></tr>
<tr><td>20</td><td>装修套三双卫，满两年，中庭很安静</td><td>佳兆业威登郡</td><td>双流</td><td>3室2厅 | 115.14平米 | 东南 | 简装 | 低楼层(共12层) | 2013年建 | 板塔结合</td><td>82人关注 / 4个月以前发布</td><td>142万</td><td>单价12333元/平米</td></tr>
<tr><td>21</td><td>双流华府 房东自住精装修 套三单卫</td><td>万锦城</td><td>双流</td><td>3室2厅 | 78.95平米 | 东 | 精装 | 高楼层(共31层) | 2016年建 | 板塔结合</td><td>12人关注 / 9天以前发布</td><td>135万</td><td>单价17100元/平米</td></tr>
<tr><td>22</td><td>华润公园九里 4室2厅 248万</td><td>华润公园九里</td><td>双流</td><td>4室2厅 | 146.03平米 | 南 | 毛坯 | 中楼层(共5层) | 2018年建 | 板塔结合</td><td>25人关注 / 3个月以前发布</td><td>248万</td><td>单价16983元/平米</td></tr>
<tr><td>23</td><td>有钥匙随时看房，业主诚心，不临街，</td><td>锦绣楠郡</td><td>双流</td><td>4室2厅 | 120.69平米 | 东 | 简装 | 中楼层(共18层) | 2009年建 | 板楼</td><td>25人关注 / 9个月以前发布</td><td>110万</td><td>单价9115元/平米</td></tr>
<tr><td>24</td><td>标准套二，户型方正，采光好，急售！！急售！！！</td><td>海棠公馆一期</td><td>双流</td><td>2室1厅 | 78.98平米 | 东南 | 简装 | 高楼层(共16层) | 2012年建 | 板塔结合</td><td>45人关注 / 11天以前发布</td><td>97万</td><td>单价12282元/平米</td></tr>
<tr><td>25</td><td>此房是满两年，配套成熟，出行购物方便。</td><td>锦绣楠郡</td><td>双流</td><td>2室1厅 | 57.02平米 | 北 | 精装 | 中楼层(共18层) | 2009年建 | 板楼</td><td>19人关注 / 1个月以前发布</td><td>64.5万</td><td>单价11312元/平米</td></tr>
<tr><td>26</td><td>楼层好 视野宽阔 采光充足 配套设施齐全 交通便利</td><td>哥德堡</td><td>双流</td><td>2室2厅 | 86.05平米 | 南 | 毛坯 | 低楼层(共31层) | 板塔结合</td><td>17人关注 / 18天以前发布</td><td>81万</td><td>单价9414元/平米</td></tr>
<tr><td>27</td><td>优品时代三期+满两年居家装修+中间楼层</td><td>优品时代三期</td><td>双流</td><td>2室1厅 | 82.03平米 | 南 | 精装 | 中楼层(共15层) | 2014年建 | 板塔结合</td><td>34人关注 / 29天以前发布</td><td>119.8万</td><td>单价14605元/平米</td></tr>
<tr><td>28</td><td>骑士郡二期 装修套二 新小区 可以拎包入住</td><td>骑士郡锦程二期</td><td>双流</td><td>2室1厅 | 69.7平米 | 东 | 精装 | 高楼层(共18层) | 塔楼</td><td>19人关注 / 22天以前发布</td><td>107万</td><td>单价15352元/平米</td></tr>
<tr><td>29</td><td>精装朝南套二，采光好，阳台改了一个阳光房</td><td>成都新天地二期春天里</td><td>双流</td><td>2室1厅 | 79.78平米 | 南 | 精装 | 中楼层(共25层) | 2016年建 | 板塔结合</td><td>259人关注 / 11个月以前发</td><td>107万</td><td>单价13412元/平米</td></tr>
<tr><td>30</td><td>巴黎都市精装套三双卫，带家具家电一起出售。</td><td>巴黎都市二区</td><td>双流</td><td>3室2厅 | 91.01平米 | 南 | 精装 | 低楼层(共18层) | 2015年建 | 塔楼</td><td>194人关注 / 3个月以前发布</td><td>142万</td><td>单价15603元/平米</td></tr>
</table>

图 6-2 双流.xlsx 文件预览

（1）数据准备。

首先创建一个用于本章代码运行的工作目录，在此工作目录下新建一个保存原始数据文件的文件夹 raw_data，将房产信息.rar 中的所有文件解压到该文件夹下。

（2）在工作目录下创建一个预处理脚本，并导入本次预处理所需的库。

```
import os
import re
import pandas as pd
import numpy as np
```

（3）读取 24 个记录文件。

在下面代码中标注的①处，通过 os 库下的 listdir()函数获取 input_dir 文件夹下的所有文件。

```
# 查看 raw_data 目录下所有文件
input_dir='./raw_data/'
files = os.listdir(input_dir)  ①

# 创建列表保存读取的 Excel 文件
data_list = []
```

```
# 读取 Excel 文件
for file in files:
    data_list.append(pd.read_excel(input_dir + file))
```

（4）将读取完成的文件合并。

```
# 合并所有文件
data = pd.concat(data_list)  ①

# 重整行索引，非常重要!!!
data = data.reset_index()  ②
data = data.drop("index",axis=1)

# 查看数据记录个数
print(len(data))

# 预览读入文件中的前 5 条记录
data.head(5)
```

在代码中标注的①处，使用 pandas 库中的 concat()函数将各数据帧对象连接。它的参数可以是一个数据帧对象，也可以是由多个数据帧对象组成的列表，默认为竖向合并。

在代码中标注的②处，对合并完成后的数据帧对象 data 的行索引使用 reset_index()方法进行重整。这非常重要，使用 concat()函数合并后，数据帧对象的每条记录均保留合并前的行索引。这样便会导致合并后的数据对象索引不连续或者错乱，在后续的数据处理过程中很可能因为索引的编排错误而导致问题。索引重整帮助数据帧对象从零开始生成新的连续行索引，避免了后续处理中因索引错乱产生的错误。使用 reset_index()函数对数据帧完成行索引重整后，原索引被新建保存在 index 列中，我们不需要该信息，故使用 drop()函数将其删除，注意 drop()函数的默认参数 axis=0，即删除行，这里需指定 axis=1 来删除列。

在 Jupyter Notebook 工具中可以看到输出信息，如图 6-3 所示。

Out[3]:

<table>
<tr><th></th><th>描述</th><th>位置信息</th><th>区域</th><th>房屋信息</th><th>关注信息</th><th>总价</th><th>单价</th></tr>
<tr><td>0</td><td>威兰德装修套三对中庭，客户只给契税</td><td>威兰德小镇</td><td>双流</td><td>3室2厅 | 86.4平米 | 东 | 简装 | 中楼层(共26层) | 2016年建 | 塔楼</td><td>135人关注 / 6个月以前发布</td><td>91.8万</td><td>单价10625元/平米</td></tr>
<tr><td>1</td><td>房子清水套三户型方正采光好无遮挡，视野开阔!</td><td>南湖逸家二期</td><td>双流</td><td>3室1厅 | 66.12平米 | 东 | 毛坯 | 高楼层(共33层) | 2017年建 | ...</td><td>40人关注 / 2个月以前发布</td><td>128.5万</td><td>单价19435元/平米</td></tr>
<tr><td>2</td><td>南湖逸家满二精装房，中间楼层，采光良好</td><td>南湖逸家二期</td><td>双流</td><td>3室1厅 | 73.59平米 | 南 | 精装 | 中楼层(共34层) | 2017年建 | ...</td><td>58人关注 / 15天以前发布</td><td>153万</td><td>单价20791元/平米</td></tr>
<tr><td>3</td><td>佰睿郡精装修房子配套成熟业主真心卖</td><td>佰睿郡</td><td>双流</td><td>2室1厅 | 75.4平米 | 东 北 | 简装 | 中楼层(共16层) | 2011年建 ...</td><td>36人关注 / 2个月以前发布</td><td>89万</td><td>单价11804元/平米</td></tr>
<tr><td>4</td><td>加贝书香尚品 精装修 带家具家电出售</td><td>加贝书香尚品</td><td>双流</td><td>1室1厅 | 51.69平米 | 南 | 精装 | 高楼层(共15层) | 2007年建 | 板楼</td><td>38人关注 / 1个月以前发布</td><td>64.5万</td><td>单价12479元/平米</td></tr>
</table>

图 6-3　数据前 5 条记录预览

整个数据共有 52256 条记录。观察前 5 行数据可以发现列标签“房屋信息”“关注信息”下有多条信息，首先将该两列的数据做拆分处理。观察数据，可以看出前 5 条记录中标签“房屋信息”所在列均用符号|划分了 7 条信息，而标签“关注信息”所在列均用符号“/”划分了两条信息，那么是否所有“房屋信息”记录均有 7 条信息？所有“关注信息”记录均有两条信息？这是下一步要关注的问题。

（5）检查每条“房屋信息”记录是否均有 7 条信息。

```
# 检索每条房屋信息记录中保存的信息条数
```

```
nrec = data.房屋信息.map(lambda x : len(x.split('|')))  ①
nrec.value_counts()  ②
```

在代码中标注的①处，访问了读入数据帧对象 data 的标签“房屋信息”所在的 Series 对象，并使用 map()函数对其中的每个元素做出操作，这里通过匿名函数 lambda()对其中的每个元素使用 split()函数完成对|的分隔，并用 len()函数统计由|分割后的元素个数，保存在变量 nrec 中。即 nrec 保存着每条“房屋信息”记录中的信息条数。

在代码中标注的②处，对 Series 对象 nrec 使用 value_counts()函数统计其有哪些唯一值，并计算出其唯一值重复的次数。

在 Jupyter Notebook 工具中可以看到输出信息，如图 6-4 所示。

```
Out[4]: 7    39045
        6    12669
        8      370
        4      122
        5       50
        Name: 房屋信息, dtype: int64
```

图 6-4　nrec 中唯一值的重复次数

可以看到，并不是每条“房屋信息”记录都有 7 条信息，有 39045 条“房屋信息”记录有 7 条信息，而其余记录则分别有 4 条、5 条、6 条和 8 条信息。为保证每条记录的信息条数一致，只保留有 7 条信息的记录，删除其余记录。

（6）删除“房屋信息”中含有 4 条、5 条、6 条和 8 条信息的记录，只保留 7 条信息的记录。

```
# 只保留有 7 条信息的记录
data = data[nrec == 7]
# 打印现有记录长度
len(data)
```

在 Jupyter Notebook 工具中可以看到输出为 39045。

（7）现在可以对“房屋信息”所在列进行拆分，将拆分结果增至新标签列并将原有“房屋信息”列删除。

```
# 拆分房屋信息所在列，并将拆分结果增至新标签列
data['户型'] = data.房屋信息.map(lambda x : x.split('|')[0])  ①
data['面积'] = data.房屋信息.map(lambda x : x.split('|')[1])
data['朝向'] = data.房屋信息.map(lambda x : x.split('|')[2])
data['类型'] = data.房屋信息.map(lambda x : x.split('|')[3])
data['楼层'] = data.房屋信息.map(lambda x : x.split('|')[4])
data['建成时间'] = data.房屋信息.map(lambda x : x.split('|')[5])
data['结构'] = data.房屋信息.map(lambda x : x.split('|')[6])
# 删除房屋信息列
data = data.drop('房屋信息', axis = 1)
data.head()
```

在代码中标注的①处，使用 map()函数访问每条“房屋信息”记录中的第一条信息，并在数据帧对象 data 中新增一列“户型”记录，将访问的信息保存在其中。其余信息同理。

在 Jupyter Notebook 工具中可以看到输出信息，如图 6-5 所示。

Out[6]:

	描述	位置信息	区域	关注信息	总价	单价	户型	面积	朝向	类型	楼层	建成时间	结构
0	威兰德装修套三对中庭，客户只给契税	威兰德小镇	双流	135人关注 / 6个月以前发布	91.8万	单价10625元/平米	3室2厅	86.4平米	东	简装	中楼层(共26层)	2016年建	塔楼
1	房子清水套三户型方正采光好无遮挡，视野开阔！	南湖逸家二期	双流	40人关注 / 2个月以前发布	128.5万	单价19435元/平米	3室1厅	66.12平米	东	毛坯	高楼层(共33层)	2017年建	板塔结合
2	南湖逸家满二精装房，中间楼层，采光良好	南湖逸家二期	双流	58人关注 / 15天以前发布	153万	单价20791元/平米	3室1厅	73.59平米	南	精装	中楼层(共34层)	2017年建	板塔结合
3	佰客郡精装修房子配套成熟业主真心卖	佰客郡	双流	36人关注 / 2个月以前发布	89万	单价11804元/平米	2室1厅	75.4平米	东北	简装	中楼层(共16层)	2011年建	板楼
4	加贝书香尚品 精装修 带家具家电出售	加贝书香尚品	双流	38人关注 / 1个月以前发布	64.5万	单价12479元/平米	1室1厅	51.69平米	南	精装	高楼层(共15层)	2007年建	板楼

图 6-5　处理后的 data 的前 5 条记录预览

（8）用同样的方法可完成对“关注信息”记录的处理。

```
# 检索每条关注信息记录中保存的信息条数
nrec = data.关注信息.map(lambda x : len(x.split('/')))
nrec.value_counts()
```

在 Jupyter Notebook 工具中可以看到输出信息，如图 6-6 所示。

```
Out[7]: 2     39045
        Name: 关注信息, dtype: int64
```

图 6-6　nrec 中的值统计

可以看到，每条“关注信息”记录均包含两条信息，可直接进行拆分。

```
# 拆分关注信息所在列，并将拆分结果增至新标签列
data['关注人数'] = data.关注信息.map(lambda x : x.split('/')[0])
data['发布时间'] = data.关注信息.map(lambda x : x.split('/')[1])

# 删除关注信息列
data = data.drop('关注信息', axis = 1)
data.head()
```

在 Jupyter Notebook 工具中可以看到输出信息，如图 6-7 所示。

Out[8]:

	描述	位置信息	区域	总价	单价	户型	面积	朝向	类型	楼层	建成时间	结构	关注人数	发布时间
0	威兰德装修套三对中庭，客户只给契税	威兰德小镇	双流	91.8万	单价10625元/平米	3室2厅	86.4平米	东	简装	中楼层(共26层)	2016年建	塔楼	135人关注	6个月以前发布
1	房子清水套三户型方正采光好无遮挡，视野开阔！	南湖逸家二期	双流	128.5万	单价19435元/平米	3室1厅	66.12平米	东	毛坯	高楼层(共33层)	2017年建	板塔结合	40人关注	2个月以前发布
2	南湖逸家满二精装房，中间楼层，采光良好	南湖逸家二期	双流	153万	单价20791元/平米	3室1厅	73.59平米	南	精装	中楼层(共34层)	2017年建	板塔结合	58人关注	15天以前发布
3	佰客郡精装修房子配套成熟业主真心卖	佰客郡	双流	89万	单价11804元/平米	2室1厅	75.4平米	东北	简装	中楼层(共16层)	2011年建	板楼	36人关注	2个月以前发布
4	加贝书香尚品 精装修 带家具家电出售	加贝书香尚品	双流	64.5万	单价12479元/平米	1室1厅	51.69平米	南	精装	高楼层(共15层)	2007年建	板楼	38人关注	1个月以前发布

图 6-7　处理后的 data 的前 5 条记录预览

（9）数据缺失值检查。

数据拆分完成之后，首先对数据缺失值进行检查。

```
# 缺失值检查
data.isnull()  ①
```

在代码中标注的①处，使用了 pandas 中数据帧对象提供的 isnull()函数对每个元素进行布尔运算，返回一个与 data 形状相同的数据帧对象。如果某位置的元素为缺失值，则该位置返回 True，反之则返回 False。

在 Jupyter Notebook 工具中可以看到输出信息，如图 6-8 所示。

Out[9]:

	描述	位置信息	区域	总价	单价	户型	面积	朝向	类型	楼层	建成时间	结构	关注人数	发布时间
0	False	False	False	False	False	False	False	False	False	False	False	False	False	False
1	False	False	False	False	False	False	False	False	False	False	False	False	False	False
2	False	False	False	False	False	False	False	False	False	False	False	False	False	False
3	False	False	False	False	False	False	False	False	False	False	False	False	False	False
4	False	False	False	False	False	False	False	False	False	False	False	False	False	False
...	...	...	...	...	...	...	...	...	...	...	...	...	...	...
52248	False	False	False	False	False	False	False	False	False	False	False	False	False	False
52249	False	False	False	False	False	False	False	False	False	False	False	False	False	False
52250	False	False	False	False	False	False	False	False	False	False	False	False	False	False
52251	False	False	False	False	False	False	False	False	False	False	False	False	False	False
52254	False	False	False	False	False	False	False	False	False	False	False	False	False	False

39045 rows × 14 columns

图 6-8　data.isnull()函数返回值预览

对其使用 sum()函数可统计每列为 True 的元素个数，即每列的缺失值个数。

```
# 统计缺失值个数
(data.isnull()).sum()
```

在 Jupyter Notebook 工具中可以看到输出信息，如图 6-9 所示。

```
Out[10]: 描述        0
         位置信息    0
         区域        0
         总价        0
         单价        0
         户型        0
         面积        0
         朝向        0
         类型        0
         楼层        0
         建成时间    0
         结构        0
         关注人数    0
         发布时间    0
         dtype: int64
```

图 6-9　缺失值个数

可以看到，数据没有缺失值。如果在对其他数据的处理中发现缺失值，则可以用数据帧对象的 dropna()函数将其丢弃。

（10）重复值检查。

```
# 检查重复值
(data.duplicated()).sum()
```

在 Jupyter Notebook 工具中看到输出为 16，故使用 drop_duplicates()函数将重复值抛弃。

```
# 抛弃重复值
data.drop_duplicates(inplace=True)
```

（11）将其中部分元素的类型转换成 float 型。

现在，数据帧中每个元素均以字符串类型存储。为了后面模型的建立，需要把这些元素数值化、离散化。首先把“总价”“单价”“面积”“建成时间”和“关注人数”转换成 float 型数据。这个操作分两步进行：第一步，检查记录格式是否统一；第二步，去掉其中的中文字符并将类型转换成 float 型。

```
# 使用正则表达式查看单价列中含有的中文字符种类
data.总价.map(lambda x : re.sub('[^\u4E00-\u9FA5]','',x)).unique()  ①
```

在代码中标注的①处，由于 Unicode 编码分配给汉字的范围为 4E00-9FFF，这里使用 sub()函数通过正则表达式将非此范围的数字替换为空白，达到提取中文字符的目的。

在 Jupyter Notebook 工具中可以看到以下输出信息，如图 6-10 所示。

```
Out[13]:  array(['万'], dtype=object)
```

图 6-10　“总价”列所含中文字符种类

每条记录均含且只含中文字符“万”字，说明记录格式统一。接下来删除每条“单价”记录中的“万”字，并将其转换为 float 型。

```
# 删去字符"万"，将类型转换为 float，并保留两位小数
data['总价'] = data.总价.map(lambda x : round(float(x.replace('万', '')),2)) ①
data.head(5)
```

在代码中标注的①处，使用 map()函数对“总价”列中的每个元素使用匿名函数 lambda()，并用其结果覆盖原来的“总价”列。

用同样的方法完成对其他列的处理。

```
# 依次检查其他列的中文字符
print(data.单价.map(lambda x : re.sub('[^\u4E00-\u9FA5]','',x)).unique())
print(data.面积.map(lambda x : re.sub('[^\u4E00-\u9FA5]','',x)).unique())
print(data.建成时间.map(lambda x : re.sub('[^\u4E00-\u9FA5]','',x)).unique())
print(data.关注人数.map(lambda x : re.sub('[^\u4E00-\u9FA5]','',x)).unique())
```

在 Jupyter Notebook 工具中可以看到输出信息，如图 6-11 所示。

```
['单价元平米']
['平米']
['年建' '板塔结合' '板楼' '暂无数据' '塔楼']
['人关注']
```

图 6-11　其余各列所含中文字符种类

可以看到，“建成时间”列包含的中文字符并不唯一，说明此列可能混杂有其他信息。通过以下代码可查看不包含关键字“年建”的记录条数。

```
# 建成时间列不包括关键字'年建'的记录条数
```

```
len(data[~data.建成时间.str.contains('年建')])
```

在 Jupyter Notebook 工具中输出为 245，数量较少，可以直接舍弃这些记录。

```
# 只保留含关键字'年建'的记录
data = data[data.建成时间.str.contains('年建')]
```

完成数据类型的转换。

```
# 将单价列转换为 float 型
data['单价'] = data.单价.map(lambda x : round( \
            float(re.findall(r'单价(.*?)元/平方米',x)[0])/10000,2))
# 将面积、建成时间和关注人数列转换为 float 型
data['面积'] = data.面积.map(lambda x:round(float(x.replace('平方米','')),2))
data['建成时间'] = data.建成时间.map(lambda x:float(x.replace('年建','')))
data['关注人数'] = data.关注人数.map(lambda x:float(x.replace('人关注','')))

data.head()
```

在 Jupyter Notebook 工具中可以看到输出信息，如图 6-12 所示。

Out[18]:

	描述	位置信息	区域	总价	单价	户型	面积	朝向	类型	楼层	建成时间	结构	关注人数	发布时间
0	威兰德装修套三对中庭，客户只给契税	威兰德小镇	双流	91.8	1.06	3室2厅	86.40	东	简装	中楼层(共26层)	2016.0	塔楼	135.0	6个月以前发布
1	房子清水套三户型方正采光好无遮挡，视野开阔！	南湖逸家二期	双流	128.5	1.94	3室1厅	66.12	东	毛坯	高楼层(共33层)	2017.0	板塔结合	40.0	2个月以前发布
2	南湖逸家满二精装房，中间楼层，采光良好	南湖逸家二期	双流	153.0	2.08	3室1厅	73.59	南	精装	中楼层(共34层)	2017.0	板塔结合	58.0	15天以前发布
3	佰客郡精装修房子配套成熟业主真心卖	佰客郡	双流	89.0	1.18	2室1厅	75.40	东北	简装	中楼层(共16层)	2011.0	板楼	36.0	2个月以前发布
4	加贝书香尚品 精装修 带家具家电出售	加贝书香尚品	双流	64.5	1.25	1室1厅	51.69	南	精装	高楼层(共15层)	2007.0	板楼	38.0	1个月以前发布

图 6-12　处理后的 data 的前 5 条记录预览

可以看到“总价”“单价”“面积”“建成时间”和“关注人数”列均被转换成了 float 型数据。

（12）“户型”“区域”“类型”和“结构”列的处理。

观察这些列的数据特征可以发现，各元素的数据特征并不是连续值，而是分类值，而分类的类别数往往是有限的，可以用有限个特征量进行刻画。在处理这种类型的数据时，常常使用独热编码（One-Hot Encoding）把这些非数值类型的数据量化成为数值型。

独热编码又称为“一位有效码”，它用 N 位状态寄存器对 N 个状态进行编码，每个状态都有它独立的寄存器位，并且在任意时候，其中只有一位有效。

例如，某 Series 序列为['男','女','男','男','女','男','女']，其数据共有女、男两个状态，则其独热编码需要用到两位状态寄存器，编码结果如图 6-13 所示。

为了更直观地理解独热编码的含义，可以把状态寄存器中的“第 1 位”想象为“女”状态的列标签，把“第 2 位”想象为“男”状态的列标签，而数值 0 表示状态为假，数值 1 表示状态为真（在这里 0 不一定必定为假，1 不一定必定为真）。这样独热编码结果为[01,10,01,01,10,01,10]也就不难理解了。一定程度上可以认为，独热编码是把离散型的数据转换成二进制数据。

数据	状态寄存器（独热编码）	
	第 1 位	第 2 位
男	0	1
女	1	0
男	0	1
男	0	1
女	1	0
男	0	1
女	1	0

图 6-13　独热编码结果

首先，对“户型”列进行处理。为了保证各类别均为有效数据，首先对整个数据的种类进行查看。

```
# 查看户型有多少种类
data.户型.unique()
```

在 Jupyter Notebook 工具中可以看到输出信息，如图 6-14 所示。

```
Out[19]: array(['3室2厅 ', '3室1厅 ', '2室1厅 ', '1室1厅 ', '2室2厅 ', '4室2厅 ', '5室2厅 ',
               '4室1厅 ', '1室2厅 ', '3室3厅 ', '1室0厅 ', '5室1厅 ', '6室2厅 ', '4室3厅 ',
               '6室1厅 ', '3室0厅 ', '6室4厅 ', '5室3厅 ', '4室4厅 ', '6室3厅 ', '7室2厅 ',
               '7室3厅 ', '2室0厅 ', '4室0厅 ', '5室0厅 ', '8室2厅 ', '3室4厅 ', '7室1厅 ',
               '7室4厅 ', '9室2厅 ', '8室3厅 ', '5室4厅 ', '0室1厅 ', '7室5厅 ', '0室0厅 '],
              dtype=object)
```

图 6-14　“户型”种类

可以看到，种类均为有效数据，接下来对该列进行独热编码处理。Python 中的 pandas 库提供 get_dummies()函数对 Series 对象进行独热编码处理。

```
# 对户型使用独热编码并将结果加入原有数据帧中
data = data.join(pd.get_dummies(data.户型))
# 删除原有列
data = data.drop('户型', axis = 1)
data.head()
```

在 Jupyter Notebook 工具中可以看到输出信息，如图 6-15 所示。

Out[20]:

	描述	位置信息	区域	总价	单价	面积	朝向	类型	楼层	建成时间	...	6室3厅	6室4厅	7室1厅	7室2厅	7室3厅	7室4厅	7室5厅	8室2厅	8室3厅	9室2厅
0	威兰德装修套三对中庭，客户只给契税	威兰德小镇	双流	91.8	1.06	86.40	东	简装	中楼层(共26层)	2016.0	...	0	0	0	0	0	0	0	0	0	0
1	房子清水套三户型方正采光好无遮挡，视野开阔！	南湖逸家二期	双流	128.5	1.94	66.12	东	毛坯	高楼层(共33层)	2017.0	...	0	0	0	0	0	0	0	0	0	0
2	南湖逸家满二精装房，中间楼层，采光良好	南湖逸家二期	双流	153.0	2.08	73.59	南	精装	中楼层(共34层)	2017.0	...	0	0	0	0	0	0	0	0	0	0
3	佰客郡精装修房子配套成熟业主真心卖	佰客郡	双流	89.0	1.18	75.40	东北	简装	中楼层(共16层)	2011.0	...	0	0	0	0	0	0	0	0	0	0
4	加贝书香尚品 精装修 带家具家电出售	加贝书香尚品	双流	64.5	1.25	51.69	南	精装	高楼层(共15层)	2007.0	...	0	0	0	0	0	0	0	0	0	0

5 rows × 48 columns

图 6-15　处理后的 data 的前 5 条记录预览

用同样的方法处理“区域”“类型”和“结构”列。

```
# 查看区域有多少种类
print(data.区域.unique())
```

在 Jupyter Notebook 工具中可以看到输出信息，如图 6-16 所示。

```
['双流' '大邑' '天府新区' '天府新区南区' '崇州' '彭州' '成华' '新津' '新都' '武侯' '温江' '简阳' '蒲江'
 '郫都' '都江堰' '金堂' '金牛' '锦江' '青白江' '青羊' '高新' '高新西' '龙泉驿']
```

图 6-16 “区域”种类

```
# 对区域使用独热编码并加入原有数据帧中
data = data.join(pd.get_dummies(data.区域))
```

处理剩余两列。

```
# 查看类型有多少种类
print(data.类型.unique())
# 查看结构有多少种类
print(data.结构.unique())
```

在 Jupyter Notebook 工具中可以看到输出信息，如图 6-17 所示。

```
[' 简装 ' ' 毛坯 ' ' 精装 ' ' 其他 ']
[' 塔楼' ' 板塔结合' ' 板楼' ' 暂无数据' ' 平房']
```

图 6-17 “类型”与“结构”的种类

可以看到，与“户型”列不同，这两列均有无效数据，分别为“其他”和“暂无数据”。对于这类数据的处理，一般先确定其无效数据记录的条数，再根据其数量做出处理。通过以下代码查看无效数据的数量。

```
# 去掉字符串前后空格
data['类型'] = data.类型.str.strip()
data['结构'] = data.结构.str.strip()

# 查看类型为其他的记录条数
print(len(data[data.类型 == '其他']))
# 查看结构为暂无数据的记录条数
print(len(data[data.结构 == '暂无数据']))
```

在 Jupyter Notebook 工具中可以看到无效记录的条数分别为 5061 和 683 条，数量相对于总体较少，可以将其舍弃。

```
# 丢弃无效数据
data = data[(data.类型 != '其他')&(data.结构 != '暂无数据')]
# 使用独热编码并加入到原有数据帧中
data = data.join(pd.get_dummies(data.类型))
data = data.join(pd.get_dummies(data.结构))
# 删除原有列
data = data.drop('类型', axis = 1)
data = data.drop('结构', axis = 1)
```

```
data.head()
```

在 Jupyter Notebook 工具中可以看到输出信息，如图 6-18 所示。

Out[25]:

	描述	位置信息	区域	总价	单价	面积	朝向	楼层	建成时间	关注人数	...	高新	高新西	龙泉驿	毛坯	简装	精装	塔楼	平房	板塔结合	板楼
0	威兰德装修套三对中庭，客户只给契税	威兰德小镇	双流	91.8	1.06	86.40	东	中楼层(共26层)	2016.0	135.0	...	0	0	0	0	1	0	1	0	0	0
1	房子清水套三户型方正采光好无遮挡，视野开阔！	南湖逸家二期	双流	128.5	1.94	66.12	东	高楼层(共33层)	2017.0	40.0	...	0	0	0	1	0	0	0	0	1	0
2	南湖逸家满二精装房，中间楼层，采光良好	南湖逸家二期	双流	153.0	2.08	73.59	南	中楼层(共34层)	2017.0	58.0	...	0	0	0	0	0	1	0	0	1	0
3	佰客郡精装修房子配套成熟业主真心卖	佰客郡	双流	89.0	1.18	75.40	东北	中楼层(共16层)	2011.0	36.0	...	0	0	0	0	1	0	0	0	0	1
4	加贝书香尚品 精装修 带家具家电出售	加贝书香尚品	双流	64.5	1.25	51.69	南	高楼层(共15层)	2007.0	38.0	...	0	0	0	0	0	1	0	0	0	1

5 rows × 76 columns

图 6-18　处理后的 data 的前 5 条记录预览

（13）处理“朝向”列。

```
# 查看朝向列种类
data.朝向.unique()
```

在 Jupyter Notebook 工具中可以看到输出信息，如图 6-19 所示。

```
Out[26]: array([' 东 ', ' 南 ', ' 东 北 ', ' 西北 ', ' 西 ', ' 南 北 ', ' 东 西 ', ' 东北 ',
          ' 东南 ', ' 北 ', ' 西南 ', ' 西北 北 ', ' 西南 西 ', ' 东 南 ', ' 南 西南 ',
          ' 东南 南 ', ' 西 西北 ', ' 东 东南 ', ' 东南 西 ', ' 南 西 ', ' 东南 西南 ',
          ' 西南 东北 ', ' 东 西南 ', ' 北 南 ', ' 东 东南 南 ', ' 西 西南 ', ' 西 北 ',
          ' 西南 北 ', ' 北 东北 ', ' 东南 北 ', ' 东南 东北 ', ' 西南 南 东南 ', ' 东 北 西南 ',
          ' 东 西北 ', ' 东 东南 西 ', ' 南 东南 ', ' 西南 南 ', ' 东 东南 东北 ', ' 东南 西北 ',
          ' 东 北 西 ', ' 东南 南 东 ', ' 西南 西北 ', ' 西 南 ', ' 西 东 ', ' 东 南 西 ',
          ' 西南 东 ', ' 东南 南 西南 ', ' 东 东北 ', ' 东南 东 ', ' 北 西北 ', ' 南 西北 ',
          ' 南 东北 ', ' 东北 南 ', ' 东北 东南 ', ' 东南 南 北 ', ' 南 西南 东北 ', ' 西南 西 南 ',
          ' 南 东 ', ' 西北 西 ', ' 南 西北 北 ', ' 东 南 西 北 ', ' 西 东北 ',
          ' 东 东南 西 西北 ', ' 东北 西南 ', ' 东 南 北 ', ' 东北 东南 西南 ', ' 南 北 东北 ',
          ' 西北 东南 ', ' 西北 东北 ', ' 西北 西南 ', ' 西南 东南 ', ' 南 西南 西 ', ' 北 东南 ',
          ' 东南 西 西北 ', ' 西 西南 西北 ', ' 西南 南 东南 东 ', ' 东 东南 西南 西 ', ' 东 西 北 ',
          ' 东北 东 ', ' 南 东南 西南 ', ' 北 东 ', ' 东 西 南 北 ', ' 东南 西南 西北 ',
          ' 东北 西北 ', ' 东 南 西南 ', ' 东北 西 ', ' 东南 南 西南 东 ', ' 北 西 ',
          ' 东 东南 南 西南 ', ' 东南 西南 西 ', ' 东 东南 北 东北 ', ' 东北 北 '], dtype=object)
```

图 6-19　“朝向”种类

可以看到，“朝向”列的每条记录均包含一条及一条以上的信息，虽然其唯一值繁多，但无非都为 8 个基本朝向的组合。而独热编码在处理完信息后，寄存器中只有一位有效，并不能包含这些信息。因此在处理这个问题时，可以自定义一个 my_get_dummies()函数，将每条记录中含有信息的寄存位填充为 1，不含有信息的填充为 0。

```
def my_get_dummies(ser):
    base_dirt = ['东', '南', '西', '北', '东北', '东南', '西南', '西北']
    base_data = np.zeros((len(ser),), dtype=np.int)
    df = pd.DataFrame({'东':base_data,'南':base_data, \
                       '西':base_data, '北':base_data, \
                       '东北':base_data, '东南':base_data, \
                       '西南':base_data, '西北':base_data}, \
                       index=ser.index)

    for irec in ser.index:
        # 分隔字符串
```

```
        rec = ser[irec].strip().split(' ')
        # 遍历每条记录分隔后的方位
        for dirt in rec:
            # 检查是否存在 8 个基本方位以外的记录
            if dirt not in base_dirt:
                print(dirt)
            else:
                df[dirt][irec] = 1

    return df
```

调用该函数，完成对“朝向”列的处理。

```
# 自定义独热编码
data = data.join(my_get_dummies(data.朝向))
# 删除原有列
data = data.drop('朝向', axis = 1)
data.head()
```

在 Jupyter Notebook 工具中可以看到输出信息，如图 6-20 所示。

Out[28]:

	描述	位置信息	区域	总价	单价	面积	楼层	建成时间	关注人数	发布时间	...	板塔结合	板楼	东	南	西	北	东北	东南	西南	西北
0	威兰德装修套三对中庭，客户只给契税	威兰德小镇	双流	91.8	1.06	86.40	中楼层(共26层)	2016.0	135.0	6个月以前发布	...	0	0	1	0	0	0	0	0	0	0
1	房子清水套三户型方正采光好无遮挡，视野开阔！	南湖逸家二期	双流	128.5	1.94	66.12	高楼层(共33层)	2017.0	40.0	2个月以前发布	...	1	0	1	0	0	0	0	0	0	0
2	南湖逸家满二精装房，中间楼层，采光良好	南湖逸家二期	双流	153.0	2.08	73.59	中楼层(共34层)	2017.0	58.0	15天以前发布	...	1	0	0	1	0	0	0	0	0	0
3	佰客郡精装修房子配套成熟业主真心卖	佰客郡	双流	89.0	1.18	75.40	中楼层(共16层)	2011.0	36.0	2个月以前发布	...	0	1	1	0	0	1	0	0	0	0
4	加贝书香尚品 精装修 带家具家电出售	加贝书香尚品	双流	64.5	1.25	51.69	高楼层(共15层)	2007.0	38.0	1个月以前发布	...	0	1	0	1	0	0	0	0	0	0

5 rows × 83 columns

图 6-20 处理后的 data 的前 5 条记录预览

（14）处理“楼层”列。

“楼层”列也与之前的“房屋信息”列一样，不只包含一条信息，可分为“所在楼层”和“总楼层”两条信息，前者可通过独热编码处理，后者可通过转换为整型处理。首先通过“楼层”关键字检查数据格式的一致性。

```
# 检测数据格式的一致性
(~data.楼层.str.contains('楼层')).sum()
```

在 Jupyter Notebook 工具中可以看到有 453 条记录不包含“楼层”关键字，可以将这 453 条记录舍弃。

```
# 舍弃数据
data = data[data.楼层.str.contains('楼层')]
# 查看数据唯一值
data.楼层.unique()
```

在 Jupyter Notebook 工具中可以看到输出信息中数据的格式一致性良好。

```
# 提取所在楼层
```

```
data['所在楼层'] = data.楼层.map(lambda x : x.split('(')[0])

# 对所在楼层进行独热编码
data = data.join(pd.get_dummies(data.所在楼层))


# 使用正则表达式提取数据并转换为 int 类型
data['总楼层'] = data.楼层.map(lambda x : int(re.findall(r'\(共(.*?)层\)', x)[0]))

# 删除原有列
data = data.drop('楼层', axis = 1)
data = data.drop('所在楼层', axis = 1)

data.head(5)
```

在 Jupyter Notebook 工具中可以看到输出信息，如图 6-21 所示。

Out[31]:

	描述	位置信息	区域	总价	单价	面积	建成时间	关注人数	发布时间	0室0厅	...	西	北	东北	东南	西南	西北	中楼层	低楼层	高楼层	总楼层
0	威兰德装修套三对中庭，客户只给契税	威兰德小镇	双流	91.8	1.06	86.40	2016.0	135.0	6个月以前发布	0	...	0	0	0	0	0	0	1	0	0	26
1	房子清水套三户型方正采光好无遮挡，视野开阔！	南湖逸家二期	双流	128.5	1.94	66.12	2017.0	40.0	2个月以前发布	0	...	0	0	0	0	0	0	0	0	1	33
2	南湖逸家满二精装房，中间楼层，采光良好	南湖逸家二期	双流	153.0	2.08	73.59	2017.0	58.0	15天以前发布	0	...	0	0	0	0	0	0	1	0	0	34
3	佰客郡精装修房子配套成熟业主真心卖	佰客郡	双流	89.0	1.18	75.40	2011.0	36.0	2个月以前发布	0	...	0	1	0	0	0	0	1	0	0	16
4	加贝书香尚品 精装修 带家具家电出售	加贝书香尚品	双流	64.5	1.25	51.69	2007.0	38.0	1个月以前发布	0	...	0	0	0	0	0	0	0	0	1	15

5 rows × 86 columns

图 6-21　处理后的 data 的前 5 条记录预览

（15）将预处理好的数据保存为 Excel 文件。

至此，数据基本处理完毕。删除后续不使用的“发布时间”列，去掉每个列标签字符串前后的空格，并将数据保存为 Excel 文件，设置文件名为房产信息_预处理.xlsx。

```
# 删除发布时间列信息
data = data.drop('发布时间', axis = 1)
# 去掉空格
data = data.rename(columns = lambda x:x.strip())
# 保存数据
output_file_path = '房产信息_预处理.xlsx'
data.to_excel(output_file_path, index=False)
```

6.3.2　将预处理好的数据可视化

上一小节对原始数据进行了清洗，得到了一个较干净的数据，并对数据进行了量化处理。在大数据处理的工作中，数据的可视化也是一个必不可少的工作。本小节将在上一小节处理好的数据的基础上，对数据做简单的统计处理，并将其结果可视化，以此来探究数据特征。详细步骤如下。

（1）导入相应库，并做一些基本设置。

```
import pandas as pd
import numpy as np
import matplotlib.pyplot as plt

# 在 ipython 中直接显示图像
%matplotlib inline

# 设置绘图时显示的中文字体
plt.rcParams['font.sans-serif'] = ['Microsoft YaHei']
```

（2）读入上一小节预处理完成的数据，并预览。

```
input_file_path = '房产信息_预处理.xlsx'
data = pd.read_excel(input_file_path)

data.head(5)
```

在 Jupyter Notebook 工具中可以看到输出信息，如图 6-22 所示。

Out[2]:

	描述	位置信息	区域	总价	单价	面积	建成时间	关注人数	0室0厅	0室1厅	...	西	北	东北	东南	西南	西北	中楼层	低楼层	高楼层	总楼层
0	威兰德装修套三对中庭，客户只给契税	威兰德小镇	双流	91.8	1.06	86.40	2016	135	0	0	...	0	0	0	0	0	0	1	0	0	26
1	房子清水套三户型方正采光好无遮挡，视野开阔！	南湖逸家二期	双流	128.5	1.94	66.12	2017	40	0	0	...	0	0	0	0	0	0	0	0	1	33
2	南湖逸家满二精装房，中间楼层，采光良好	南湖逸家二期	双流	153.0	2.08	73.59	2017	58	0	0	...	0	0	0	0	0	0	1	0	0	34
3	佰客郡精装修房子配套成熟业主真心卖	佰客郡	双流	89.0	1.18	75.40	2011	36	0	0	...	0	1	0	0	0	0	1	0	0	16
4	加贝书香尚品 精装修 带家具家电出售	加贝书香尚品	双流	64.5	1.25	51.69	2007	38	0	0	...	0	0	0	0	0	0	0	0	1	15

5 rows × 85 columns

图 6-22　data 的前 5 条记录预览

（3）使用 describe()函数查看数据常用的统计信息。

```
data.describe()
```

在 Jupyter Notebook 工具中可以看到输出信息，如图 6-23 所示。

Out[3]:

	总价	单价	面积	建成时间	关注人数	0室0厅	0室1厅	1室0厅	1室1厅	1室2厅	...	
count	32774.000000	32774.000000	32774.000000	32774.000000	32774.000000	32774.000000	32774.000000	32774.000000	32774.000000	32774.000000	...	3277
mean	157.886154	1.547791	100.300306	2009.326570	35.118936	0.000031	0.000031	0.017972	0.070544	0.002929	...	
std	110.717674	0.626355	39.499149	5.662407	48.728153	0.005524	0.005524	0.132850	0.256065	0.054043	...	
min	15.000000	0.170000	12.000000	1900.000000	0.000000	0.000000	0.000000	0.000000	0.000000	0.000000	...	
25%	95.000000	1.120000	76.940000	2006.000000	6.000000	0.000000	0.000000	0.000000	0.000000	0.000000	...	
50%	131.000000	1.440000	90.220000	2010.000000	19.000000	0.000000	0.000000	0.000000	0.000000	0.000000	...	
75%	186.000000	1.860000	121.390000	2013.000000	45.000000	0.000000	0.000000	0.000000	0.000000	0.000000	...	
max	4600.000000	13.480000	557.460000	2020.000000	1044.000000	1.000000	1.000000	1.000000	1.000000	1.000000	...	

8 rows × 82 columns

图 6-23　常用统计信息

从图 6-23 可以看到一些有用的信息，如房屋单价最高为 13.48 万元/平方米，最低为 0.17 万元/平方米，平均为 1.547791 万元/平方米，50%的房屋单价均在 1.44 万元/平方米以上等信息。为了能更好地探索这些数据，可以结合 Matplotlib 库对以上数据进行可视化处理。

（4）绘制各区域平均房价的柱状图。

```
# 对区域进行数据透视并绘图
data.pivot_table(values='单价', index='区域',aggfunc='mean'). \
                    sort_values(by='单价',ascending=False). \
                    plot(kind='barh',color="c")  ①
# 设置 x 轴标签
plt.xlabel('单价(万元)')
```

在代码中标注的①处，首先使用 pivot_table()函数对数据帧对象 data 进行数据透视，参数 values 指定汇总数据为“单价”，index 参数指定行索引为“区域”，aggfunc 参数指定汇总方法为 mean()函数（即平均）。然后使用 sort_values()函数对其进行排序，by 参数指定排序索引为“单价”，ascending 参数指定排序方式为降序排列。最后通过 plot()函数进行绘图，kind 参数指定绘图类型为 barh（即柱状图），color 参数指定绘图的颜色。

在 Jupyter Notebook 工具中可以看到输出信息，如图 6-24 所示。

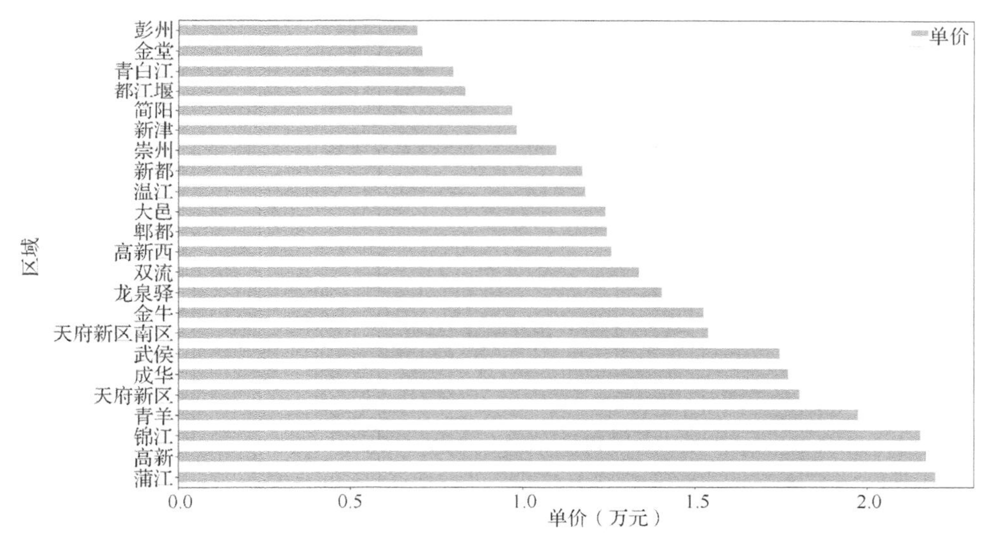

图 6-24　各区域平均房价的柱状图

注意，蒲江的平均房价不合乎常理的情况是样本数据太少所致。

（5）绘制房屋单价前 10 名的柱状图。

```
# 设置记录条数
ntop = 10
# 按单价对数据进行降序排列
data_top = data.sort_values(by='单价',ascending=False)[:ntop]

# 设置数据
y = range(len(data_top.单价))
width = data_top.单价
y_label = data_top.位置信息 + '(' + data_top.区域 + ')'  ①

# plot
```

```
fig = plt.figure(figsize=(12, 4))
ax = fig.add_subplot(121)
ax.set_title('成都市二手房单价 top10')
ax.barh(y,width,facecolor='bisque',edgecolor='pink', \
        height=0.5,tick_label=y_label)
plt.show()
```

在代码中标注的①处，设置列标签为“位置信息”与“区域”的组合。

在 Jupyter Notebook 工具中可以看到输出信息，如图 6-25 所示。

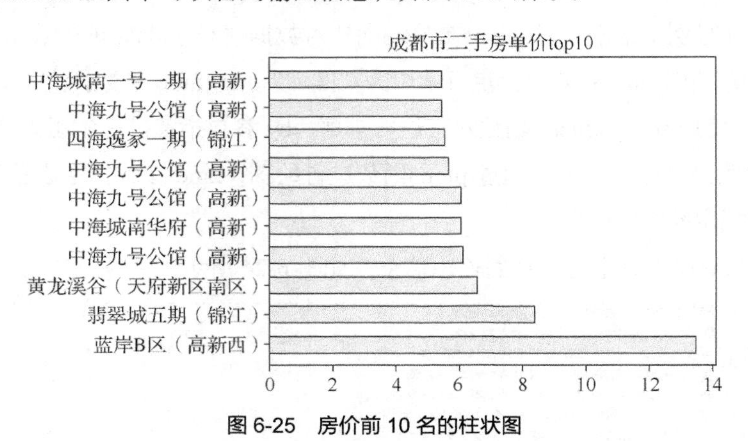

图 6-25　房价前 10 名的柱状图

读者也可修改 ascending 参数获取房价后 10 名，并了解其位置信息与所在区域。

（6）绘制房屋朝向分布的柱状图。

```
# 统计房屋朝向
data[['东','南','西','北','东南','西南','西北','东北']]. \
sum().plot(kind='bar',rot=0)
plt.ylabel('数量')
```

在 Jupyter Notebook 工具中可以看到输出信息，如图 6-26 所示。

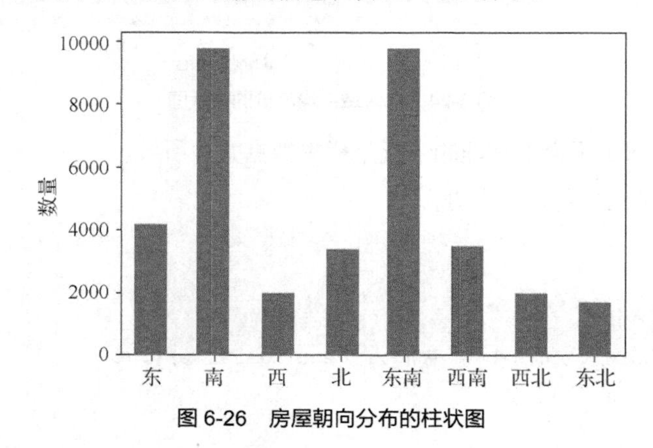

图 6-26　房屋朝向分布的柱状图

（7）绘制“价格区间”分布的柱状图。

```
# 设置划分区间
bins = [0,0.5,1,1.5,2,3,5,8,12]
# 设置 x 轴标签
```

```
plt.xlabel("价格区间")
# plot
pd.cut(data[data['区域']=='双流'].单价, bins). \
      value_counts().plot(kind='bar',rot=30)  ①
```

在代码中标注的①处，首先使用 cut()函数划分每条记录单价所在区间，然后使用 value_counts()函数对每条记录划分的结果进行计数。

在 Jupyter Notebook 工具中可以看到输出信息，如图 6-27 所示。

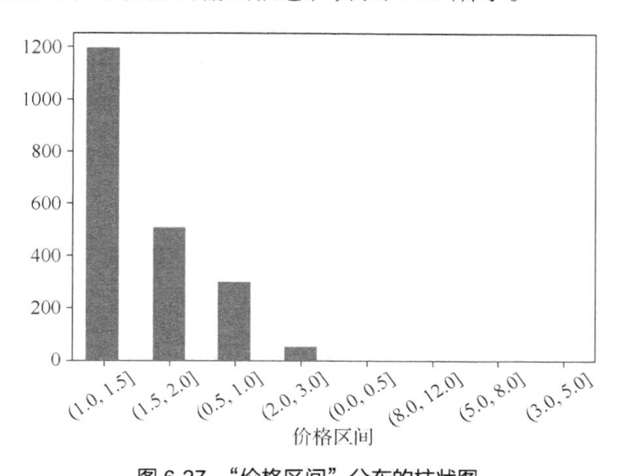

图 6-27 “价格区间”分布的柱状图

（8）绘制“单价”与“关注人数”的散点图。

```
data.plot(kind="scatter",x="单价",y="关注人数", alpha=0.4)
```

在 Jupyter Notebook 工具中可以看到以下输出信息，如图 6-28 所示。

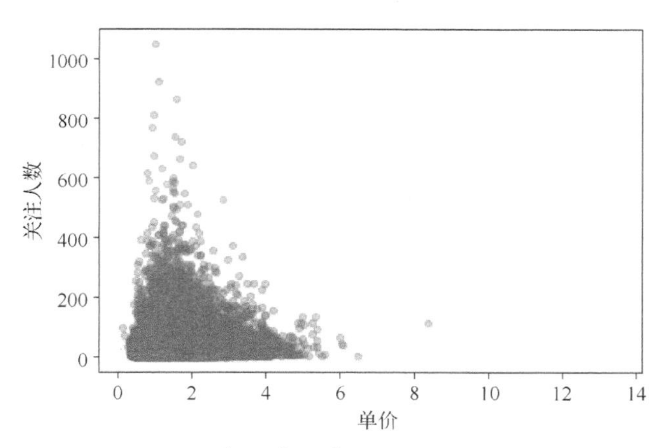

图 6-28 “单价”与“关注人数”的散点图

（9）绘制“单价”与“面积”的二维直方图。

```
plt.hist2d(data.单价, data.面积, bins=(50, 200), cmap=plt.cm.jet)
plt.ylim((20,100))
plt.xlabel('单价')
plt.ylabel('面积')
plt.colorbar()
```

在 Jupyter Notebook 工具中可以看到输出信息，如图 6-29 所示。

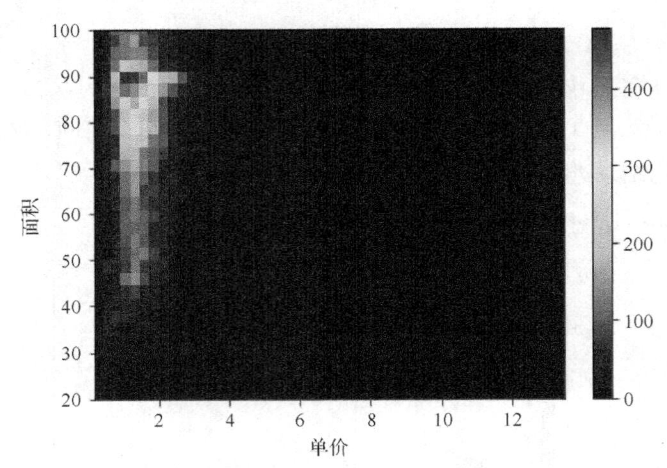

图 6-29 “单价”与“面积”的二维直方图

以上是较为常用的数据可视化方法及类型，读者还可在实际操作中绘制更多的图表以探索数据的更多特征。

6.3.3 使用多元回归模型进行房产估价

对数据进行清洗后，我们得到了一些较干净的数据，并对这些数据进行了量化处理。这些处理好的样本数据包括房屋的“区域”“面积”“户型”等数十个特征属性，我们将这些特征属性作为回归模型的输入自变量，将房屋“单价”作为输出自变量，建立回归模型。

在建立回归模型时，根据二八原则，以 80%的样本数据作为模型的训练集，求解回归模型的回归系数，剩下 20%的样本数据作为测试集以检验模型的估价能力。具体训练用的特征属性有房屋所在“区域”“户型”“面积”“结构”“朝向”“所在楼层”和“总楼层”，输出属性为房屋“单价”。使用 Python 中的 Sklearn 库实现回归模型的创建，以下为模型创建过程代码。

（1）新建一个 Python 脚本并导入相应库。

```
import pandas as pd
import numpy as np
import matplotlib.pyplot as plt
from sklearn.model_selection import train_test_split          # 划分测试集与训练集
from sklearn.linear_model import LinearRegression as LR       # 回归模块

# 在 ipython 中直接显示图像
%matplotlib inline

# 设置绘图显示中文字体
plt.rcParams['font.sans-serif'] = ['Microsoft YaHei']
```

（2）读取文件。

```
input_file_path = '房产信息_预处理.xlsx'
data = pd.read_excel(input_file_path)
```

（3）查看列索引，确定特征名称。

```
data.columns
```

在 Jupyter Notebook 工具中可以看到输出信息，如图 6-30 所示。

```
Out[3]: Index(['描述', '位置信息', '区域', '总价', '单价', '面积', '建成时间', '关注人数', '0室0厅', '0室1厅',
               '1室0厅', '1室1厅', '1室2厅', '2室0厅', '2室1厅', '2室2厅', '3室0厅', '3室1厅', '3室2厅',
               '3室3厅', '3室4厅', '4室0厅', '4室1厅', '4室2厅', '4室3厅', '4室4厅', '5室0厅', '5室1厅',
               '5室2厅', '5室3厅', '5室4厅', '6室1厅', '6室2厅', '6室3厅', '6室4厅', '7室1厅', '7室2厅',
               '7室3厅', '7室4厅', '7室5厅', '8室2厅', '8室3厅', '9室2厅', '双流', '大邑', '天府新区',
               '天府新区南区', '崇州', '彭州', '成华', '新津', '新都', '武侯', '温江', '简阳', '蒲江', '郫都',
               '都江堰', '金堂', '金牛', '锦江', '青白江', '青羊', '高新', '高新西', '龙泉驿', '毛坯', '简装',
               '精装', '塔楼', '平房', '板塔结合', '板楼', '东', '南', '西', '北', '东北', '东南', '西南',
               '西北', '中楼层', '低楼层', '高楼层', '总楼层'],
              dtype='object')
```

图 6-30　data 中所有的列标签

（4）特征提取及自变量与因变量的选择。

```
# 特征提取
total_price = data.总价
unit_price = data.单价
house_area = data.面积
house_type = data[['0 室 1 厅','1 室 0 厅', '1 室 1 厅', '1 室 2 厅', '2 室 0 厅', \
                    '2 室 1 厅', '2 室 2 厅', '3 室 0 厅', '3 室 1 厅', '3 室 2 厅',\
                    '3 室 3 厅', '3 室 4 厅', '4 室 0 厅', '4 室 1 厅', '4 室 2 厅',\
                    '4 室 3 厅', '4 室 4 厅', '5 室 0 厅', '5 室 1 厅', '5 室 2 厅',\
                    '5 室 3 厅', '5 室 4 厅', '6 室 1 厅', '6 室 2 厅', '6 室 3 厅',\
                    '6 室 4 厅', '7 室 1 厅', '7 室 2 厅', '7 室 3 厅', '7 室 4 厅',\
                    '7 室 5 厅', '8 室 2 厅', '8 室 3 厅', '9 室 2 厅']]
region = data[['双流', '大邑', '天府新区','天府新区南区', '崇州', '彭州', \
               '成华', '新津', '新都', '武侯', '温江', '简阳', '蒲江', \
               '郫都','都江堰', '金堂', '金牛', '锦江', '青白江', '青羊', \
               '高新']]
house_class = data[['塔楼', '平房', '板塔结合', '板楼']]
house_dirt = data[['东', '南', '西', '北', '东北', '东南', '西南','西北']]
house_layer = data[['中楼层', '低楼层', '高楼层']]
total_layer = data.总楼层

# 选择自变量与因变量
X = pd.concat([house_area, house_type, region, house_class, house_dirt, \
            house_layer, total_layer], axis=1)
Y = unit_price
```

（5）划分测试集与训练集。

```
# 设置训练集与测试集
Xtrain, Xtest, Ytrain, Ytest = train_test_split(X,Y,test_size=0.2, random_state=420)
```

（6）回归模型的建立。

```
# 线性回归
```

```
reg = LR().fit(Xtrain, Ytrain)  ①
# 预测
yhat = reg.predict(Xtest)  ②
# 查看回归系数
print(list(zip(X.columns, reg.coef_)))
# 查看截距
print(reg.intercept_)
```

在代码中标注的①处，使用 fit()函数求解一个线性回归模型，并返回一个结果对象 reg。

在代码中标注的②处，使用 reg 对象的 predict()函数对测试集进行预测。

在 Jupyter Notebook 工具中可以看到回归系数和截距的数值，由于篇幅有限，这里不做展示。

（7）可视化实际值与模型预测值对比。

```
# 绘制前 n 条记录
n = 50
# 绘制模型估计值
plt.plot(range(len(yhat[:n])),yhat[:n])
# 绘制模型实际值
plt.plot(range(len(Ytest[:n])),Ytest[:n])

# 图形设置
plt.xlabel('个例')
plt.ylabel('单价')
plt.title('线性回归预测结果')
plt.legend(["预估","实际"])
```

在 Jupyter Notebook 工具中可以看到输出信息，如图 6-31 所示。

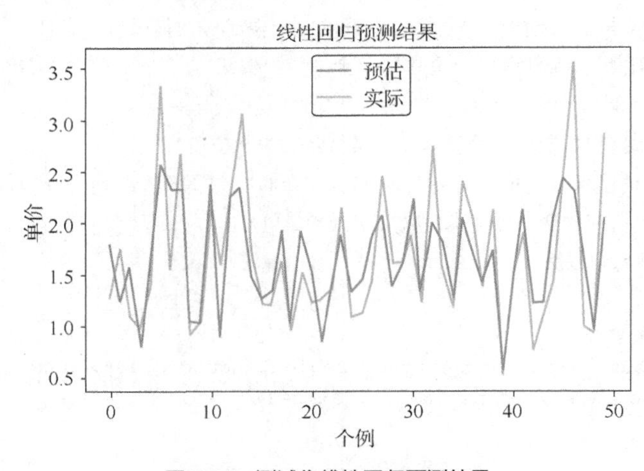

图 6-31　测试集线性回归预测结果

6.3.4　模型效果评价

在完成多元回归模型的创建之后，即可对模型效果进行评价。对模型好坏的评价主要从两个方面进行：第一，模型是否预测到了正确的数值；第二，模型是否拟合到了足够的信息。

1. 模型是否预测到了正确的数值

对于模型是否预测到了正确数值常用以下两种判断方法。

（1）均方误差（Mean Square Error，MSE）

残差平方和（Residual Sum of Squares，SSE）能描述估计值与实际值之间的差异，但是它的缺陷是数值没有上限，因此需要引入一个残差平方和的变体形式，这个量就是均方误差。均方误差是反映估计量与实际值差异之间的一种度量。它的表达式如下：

$$\mathrm{MSE}=\frac{1}{m}\sum\left(y_i-\hat{y}_i\right)^2 \tag{6-4}$$

其中，m 为样本个数，可以看出 MSE 总为正值，且越接近于 0，模型效果越好。

（2）平均绝对误差（Mean Absolute Error，MAE）

平均绝对误差是将预测误差取绝对值计算的平均误差，它与均方误差的意义类似，表达式如下：

$$\mathrm{MAE}=\frac{1}{m}\sum\left|y_i-\hat{y}_i\right| \tag{6-5}$$

2. 模型是否拟合到了足够的信息

假设有图 6-32 所示的情况，模型对于曲线后半段拟合很好，而在前半段误差较大，甚至出现预测与实际相反的变化趋势，但因大多数样本都被完美拟合了，所以在这种情况下可能模型的均方误差及平均绝对误差都很小，而模型却没有拟合到足够的信息。针对这种情况，就要引入其他量来判定模型的好坏。

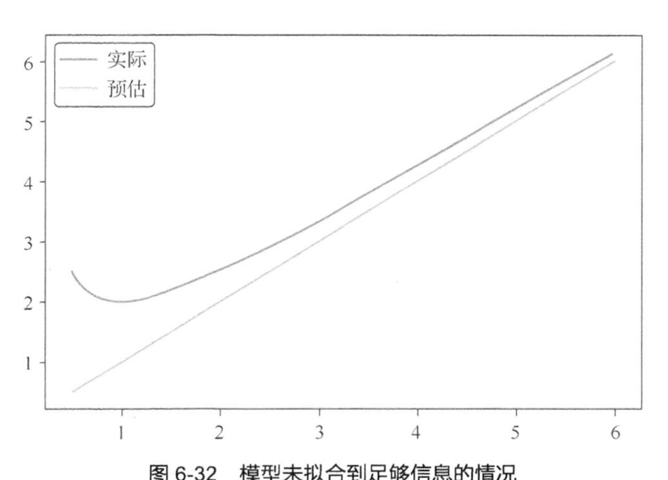

图 6-32　模型未拟合到足够信息的情况

（1）多重判定系数 R^2

多重判定系数 R^2 是多元回归中度量模型拟合好坏程度的统计量，它是回归平方和占总平方和的比例。为得到多重判定系数 R^2 的表达式，首先引入总平方和（Total Sum of Square，SST）、回归平方和（Regression Sum of Squares，SSR）和残差平方和这 3 个量：

$$\mathrm{SST}=\sum\left(y_i-\bar{y}\right)^2 \tag{6-6}$$

$$\mathrm{SSR}=\sum\left(\hat{y}_i-\bar{y}\right)^2 \tag{6-7}$$

$$\mathrm{SSE}=\sum\left(y_i-\hat{y}_i\right)^2 \tag{6-8}$$

其中，y_i为因变量，$\hat{y}_i$是y_i的估计值，$\hat{y}$为y_i的平均值。可以证明它们之间有如下关系：

$$\mathrm{SST}=\mathrm{SSR}+\mathrm{SSE} \tag{6-9}$$

利用上述量可得到多重判定系数R^2的表达式：

$$R^2=\frac{\mathrm{SSR}}{\mathrm{SST}}=1-\frac{\mathrm{SSE}}{\mathrm{SST}} \tag{6-10}$$

式（6-10）的意义也不难理解，方差（平方和）是每个样本值与其均值的差异的整体体现。方差（平方和）越小，样本与其均值的差异就越小，那么各样本值就趋于均值（一个常数），其整个样本所携带的信息量就越少，反之则越大。因此，方差（平方和）的大小可体现一个样本所携带信息的多少。那么，SSR 与 SST 的比值则为回归结果所携带信息量与真实值所携带信息量的比值，即回归结果还原出的信息相对于真实值信息的大小可以作为拟合程度的判定。另外，从式（6-10）可以看出多重判定系数R^2总为正值，且越接近于 1，模型效果越好。

（2）调整多重判定系数R_α^2

不难发现，在多重判定系数的使用过程中有值得注意的地方：可以证明$R_{k+1}^2>R_k^2$恒成立，即当用于模型建立的自变量个数k越大，即使此变量在统计学上不显著，多重判定系数R^2总是增加的，为避免因为增加自变量而高估R^2，统计学家们提出了调整多重判定系数R_α^2，其表达式如下：

$$R_\alpha^2=1-\left(1-R^2\right)\left(\frac{n-1}{n-k-1}\right) \tag{6-11}$$

其中，n为样本数量，k为自变量个数。R_α^2相对于R^2加入了样本数量和自变量个数的影响，使其不会因模型中自变量个数的增加而越来越接近 1。

以上判定方法在 Python 中主要借助 sklearn.metrics 库实现，接上一小节代码，具体实现过程如下。

```
# 用于检验模型效果
from sklearn.metrics import mean_squared_error  # MSE
from sklearn.metrics import mean_absolute_error  # MAE
from sklearn.metrics import r2_score  # R2

mse = mean_squared_error(Ytest, yhat)  # MSE
mae = mean_absolute_error(Ytest, yhat)  # MAE
r2 = r2_score(Ytest, yhat)  # R2
# 调整 R2
n = Xtest.shape[0]
k = Xtest.shape[1]
adj_r2 = 1-(1-r2)*((n-1)/(n-k-1))

print('MSE : ' + str(mse))
print('MAE : ' + str(mae))
print('R2 : ' + str(r2))
print('调整 R2 : ' + str(adj_r2))
```

在 Jupyter Notebook 工具中可以看到输出信息，如图 6-33 所示。

```
MSE : 0.17934182585989425
MAE : 0.301612146892516
R2 : 0.5455564705110026
调整R2 : 0.5405086559285887
```

图 6-33　调整多重判定系数 R^2

结合图 6-31、图 6-33 的结果可知，对爬虫数据进行处理后，多元线性回归能大致预测出在不同影响因子下，房屋的大致价格，其均方误差为 0.17（万元），平均绝对误差为 0.3（万元）。

上机实验

1. 实验目的

（1）掌握使用 pandas 库处理数据的基本方法。

（2）掌握使用 Matplotlib 结合 pandas 库对数据进行可视化处理的基本方法。

（3）掌握使用 Sklearn 库对多元线性回归算法的实现及其评价方法。

2. 实验内容

（1）利用 Python 中 pandas 等库完成对数据的预处理并将处理好的文件保存。

（2）结合 pandas、Matplotlib 库完成对预处理数据的可视化。

（3）利用 Sklearn 库建立多元回归模型，完成对房屋单价的估算，并对模型进行评价。

3. 实验步骤

（1）打开 Jupyter Notebook 工具，使用 pandas 库读取 6.3 节所提供压缩文件（房产信息.rar）中的锦江.xlsx，按照 6.3.1 小节中的步骤与格式完成数据的预处理，预处理完成之后保存为 xlsx 文件，文件名为锦江_预处理.xlsx。注意，由于读入数据存在一定差异，因此步骤可能略有不同。

（2）读入第一步处理好的数据文件锦江_预处理.xlsx，结合 pandas、Matplotlib 库及数据统计方法，绘制以下图表：房源所在楼层分布的柱状图（横坐标为低楼层、中楼层和高楼层，纵坐标为房源数量）、二手房总价前 10 名的柱状图（横坐标为总价，纵坐标为位置信息）、房屋单价与面积的散点图（横坐标为单价，纵坐标为房屋面积）。

（3）读入第一步处理好的数据文件锦江_预处理.xlsx，结合 pandas、Sklearn 库建立多元回归模型。选择房屋所在区域、户型、面积、朝向为输入特征属性并作为自变量，房屋单价为因变量，测试集与训练集比例为 2∶8，并计算 MSE、MAE、R^2 和 R_α^2 等评价指标。

4. 实验总结与思考

（1）哪一类型的数据需要使用独热编码处理？

（2）对于多元回归模型有哪些评价指标，侧重于模型的哪方面评价？

07 第7章　某移动公司客户价值分析

在当前这个信息时代，企业的营销焦点正逐渐从以产品为中心转变为以用户为中心，如何维系“客户关系”成为企业核心问题，而这个核心问题最大的特点在于用户分类。进行用户分类的首要目标是识别用户价值，即通过实际的用户数据区分出不同价值的用户。判定用户价值的一种常用模型是 RFM（Recency-Frequency-Monetary）模型，而常用的一种分类算法是无监督的 K-Means 聚类算法。

本章利用这两种方法，结合 Python 数据分析的知识来对移动公司的客户价值进行分析。

7.1　情景问题提出及分析

以往，传统移动通信业对客户的管理是基于经验统计划分的，无法细分有意义的高价值客户，差异化服务得不到预想的效果。因此，建立灵活、精确的客户价值评估体系来辨别高价值客户，并提供差异化营销服务成了当前通信业发展的关键。本章以移动公司客户价值为研究对象，根据通信企业客户的特征及业务特点，利用 Python 来对客户信息进行分析，对客户群体进行分类，分析预测客户的潜在消费行为；对客户进行价值评估，以便在客户群体中挖掘出有价值的潜在客户。

在分析的过程中会使用到的技术有：利用 NumPy 和 pandas 库，对数据进行清洗和预处理，以及存储数据；利用机器学习库 Sklearn，对客户数据进行 K-Means 聚类算法分析，将客户群体进行划分；利用绘图库 Matplotlib，将聚类结果可视化，直观地展现结果。上述几点既是分析的大致步骤，也是读者需要掌握的几个 Python 相关技术。分析本案例后得出的结果和可视化图表，能有利于决策者快速地得出结论，从而有针对性地制定业务方针和策略。

7.2　K-Means 聚类算法简介

1. K-Means 聚类算法原理

机器学习中依据有无监督将算法分为两大类：一种是分类，一种是聚类。分类是有监督学习算法，其原始数据要有“标签”，可以根据原始数据建立模型，确定新来的数据属于哪一类，分类的目标都是事先已知的。聚类是无监督学习算法，数据事先没有“标签”，不知道目标变量是什么，类别没有像分类那样被预先定义出来，其主要用于将相似的样本自动归到一个类别中，对于不同的相似度计算方法，会得到不同的聚类结果。更进一步来说，聚类算法在没有标签的数据中发现数据对象间的关系，并将数据分组，一个分组叫作一个“簇”，组内的相似性越大，组间的差别越大，则聚类效果越好，也就是簇内相似度越高，簇间相似度越低，聚类效果越好。K-Means 聚类算法就是一个无监督的聚类算法。

K-Means 聚类算法中，K 表示将数据聚类成 k 个簇，Means 表示将每个聚类中数据的均值作为该簇的中心，也称为“质心”。K-Means 聚类试图将相似的对象归为同一个簇，将不相似的对象归为不同簇。这里需要一种衡量数据相似度的计算方法，K-Means 聚类算法是典型的基于距离的聚类算法，采用距离作为相似度的评价指标，默认以欧氏距离作为相似度测度，即两个对象的距离越近，其相似度就越大。

2. K-Means 聚类算法思想

首先需要确定常数 k，常数 k 意味着最终的聚类类别数。在确定了 k 值后，随机选定 k 个初始点为质心，并计算每个样本点与质心之间的相似度（这里为欧氏距离），根据点到质心的欧氏距离大小，可以确定每个样本点应该和哪一个质心归为同一类数据。接着根据这一轮的聚类结果重新计算每个类别的质心（即类中心），再对每个点重新归类，重复以上分类过程，直到质心不再改变，就最终确定了每个样本所属的类别以及每个类的质心。由于每次都要计算所有的样本与每个质心之间的相似度，故在大规模的数据集上 K-Means 聚类算法的收敛速度比较慢。

3. K-Means 聚类算法流程

下面用图形来展示一下整个算法的流程。

（1）数据初始状态如图 7-1 所示。

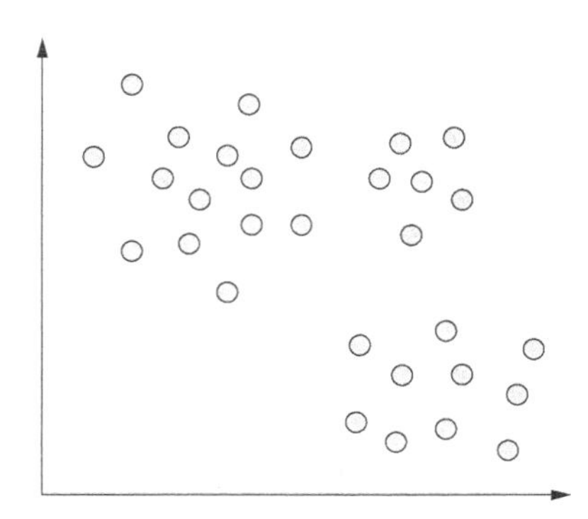

图 7-1　数据初始状态

（2）选择聚类的个数 k，此时会生成 k 个类的初始质心。例如 $k=3$，则生成 3 个聚类中心点，如图 7-2 所示。

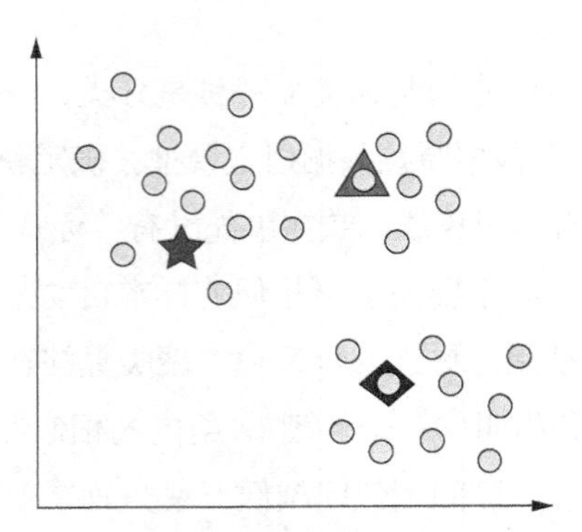

图 7-2　选取初始质心

（3）计算所有样本点到聚类中心点的距离，根据远近进行聚类，将样本归到距离最短的质心所在的类之中，如图 7-3 所示。

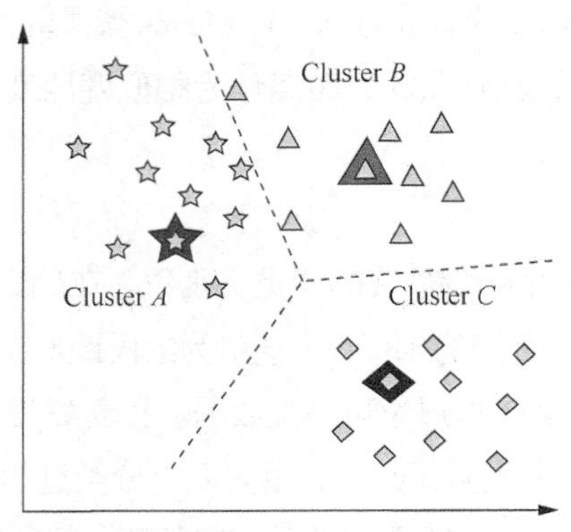

图 7-3　进行聚类

（4）更新每个聚类的质心，迭代进行聚类，如图 7-4 所示。

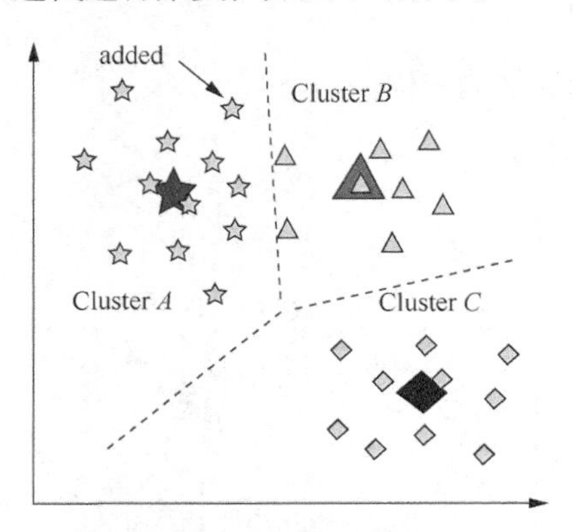

图 7-4　更新聚类

（5）重复第（3）、（4）步直到满足收敛要求，如图 7-5 所示。通常 k 个中心点不再改变即可满足收敛要求，否则继续迭代。

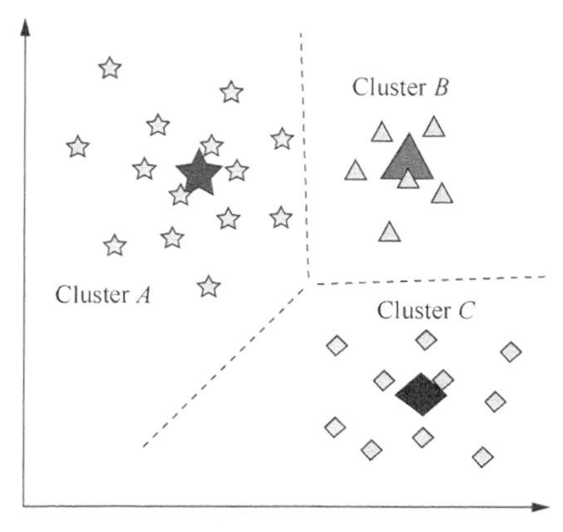

图 7-5　聚类结束

4. 聚类 k 值的选择

一般 k 值可以根据业务的内容来确定，但当业务没有分为几类的要求时，也可以根据肘部法来确定。下面用函数图像展示了两种聚类平均畸变程度的变化，横轴表示 k 值的选择，k 值从 1 开始向右递增，纵轴表示对应的 k 值下所有聚类的平均畸变程度，如图 7-6 所示。

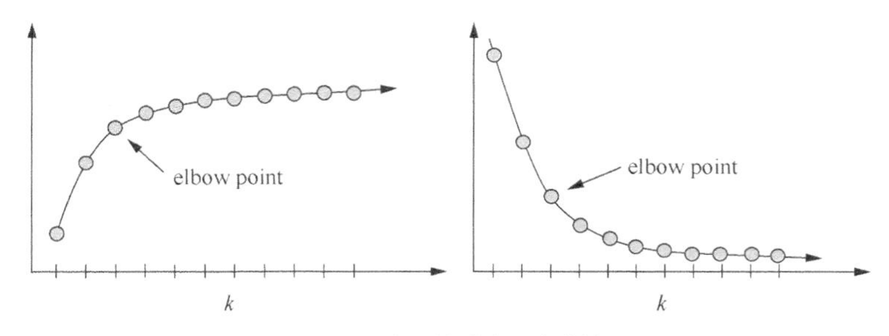

图 7-6　聚类平均畸变程度曲线图

每个类的畸变程度是该类别的样本到质心位置距离的平方和。类内部成员越是紧凑，那么该类的畸变程度就越低，类内部的相似性就越大，但同时类与类之间的差异性也要越大，这样聚类效果才越好。对于类与类之间的差异性则要考察畸变程度的变化幅度，也就是图像斜率的变化率。当畸变程度的变化幅度突然快速增大，此时的点就是类与类之间差异最大的 k 值。综上所述，对于图 7-6，从 k=1 开始观察可以发现，最佳的点就是在类似于函数肘部的地方，也就是 k=3 的点。在 k=3 之后，随着 k 值的增大，类的平均畸变程度变化的幅度开始越来越小，且 k=3 也是相对畸变程度较小的点，这就说明 3 是一个比较好的 k 值。

7.3　客户价值分析过程

本章的客户价值分析案例结合 RFM 分析模型和 K-Means 聚类算法共同对数据进行分析。模型建立过程分为以下 4 步。

第一步，读入数据并进行预处理。这一步的主要目的是处理读入的数据集中的缺失值、重复值以及无效值等，并对数据做量化处理。

第二步，根据客户价值分析中常用的 RFM 分析模型来对相应数据进行特征提取和标准化处理。

第三步，读入预处理好和标准化处理后的数据，结合 RFM 分析模型所计算的特征列使用 K-Means 聚类算法对客户进行聚类分析。

第四步，对聚类结果和相关数据进行数据可视化和数据分析。

本案例的数据集由阿里天池公开数据集获得，且为了适合本章案例的使用进行了调整和改进。

7.3.1 读入数据并进行数据预处理

本章提供的数据是在阿里天池网上公开数据中找到的某移动公司 2016 年 6 月 1 日开始到提数日 2016 年 7 月 20 日的客户信息，原文件格式为.csv，修改后为.xlsx 格式文件。数据源客户信息原本有几万条，为了方便处理和展示，从中提取了 301 条客户样本信息用在本案例中进行聚类分析。在 Excel 中打开数据集后的客户信息样本展示如图 7-7 所示。

	A	B	C	D	E	F	G	H	I	J	K	L
1	user_id	gender	last_pay_time	pay_num	pay_times	last_month_traffic	local_trafffic_month	local_caller_time	service1_caller_time	service2_caller_time	online_time	age
2	Gx4sJzcQog01UhZL	1	2016/6/26	300.04	2	4096	1392	108.1	0	564.37	85	31
3	kEXrhTiug93DlcLG	1	2016/6/26	300	3	0	62853	240.1	355.17	0	10	30
4	AouXr0EOUtSRdiYK	2	2016/6/19	50	4	0	1935.2	27.667	0	98.417	12	25
5	Yds7U30hnRZDiLtb	1	2016/6/16	100	1	37.336	988.56	89.9	74.483	121.83	134	44
6	OFDTSXrhN9Q2mbVw	1	2016/6/27	1000.03	12	3305.7	0	0	35.1	496.73	84	31
7	4qHSn3dkPzJTAjoG	1	2016/6/22	30	1	459.29	218	14.633	0	14.633	46	42
8	tXkjbzpTsZcxYPKG	1	2016/6/11	50	1	0	0	6.1167	136.03	0	12	27
9	ro43b68MustgPyOR	1	2016/6/28	200	2	1024	635.98	250.88	0	310.73	109	40
10	18e2VC0IJ7SkcKzF	1	2016/6/12	200	2	500	22.655	15.283	41.9	82.917	30	43
11	YCEo95zSZ08IJ3PW	1	2016/6/25	120	2	0	7830.5	33.733	0	101.83	7	22
12	M9aTwUjbqQSYK8hN	0	2016/6/29	42	0	800	0	1.916667	0	9.2	47	0
13	cfGAgMWTJLt09VDs	1	2016/6/29	101	2	0	2877.7	128.8	0	144.82	51	43
14	km0xTQGplYZuXWyL	2	2016/6/23	200	3	0	699.48	169.32	162.92	465.68	59	29
15	d9L37fAwopQkWPYh	1	2016/6/22	50	1	0	46672	0	1.9167	0	7	27
16	UXewZPdJbBiycY8Q	1	2016/6/27	100	1	865.38	892.3	461.57	281.75	724.9	122	56
17	Z5igARlnaGBkjYdm	2	2016/6/18	1477.6	10	0	3337.9	70.983	0	98.617	43	27
18	gH7nkfV2a0cKPQT6	1	2016/6/12	50	1	0	0	0	0	0	5	44
19	wnYh1QfSNBcGMTJ5	1	2016/6/29	30	1	0	3.8424	0.9	0.9	0	4	17
20	zPhEjLlWi3dKV6GU	2	2016/6/25	100	1	800	1545.4	58.6	47.117	171.72	65	30
21	JzrYtgsjF45bBun1	1	2016/6/26	40	2	0	0	0	3.3333	1.5667	18	24
22	rL402wVDpGPBfC8q	1	2016/6/15	300.05	4	0	1430.7	86.8	0	201.62	60	36
23	CognwxZ2aJfv03c4	1	2016/6/25	100	1	0	8121.1	4.7833	21.267	0	12	27
24	QnU8PiaY63eAVIDr	1	2016/6/18	100	1	0	17173	48.083	388.53	18.533	18	26
25	xPRY6725k90KdyjW	1	2016/6/26	80.5	2	1975.8	0	0	0	255.53	72	49

聚类数据源　提数日

图 7-7　Excel 文件中的样本展示

下面是对客户数据进行预处理的详细步骤。

（1）了解 RFM 分析模型

RFM 分析模型是衡量客户价值和客户创利能力的重要工具。该模型通过客户活跃程度和交易金额的贡献，对客户价值进行细分。RFM 分析模型主要根据以下 3 个指标来分析客户价值。

① R（Recency）：最近一次交易时间间隔。基于最近一次交易日期计算的一个值，距离当前日期越近，价值越高。

② F（Frequency）：客户在最近一段时间内的交易次数。基于交易频率计算的一个值，交易频率越高，价值越高。

③ M（Monetary）：客户最近一段时间内的交易金额。基于交易金额计算的一个值，交易金额越高，价值越高。

在本案例中，将根据 R、F、M 这 3 个指标来进行 K-Means 聚类分析，将客户划分为相应的几大群体，这 3 个指标在本案例中的含义分别设定为 R（最后一次消费距提数日的时间）、F（月均消费次数）、M（月均消费金额）。接着对聚类后的 R、F、M 这 3 个指标的每个维度取平均值（也就是计算聚类中心），最后根据 R、F、M 这 3 个指标均值组成的元组判断每个群体分别属于哪种价值类别的客户。

（2）数据准备

首先创建一个用于本章代码运行的工作目录，将准备好的数据集复制到此工作目录下，数据文件名命名为 RFM 聚类分析.xlsx，然后将数据读入 Jupyter Notebook 中以进行后续分析预处理。

（3）读入数据

读入 Excel 文件中的数据，并且导入本次数据分析中所需要的库。如果目标文件格式为.csv，将 read_excel()函数改为 read_csv()函数即可，两个函数都返回一个 DataFrame 型数据对象。这里因为数据集已在当前工作目录，所以只需给 read_excel()函数传递文件名参数即可，Python 会在当前工作目录中查找指定文件。如果数据集不在当前工作目录，则需要提供相对文件路径或绝对文件路径。

```
import pandas as pd
import matplotlib.pyplot as plt
from sklearn.cluster import Kmeans

#导入数据
datafile = "RFM聚类分析.xlsx"
data = pd.read_excel(datafile)
```

（4）数据探索

这一步的目的主要是观察当前的数据集，根据观察到的结果来探索规律与问题，进而对数据集进行进一步的清洗和预处理。首先对当前数据的前 10 行进行初步观察。

```
data.head(10)
```

在 Jupyter Notebook 工具中可以看到前 10 行信息，如图 7-8 所示。在前 10 行中有多条数据包含 0 值，暂时没有缺失值的存在。

	user_id	gender	last_pay_time	pay_num	pay_times	last_month_traffic	local_trafffic_month	local_caller_time	service1_caller_time	service2_ca
0	Gx4sJzcQog01UhZL	1	2016-06-26 00:00:00	300.04	2	4096.000000	1392.038508	108.100000	0.000000	56
1	kEXrhTiug93DlcLG	1	2016-06-26 00:00:00	300.00	3	0.000000	62852.509718	240.100000	355.166667	
2	AouXr0EOUtSRdiYK	2	2016-06-19 00:00:00	50.00	4	0.000000	1935.242104	27.666667	0.000000	9
3	Yds7U30hnRZDiLtb	1	2016-06-16 00:00:00	100.00	1	37.336425	988.561075	89.900000	74.483333	12
4	OFDTSXrhN9Q2mbVw	1	2016-06-27 00:00:00	1000.03	12	3305.741127	0.000000	0.000000	35.100000	49
5	4qHSn3dkPzJTAjoG	1	2016-06-22 00:00:00	30.00	1	459.294048	218.003452	14.633333	0.000000	1
6	tXkjbzpTsZcxYPKG	1	2016-06-11 00:00:00	50.00	1	0.000000	0.000000	6.116667	136.033333	
7	ro43b68MustgPyOR	1	2016-06-28 00:00:00	200.00	2	1024.000000	635.978400	250.883333	0.000000	31
8	18e2VC0IJ7SkcKzF	1	2016-06-12 00:00:00	200.00	2	500.000000	22.655023	15.283333	41.900000	8
9	YCEo95zSZ08IJ3PW	1	2016-06-25 00:00:00	120.00	2	0.000000	7830.505474	33.733333	0.000000	10

图 7-8 输出前 10 行数据

其次统计数据的行数和列数，可以看到一共有 301 行数据、12 列属性。

```
#查看行列数统计
print(data.shape)
```

接着观察当前 DataFrame 的整体描述信息以及各列数据的汇总统计集合，输出结果分别如图 7-9 和图 7-10 所示。

```
#查看整体描述信息
print(data.info())
```

```
<class 'pandas.core.frame.DataFrame'>
RangeIndex: 301 entries, 0 to 300
Data columns (total 12 columns):
 #   Column                Non-Null Count  Dtype
---  ------                --------------  -----
 0   user_id               301 non-null    object
 1   gender                301 non-null    int64
 2   last_pay_time         301 non-null    object
 3   pay_num               301 non-null    float64
 4   pay_times             301 non-null    int64
 5   last_month_traffic    301 non-null    float64
 6   local_trafffic_month  301 non-null    float64
 7   local_caller_time     301 non-null    float64
 8   service1_caller_time  301 non-null    float64
 9   service2_caller_time  301 non-null    float64
 10  online_time           301 non-null    int64
 11  age                   301 non-null    int64
dtypes: float64(6), int64(4), object(2)
memory usage: 28.3+ KB
None
```

图 7-9 DataFrame 的整体信息

在图 7-9 中可以看到当前 DataFrame 的各种信息概览，例如各列名称、行数、数据类型、列索引、列非空值个数，以及所有数据所占内存大小。从这些信息中可以发现，各列的数据类型已符合要求，不用再进行数据类型转换，且每列数据不存在空值，也不需要对缺失值进行处理。

```
#查看各列数据的汇总统计集合
data.describe()
```

	gender	pay_num	pay_times	last_month_traffic	local_trafffic_month	local_caller_time	service1_caller_time	serv
count	301.000000	301.000000	301.000000	301.000000	301.000000	301.000000	301.000000	
mean	1.199336	119.214518	1.990033	447.762999	6065.336874	47.652326	33.913234	
std	0.496789	148.409316	1.519836	1122.077105	11290.348491	85.436413	81.736976	
min	0.000000	0.000000	0.000000	0.000000	0.000000	0.000000	0.000000	
25%	1.000000	42.000000	1.000000	0.000000	22.655023	0.000000	0.000000	
50%	1.000000	80.000000	2.000000	0.000000	1483.326315	7.883333	0.000000	
75%	1.000000	150.000000	2.000000	500.000000	5810.480609	58.566667	26.733333	
max	2.000000	1477.600000	12.000000	11264.000000	75701.775427	567.900000	675.650000	

图 7-10 各列数据的汇总统计集合

在图 7-10 中可以看到当前数据各列的快速综合统计结果，例如计数、均值、标准差、最小值、四分位数、最大值这些信息，在后续的工作中也许可以用到。

（5）数据缺失值处理

在上一步的数据探索中，通过 data.info()函数已经知道当前数据集中没有空值，也就是没有缺失值。如果想单独对数据的缺失值进行统计，可以将 isnull()和 sum()函数结合起来统计每列缺失值数量，结果如图 7-11 所示。

```
#统计数据缺失值
data.isnull().sum()
```

虽然各列都没有缺失值，但通过前面对前 10 行数据的观察，可以发现数据中存在大量的 0 值，这些 0 值有可能造成某些数据行的客户信息统计异常，成为异常值数据，因此需要进行进一步检测和处理。

（6）检测和过滤异常值

首先需要检测哪些列存在 0 值，以便观察出哪些列的 0 值会造成行数据的无效统计，统计结果如图 7-12 所示。

```
#统计有 0 值的数据列
(data == 0).any()
```

```
user_id                0
gender                 0
last_pay_time          0
pay_num                0
pay_times              0
last_month_traffic     0
local_trafffic_month   0
local_caller_time      0
service1_caller_time   0
service2_caller_time   0
online_time            0
age                    0
dtype: int64
```

图 7-11　统计各列缺失值

```
user_id                False
gender                  True
last_pay_time          False
pay_num                 True
pay_times               True
last_month_traffic      True
local_trafffic_month    True
local_caller_time       True
service1_caller_time    True
service2_caller_time    True
online_time            False
age                     True
dtype: bool
```

图 7-12　检测存在 0 值的列

从观察结果可以看到，除了“user_id”（用户 id）、“last_pay_time”（最后一次消费时间）、“online_time”（网络在线时间）3 列外，其他的列均存在 0 值。为了进一步观察数据，需要对每一列 0 值的个数进行统计。通过对每列的数据进行遍历，可以判断并统计出每列 0 值的个数，结果如图 7-13 所示。

```
#统计每一列 0 值数据的个数

#遍历 data 的每一列
for col in data.columns:

 #count 从 0 开始累加
    count = 0
 #如果值为 0，则 count 累加
    count = [count + 1 for x in data[col] if x == 0]
 #输出该列的 0 值个数
    print(col+' '+str(sum(count)))
```

```
user_id 0
gender 13
last_pay_time 0
pay_num 2
pay_times 6
last_month_traffic 205
local_trafffic_month 68
local_caller_time 92
service1_caller_time 164
service2_caller_time 101
online_time 0
age 12
```

图 7-13　每列的 0 值个数

在存在 0 值的列中，可以发现“gender”（性别）、“pay_num”（消费金额）、“pay_times”（消费次数）、“age”（年龄）这 4 列的 0 值个数很少，其他列的 0 值个数很多。可以初步猜测这 4 列的 0 值可能是不正常的统计数值，而且根据每列的数据类别可以推断，其他列出现 0 值是合理的，而这 4 列出现 0 值明显是不合理的。因为性别和年龄不存在 0 值（性别在前面的观察中可以看到存在 0、1、2 这 3 个值，而 0 值的数量极少，所以为异常值），消费次数和消费金额可以同时为 0，但不能有一项为 0、而另一项不为 0 的情况。

为了验证猜想，可以把这 4 列中存在 0 值的行调出来观察。首先，对于年龄和性别为 0 值的行，两者数量几乎一样，由此可猜测性别为 0 值的数据行中年龄也为 0 值，所以先将两者都为 0 值的行调出。

```
#调出 gender 与 age 两列都为 0 值的行
index1 = (data["gender"] == 0) & (data["age"] == 0)
data[index1]
```

结果如图 7-14 所示。

gender	last_pay_time	pay_num	pay_times	last_month_traffic	local_trafffic_month	local_caller_time	service1_caller_time	service2_caller_time	online_time	age
0	2016-06-29 00:00:00	42.00	0	0.0	0.000000	0.000000	0.0	9.200000	47	0
0	2016-07-11 00:00:00	146.10	0	3072.0	0.000000	0.000000	0.0	0.000000	18	0
0	2016-06-16 00:00:00	81.00	0	1024.0	346.506247	121.533333	0.0	215.383333	42	0
0	2016-06-18 00:00:00	0.08	1	0.0	0.000000	0.000000	0.0	0.000000	6	0
0	2016-06-29 00:00:00	136.00	2	0.0	0.000000	0.000000	0.0	0.000000	90	0
0	2016-07-02 00:00:00	163.00	1	0.0	0.000000	0.000000	0.0	0.000000	36	0
0	2016-06-09 00:00:00	493.83	2	0.0	0.000000	0.000000	0.0	0.000000	90	0
0	2016-06-18 00:00:00	95.00	0	0.0	0.000000	0.000000	0.0	146.850000	6	0
0	2016-06-12 00:00:00	141.00	1	0.0	0.000000	0.000000	0.0	0.000000	20	0

图 7-14　性别和年龄同时为 0 值的行

通过上面的结果可以看到，性别和年龄都为 0 的行一共有 9 行，占到了图 7-13 所示统计结果中性别和年龄两项的大多数。同时，这 9 行数据中除了性别和年龄两列，其他列也基本为 0 值，所以可以初步认为这 9 行数据是无效的“脏”数据，可以删除这些行。

其次，对于消费次数和消费金额两项，将至少有一项为 0 值的数据行全部调出来观察。

```
#将 pay_num 与 pay_times 有一项为 0 值的行调出
index2 = (data["pay_num"] == 0) | (data["pay_times"] == 0)
data[index2]
```

结果如图 7-15 所示。

gender	last_pay_time	pay_num	pay_times	last_month_traffic	local_trafffic_month	local_caller_time	service1_caller_time	service2_caller_time	online_time	age
0	2016-06-29 00:00:00	42.00	0	0.000000	0.000000	0.000000	0.000000	9.200000	47	0
0	2016-07-11 00:00:00	146.10	0	3072.000000	0.000000	0.000000	0.000000	0.000000	18	0
0	2016-07-03 00:00:00	0.00	3	3072.000000	1846.248211	114.200000	3.516667	118.750000	34	28
0	2016-06-16 00:00:00	81.00	0	1024.000000	346.506247	121.533333	0.000000	215.383333	42	0
0	2016-06-26 00:00:00	0.00	3	3072.000000	1371.817268	9.600000	0.000000	9.600000	21	28
0	2016-07-12 00:00:00	300.08	0	1038.372283	3151.766301	274.933333	0.000000	628.133333	131	44
0	2016-06-15 00:00:00	0.08	0	0.000000	21784.302471	2.450000	32.516667	0.000000	4	29
0	2016-06-18 00:00:00	95.00	0	0.000000	0.000000	0.000000	0.000000	146.850000	6	0

图 7-15 消费次数和消费金额至少一项为 0 值的行

通过上图结果可以看到符合条件的数据一共有 8 行，刚好是图 7-13 中消费次数和消费金额两项中 0 值的个数之和，且都是只有一项为 0 值，没有双方都为 0 值的数据行。所以可以认为这 8 行数据为无效的“脏”数据，可以删除这些行。

最后，将以上两种情况结合在一起，将这些无效数据行调出来统计。

```
#调出 gender 与 age 同时为 0 值，或 pay_num 与 pay_times 有一项为 0 值的行
index3 = ((data["gender"] == 0) & (data["age"] == 0)) | ((data["pay_num"] == 0) |
(data["pay_times"] == 0))
data[index3]
```

统计结果如图 7-16 所示，可以看到一共有 13 条数据（上面两种情况的统计结果中有相同行），可以根据上面生成的布尔类型序列 index3 来删除这 13 条数据，将返回的结果赋予 data 来获得一个新的 DataFrame 对象。

	user_id	gender	last_pay_time	pay_num	pay_times	last_month_traffic	local_trafffic_month	local_caller_time	service1_caller_time
10	M9aTwUjbqQSYK8hN	0	2016-06-29 00:00:00	42.00	0	0.000000	0.000000	0.000000	0.000000
27	0QR3gvwTmBnHhlVZ	0	2016-07-11 00:00:00	146.10	0	3072.000000	0.000000	0.000000	0.000000
110	IP68TCFVgY9eWQqO	0	2016-07-03 00:00:00	0.00	3	3072.000000	1846.248211	114.200000	3.516667
140	VabD6FplCANo8Yey	0	2016-06-16 00:00:00	81.00	0	1024.000000	346.506247	121.533333	0.000000
151	WoAy8uigzx4taCmO	0	2016-06-18 00:00:00	0.08	1	0.000000	0.000000	0.000000	0.000000
170	XsmL9TltdahNCGbn	0	2016-06-29 00:00:00	136.00	2	0.000000	0.000000	0.000000	0.000000
199	5GOZBFN0vtTsqRUp	0	2016-06-26 00:00:00	0.00	3	3072.000000	1371.817268	9.600000	0.000000
205	agA7q31DctfiMmQX	0	2016-07-02 00:00:00	163.00	1	0.000000	0.000000	0.000000	0.000000
235	LGd7P0CH4JgE5teV	0	2016-07-12 00:00:00	300.08	0	1038.372283	3151.766301	274.933333	0.000000
240	RY2QUXFhk0ets7zV	0	2016-06-09 00:00:00	493.83	2	0.000000	0.000000	0.000000	0.000000
241	ERyF9vNhCz4jLuAp	0	2016-06-15 00:00:00	0.08	0	0.000000	21784.302471	2.450000	32.516667
262	ncDkYdxJNoiTp2AH	0	2016-06-18 00:00:00	95.00	0	0.000000	0.000000	0.000000	0.000000
279	BuKFsdaz1EeDVolZ	0	2016-06-12 00:00:00	141.00	1	0.000000	0.000000	0.000000	0.000000

图 7-16 无效数据行统计

使用下面的代码删除 13 条记录后再次统计 data 的行列数，输出结果为(288,12)，只剩下 288 行数据，说明删除数据成功。

```
#删除 13 条记录
data = data.drop(data[index3].index)
data.shape
```

（7）处理重复值

使用下面的代码统计重复值。输出结果为 0，说明没有重复的数据行。

```
#统计重复值
data.duplicated().sum()
```

虽然整体没有重复的数据行，但“user_id”这一列的每一行数据内容都是不能重复的，而其他行则没有这个限制。使用下面的代码检测出有两行“user_id”是重复的。

```
#统计 user_id 这一列的重复值
data.duplicated(['user_id']).sum()
```

使用 drop()函数删除这两行，并且统计 data 的行列数，输出结果为(286,12)，只剩下 286 行数据，说明删除成功。

```
#删除重复值
data = data.drop_duplicates(['user_id'])
data.shape
```

现在，data 中已经不存在不合理的数据，我们将性别和年龄的人数统计后保存在 gender 和 age 两个变量中。这两个数据在后面数据可视化的内容中可以用于观察客户年龄和性别的人数分布情况。

```
#统计不同性别和不同年龄的人数
gender = pd.value_counts(data['gender'])
age = pd.value_counts(data['age'])
```

（8）属性规约

经过以上工作，数据中的缺失值、异常值和重复值均已被排除，但现在的数据中属性太多，接下来需要筛选出后面需要统计的列，单独构建一个 DataFrame 对象。根据 RFM 分析模型和 K-Means 聚类算法可以得到需要的属性列分别为“pay_num”“pay_times”“last_pay_time”和“user_id”。

```
#筛选属性列
data_select=data[['user_id','pay_num','pay_times','last_pay_time']]
data_select.head()
```

可以看到，筛选后的结果如图 7-17 所示，说明筛选操作成功。

	user_id	pay_num	pay_times	last_pay_time
0	Gx4sJzcQog01UhZL	300.04	2	2016-06-26 00:00:00
1	kEXrhTiug93DIcLG	300.00	3	2016-06-26 00:00:00
2	AouXr0EOUtSRdiYK	50.00	4	2016-06-19 00:00:00
3	Yds7U30hnRZDiLtb	100.00	1	2016-06-16 00:00:00
4	OFDTSXrhN9Q2mbVw	1000.03	12	2016-06-27 00:00:00

图 7-17　属性规约后的前 5 行结果

筛选好的 data_select 是后续工作直接使用的数据对象，需要对其列名做出调整，将其设置为中文，以便在后续的操作中对数据的观察和使用更加直观。

```
#重命名列名
data_select.columns = ['用户 id','消费金额','消费次数','最后一次消费时间']
data_select.head()
```

输出结果的前 5 行，可以看到调整后的结果，如图 7-18 所示。

	用户id	消费金额	消费次数	最后一次消费时间
0	Gx4sJzcQog01UhZL	300.04	2	2016-06-26 00:00:00
1	kEXrhTiug93DlcLG	300.00	3	2016-06-26 00:00:00
2	AouXr0EOUtSRdiYK	50.00	4	2016-06-19 00:00:00
3	Yds7U30hnRZDiLtb	100.00	1	2016-06-16 00:00:00
4	OFDTSXrhN9Q2mbVw	1000.03	12	2016-06-27 00:00:00

图 7-18　列名与索引调整

（9）计算特征 R、F、M

由于 R、F、M 3 个结果都依赖于日期的计算，因此需要导入 datetime 模块中的 datetime 类，并且生成本案例数据集统计的起始日期和提数日日期。

```
from datetime import datetime

#生成起始日期和提数日日期
exdata_date = datetime(2016,7,20)
start_date = datetime(2016,6,1)

#输出两个日期
print(exdata_date)
print(start_date)
```

输出后可以看到生成的两个日期分别为 2016-07-20 00:00:00 和 2016-06-01 00:00:00，都为日期类数据。

计算 R（最后一次消费距提数日的时间），用 2016 年 7 月 20 日减去最后一次消费时间即可。

```
#转化为可计算的日期类型数据
data_select['最后一次消费时间'] = pd.to_datetime(data_select['最后一次消费时间'])

#计算 R（最后一次消费距提数日的时间）
data_select['R(最后一次消费距提数日的时间)'] = exdata_date - data_select['最后一次消费时间']
```

计算 F（月均消费次数）。对于这一结果的计算，需要先计算出最后一次消费时间和数据统计的起始日期 2016 年 6 月 1 日的天数差 period_day，再将天数差按月换算向上取整得出消费月数 period_month，最后用期间的消费次数除以消费月数即可得出 F 的值。

```
from math import ceil

#计算最后一次消费时间和起始日期的天数差
period_day = data_select['最后一次消费时间'] - start_date
#创建空列表统计月数
period_month = []
```

```
#遍历天数，向上取整生成月数
for i in period_day:
    period_month.append(ceil(i.days/30))

#第一次输出月数统计
print(period_month) ①

#分割线
print("#"*110)

#遍历清除 0 值
for i in range(0,len(period_month)):
#如果有月份值为 0，则令其为 1
    if period_month[i] == 0:
        period_month[i]=1

#第二次输出月数统计
print(period_month) ②
```

要使用向上取整的 ceil()函数，需要导入 math 模块。建立一个空列表 period_month 来记录 period_day 中每个元素换算为月后的结果。period_day 中的元素不能直接用来计算，需要将其中的天数以代码 i.days 的形式作为数字提取出来计算。在代码中标注的①处的输出结果中，发现有 0 值的存在，这显然是不行的，因为在计算月均消费次数时月数需要作为除数，不能为 0。因此采取循环遍历将全部 0 值赋为 1，在代码中标注的②处的输出结果中发现已经没有 0 值存在。两次输出结果如图 7-19 所示。

```
[1, 1, 1, 1, 1, 1, 1, 1, 1, 1, 1, 1, 1, 1, 1, 1, 1, 1, 1, 1, 1, 1, 1, 2, 2, 1, 1, 1, 1, 1, 1, 1, 1, 1, 1, 2, 1,
1, 1, 2, 1, 1, 1, 1, 1, 2, 1, 1, 1, 1, 2, 1, 1, 1, 1, 1, 1, 2, 1, 1, 1, 1, 1, 1, 1, 1, 1, 1, 1, 1, 1, 1, 1, 2,
2, 1, 2, 1, 2, 1, 2, 1, 1, 2, 2, 2, 2, 2, 2, 1, 1, 1, 2, 2, 2, 2, 2, 1, 1, 1, 2, 2, 1, 2, 2, 1, 1, 1, 1, 1, 1,
2, 2, 2, 2, 2, 2, 1, 1, 1, 1, 1, 1, 1, 1, 1, 1, 1, 1, 1, 1, 1, 1, 1, 1, 1, 1, 1, 1, 2, 2, 2, 2, 1, 1, 1, 2, 2,
1, 2, 2, 2, 1, 1, 1, 2, 1, 1, 2, 1, 2, 1, 1, 2, 2, 1, 1, 1, 2, 1, 2, 1, 2, 1, 1, 2, 1, 1, 2, 1, 1, 1, 2, 1, 2,
1, 1, 1, 2, 1, 2, 2, 1, 1, 1, 1, 1, 1, 2, 1, 1, 1, 1, 1, 1, 1, 1, 1, 1, 1, 1, 1, 1, 1, 1, 1, 1, 1, 2, 2, 1, 1,
1, 1, 1, 2, 2, 2, 1, 1, 2, 2, 1, 1, 2, 1, 1, 2, 1, 2, 2, 2, 1, 1, 1, 1, 2, 1, 1, 1, 1, 1, 2, 2, 2, 2, 1, 1, 1,
1, 1, 0, 2, 1, 1, 0, 2, 1, 1, 2, 1, 1, 2, 2, 2, 1, 1, 1, 1, 1, 0, 1, 1, 1, 1, 2]
**************************************************************************************************************
[1, 1, 1, 1, 1, 1, 1, 1, 1, 1, 1, 1, 1, 1, 1, 1, 1, 1, 1, 1, 1, 1, 1, 2, 2, 1, 1, 1, 1, 1, 1, 1, 1, 1, 1, 2, 1,
1, 1, 2, 1, 1, 1, 1, 1, 2, 1, 1, 1, 1, 2, 1, 1, 1, 1, 1, 1, 2, 1, 1, 1, 1, 1, 1, 1, 1, 1, 1, 1, 1, 1, 1, 1, 2,
2, 1, 2, 1, 2, 1, 2, 1, 1, 2, 2, 2, 2, 2, 2, 1, 1, 1, 2, 2, 2, 2, 2, 1, 1, 1, 2, 2, 1, 2, 2, 1, 1, 1, 1, 1, 1,
2, 2, 2, 2, 2, 2, 1, 1, 1, 1, 1, 1, 1, 1, 1, 1, 1, 1, 1, 1, 1, 1, 1, 1, 1, 1, 1, 1, 2, 2, 2, 2, 1, 1, 1, 2, 2,
1, 2, 2, 2, 1, 1, 1, 2, 1, 1, 2, 1, 2, 1, 1, 2, 2, 1, 1, 1, 2, 1, 2, 1, 2, 1, 1, 2, 1, 1, 2, 1, 1, 1, 2, 1, 2,
1, 1, 1, 2, 1, 2, 2, 1, 1, 1, 1, 1, 1, 2, 1, 1, 1, 1, 1, 1, 1, 1, 1, 1, 1, 1, 1, 1, 1, 1, 1, 1, 1, 2, 2, 1, 1,
1, 1, 1, 2, 2, 2, 1, 1, 2, 2, 1, 1, 2, 1, 1, 2, 1, 2, 2, 2, 1, 1, 1, 1, 2, 1, 1, 1, 1, 1, 2, 2, 2, 2, 1, 1, 1,
1, 1, 1, 2, 1, 1, 1, 2, 1, 1, 2, 1, 1, 2, 2, 2, 1, 1, 1, 1, 1, 1, 1, 1, 1, 1, 2]
```

图 7-19　两次输出结果对比

可用消费次数来除以 period_month 计算出 F 的值，同时用消费金额除以 period_month 直接计算出 M（月均消费金额）的值，输出 data_select 查看计算结果，如图 7-20 所示。

```
#计算 F（月均消费次数）
data_select['F(月均消费次数)'] = data_select['消费次数']/period_month
```

```
#计算M（月均消费金额）
data_select['M(月均消费金额)'] = data_select['消费金额']/period_month
data_select
```

	用户id	消费金额	消费次数	最后一次消费时间	R(最后一次消费距提数日时间)	F(月均消费次数)	M(月均消费金额)
0	Gx4sJzcQog01UhZL	300.04	2	2016-06-26	24 days	2.0	300.04
1	kEXrhTiug93DlcLG	300.00	3	2016-06-26	24 days	3.0	300.00
2	AouXr0EOUtSRdiYK	50.00	4	2016-06-19	31 days	4.0	50.00
3	Yds7U30hnRZDiLtb	100.00	1	2016-06-16	34 days	1.0	100.00
4	OFDTSXrhN9Q2mbVw	1000.03	12	2016-06-27	23 days	12.0	1000.03
...	...	...	...	...	...	...	...
296	qpXPSkahTJ4QnKCO	200.07	3	2016-06-19	31 days	3.0	200.07
297	LPdyxMrDVoa4K5cC	50.00	1	2016-06-24	26 days	1.0	50.00
298	pBUMdi2P8NhTYcj3	30.00	1	2016-06-30	20 days	1.0	30.00
299	5aNKrc6jFdfZvqus	130.00	4	2016-06-04	46 days	4.0	130.00
300	Qew6MoZPA9rcCyqV	1000.00	10	2016-07-05	15 days	5.0	500.00

286 rows × 7 columns

图 7-20　R、F、M 的计算结果

（10）保存预处理完成的数据

至此，数据预处理基本完成。在去掉每个列标签字符串前后的空格后，将数据保存为 Excel 文件，并设置文件名为“某移动公司客户信息预处理.xlsx”。

```
# 去掉空格
data_select = data_select.rename(columns = lambda x:x.strip())
# 保存数据
output_file_path = '某移动公司客户信息预处理.xlsx'
data_select.to_excel(output_file_path, index=False)
```

7.3.2　数据标准化

在进行数据分析之前，通常需要先将预处理好的数据进行标准化（normalization）处理，然后利用标准化后的数据进行数据分析。而进行数据标准化的原因是，在多指标评价体系中，由于各评价指标的性质不同，通常具有不同的量纲和数量级。当各指标间的水平相差很大时，如果直接用原始指标值进行分析，就会突出数值较高的指标在综合分析中的作用，相对削弱数值水平较低指标的作用。因此，为了保证结果的可靠性，需要将指标数据进行标准化处理。

数据标准化的方法有很多种，常用的有最小-最大标准化、Z-score 标准化和按小数定标标准化等。经过标准化处理的原始数据均被转换为无量纲化指标测评值后，即各指标值都处于同一个数量级别上后，就可以进行综合测评分析了。

在这里采用 Z-score 标准化（Zero-Mean Normalization）方法进行标准化处理，这是最常使用的一种标准化方法。该方法基于预处理好数据的均值（mean）和标准差（standard deviation）来对数据进行标准化处理。

使用的计算公式为：

标准化数据=（原数据-均值）/ 标准差

下面对保存好的预处理数据进行标准化处理。

（1）读入数据

读入数据后展示数据的前 10 行，结果如图 7-21 所示。

```
#读入预处理好的数据
datafile = "某移动公司客户信息预处理.xlsx"
data = pd.read_excel(datafile, encoding="utf-8")
data.head(10)
```

	用户id	消费金额	消费次数	最后一次消费时间	R(最后一次消费距提数日时间)	F(月均消费次数)	M(月均消费金额)
0	Gx4sJzcQog01UhZL	300.04	2	2016-06-26	24	2.0	300.04
1	kEXrhTiug93DlcLG	300.00	3	2016-06-26	24	3.0	300.00
2	AouXr0EOUtSRdiYK	50.00	4	2016-06-19	31	4.0	50.00
3	Yds7U30hnRZDiLtb	100.00	1	2016-06-16	34	1.0	100.00
4	OFDTSXrhN9Q2mbVw	1000.03	12	2016-06-27	23	12.0	1000.03
5	4qHSn3dkPzJTAjoG	30.00	1	2016-06-22	28	1.0	30.00
6	tXkjbzpTsZcxYPKG	50.00	1	2016-06-11	39	1.0	50.00
7	ro43b68MustgPyOR	200.00	2	2016-06-28	22	2.0	200.00
8	18e2VC0IJ7SkcKzF	200.00	2	2016-06-12	38	2.0	200.00
9	YCEo95zSZ08IJ3PW	120.00	2	2016-06-25	25	2.0	120.00

图 7-21　读入预处理好数据的前 10 行

（2）提取特征列并更改索引

聚类分析主要是对 R、F、M 3 个特征（指标）进行聚类，所以只用对这 3 列进行标准化处理。将这 3 列提取出来，并且把索引设置为“用户 id”，使后续结果能与用户 id 一一对应，方便定位具体用户。结果如图 7-22 所示。

```
#提取 3 列
cdata = data[['R(最后一次消费距提数日时间)','F(月均消费次数)','M(月均消费金额)']]
#修改索引
cdata.index = data['用户 id']
cdata.head()
```

用户id	R(最后一次消费距提数日时间)	F(月均消费次数)	M(月均消费金额)
Gx4sJzcQog01UhZL	24	2.0	300.04
kEXrhTiug93DlcLG	24	3.0	300.00
AouXr0EOUtSRdiYK	31	4.0	50.00
Yds7U30hnRZDiLtb	34	1.0	100.00
OFDTSXrhN9Q2mbVw	23	12.0	1000.03

图 7-22　提取特征列

（3）标准化

使用 cdata.mean()函数可以计算每一列的均值，使用 cadta.std()函数可以计算每一列的标准差，结合这两个函数可以用标准化公式来对数据进行标准化处理。标准化处理的代码如下，结果如图 7-23

所示。

```
#标准化处理
z_cdata = (cdata - cdata.mean())/cdata.std()
#重命名列名
z_cdata.columns = ['R(标准化)','F(标准化)','M(标准化)']
z_cdata.head()
```

	R(标准化)	F(标准化)	M(标准化)
用户id			
Gx4sJzcQog01UhZL	-0.023908	0.173965	1.447321
kEXrhTiug93DlcLG	-0.023908	0.874723	1.447027
AouXr0EOUtSRdiYK	0.605889	1.575482	-0.392408
Yds7U30hnRZDiLtb	0.875802	-0.526794	-0.024521
OFDTSXrhN9Q2mbVw	-0.113879	7.181550	6.597663

图 7-23　标准化处理结果

至此，标准化处理工作结束，后面可以直接使用标准化处理后的数据对客户数据进行 K-Means 聚类分析。

7.3.3　使用 K-Means 聚类算法对客户进行分析

在上一小节中对数据进行标准化处理后确定了变量 z_cdata，这个变量是本节聚类分析中要直接使用的数据对象。对于 K-Means 聚类算法，在 Python 中可以直接使用 Sklearn 这个第三方库来解决相关问题。该库是机器学习中常用的第三方库，它对常用的机器学习方法进行了封装，包括回归（Regression）、降维（Dimensionality Reduction）、分类（Classification）、聚类（Clustering）等。下面开始 K-Means 聚类分析。

（1）确定 k 值

在使用 K-Means 算法进行聚类分析前，首先需要确定聚类的类别数，也就是 k 的值。在 7.2 节对 K-Means 聚类算法的介绍中已经了解到，k 值在没有预先决定分为几类的情况下，可以使用肘部法来确定可能的 k 值。肘部法模型构建的代码如下。

```
#模型构建

#SSE 用来记录每次聚类后样本到中心的欧氏距离
SSE = []

#分别聚类为 1 ~ 9 个类别
for k in range(1,9):
    estimator = KMeans(n_clusters=k)
    estimator.fit(z_cdata)
    #样本到最近聚类中心的距离平方之和
    SSE.append(estimator.inertia_)

#设置 x 轴数据
```

```
X = range(1,9)
#设置字体
plt.rcParams['font.sans-serif'] = ['Microsoft YaHei']
#开始绘图
plt.plot(X,SSE,'o-')
plt.xlabel('k')
plt.ylabel('SSE')
plt.title("肘部图")
plt.show()
```

为了探究每种分类情况下的平均聚类畸变程度，将 k 值从 1 到 8 遍历分别进行聚类，每次聚类后，将样本到最近聚类中心的距离平方之和 estimator.inertia_添加到 SSE 列表中，最后按该列表绘制成折线图，也就是肘部图，这幅图反映不同 k 值下聚类的平均畸变程度。绘制结果如图 7-24 所示。

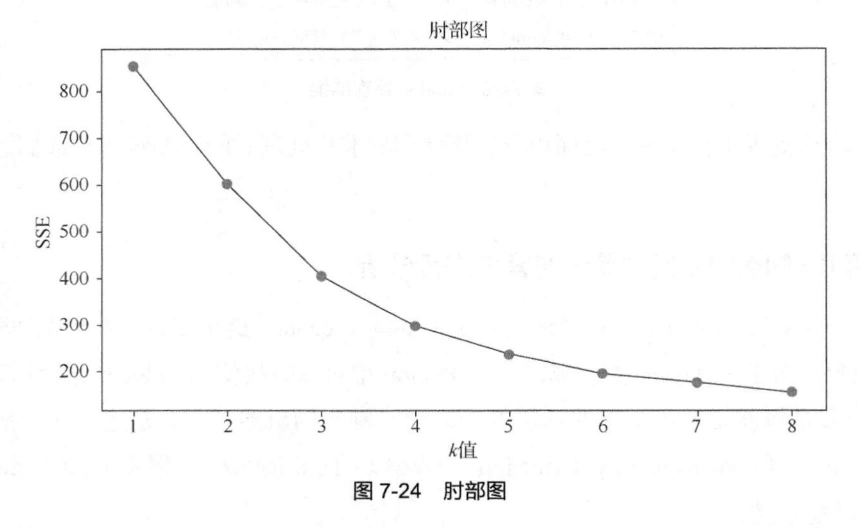

图 7-24　肘部图

从这幅图中可以看到，图像变化幅度最剧烈的 k 值为 3 或 4，但这两个中哪一个 k 值的聚类效果更好暂不清楚。可以对这两个 k 值分别聚类，根据结果来选取效果更好的 k 值。

（2）K-Means 聚类分析

想要进行聚类分析，需要导入机器学习库 Sklearn 中 cluster 模块的 KMeans 类。初始化类时指定分类数 n_clusters 为 4，计算资源（用于计算的 OpenMP 线程数）n_jobs 为 4，最大迭代次数 max_iter 为 100，为了让结果可重现，指定随机数状态为 0（确定质心初始化的随机数生成）。初始化后将生成类的实例赋给变量 kmodel，接着调用变量 kmodel 中的 fit()函数来拟合标准化后的数据，生成 K-Means 的聚类结果，并且输出聚类模型的相关参数。结果如图 7-25 所示。

```
#聚类分析
kmodel = KMeans(n_clusters = 4, n_jobs = 4, max_iter = 100, random_state = 0)
kmodel.fit(z_cdata)
```

```
KMeans(algorithm='auto', copy_x=True, init='k-means++', max_iter=100,
       n_clusters=4, n_init=10, n_jobs=4, precompute_distances='auto',
       random_state=0, tol=0.0001, verbose=0)
```

图 7-25　K-Means 聚类模型的相关参数

（3）提取整合聚类结果

聚类成功后，需要的结果是每条数据被分配的类别，而变量 z_cdata 中每行数据所属的簇群都存储在 kmodel.labels_这个 ndarray 型变量中，调用 kmodel.labels_这个属性后可看到图 7-26 所示的结果。

```
#查看每条数据所属的聚类类别
kmodel.labels_
```

```
array([0, 0, 0, 1, 2, 1, 1, 1, 1, 1, 1, 0, 1, 1, 2, 1, 3, 1, 1, 0, 1, 1,
       1, 3, 3, 0, 1, 1, 0, 3, 1, 1, 0, 1, 1, 3, 1, 1, 0, 3, 1, 0, 1, 0,
       1, 3, 0, 0, 1, 1, 3, 1, 1, 0, 0, 1, 0, 3, 1, 1, 1, 1, 0, 0, 1, 1,
       0, 1, 1, 1, 1, 1, 1, 3, 3, 0, 3, 1, 3, 3, 3, 1, 1, 3, 3, 3, 3, 3,
       3, 1, 1, 1, 3, 3, 3, 3, 3, 1, 3, 1, 3, 3, 3, 3, 3, 1, 1, 1, 1, 1,
       1, 3, 3, 3, 3, 3, 3, 0, 1, 1, 1, 1, 1, 1, 1, 1, 1, 1, 1, 1, 3, 0,
       0, 1, 1, 0, 0, 1, 1, 3, 3, 3, 3, 0, 1, 1, 3, 3, 0, 0, 3, 3, 0, 1,
       1, 3, 1, 0, 3, 1, 3, 1, 1, 3, 3, 0, 1, 1, 3, 1, 3, 0, 3, 0, 1, 3,
       1, 1, 3, 3, 0, 1, 3, 1, 3, 1, 1, 0, 3, 0, 3, 3, 1, 1, 1, 1, 3, 3,
       3, 0, 1, 1, 1, 1, 1, 1, 0, 1, 1, 1, 1, 1, 1, 1, 1, 1, 1, 1, 3, 3,
       1, 0, 0, 0, 3, 3, 3, 3, 1, 1, 3, 3, 1, 1, 3, 1, 1, 3, 3, 3, 3, 3,
       1, 1, 1, 1, 3, 1, 1, 0, 1, 3, 3, 3, 3, 3, 1, 1, 1, 1, 1, 1, 3, 1,
       0, 0, 3, 3, 3, 3, 1, 1, 3, 3, 3, 1, 1, 0, 1, 1, 1, 0, 1, 3, 0, 0])
```

图 7-26　kmodel.labels_属性

此外，还可以通过 cluster_centers_这个属性查看每个聚类中心的坐标，结果如图 7-27 所示。

```
#查看聚类中心坐标
kmodel.cluster_centers_
```

```
array([[ 0.42969582,  1.3564946 ,  0.80103947],
       [ 0.56951791, -0.1788997 , -0.12093169],
       [ 0.2909904 ,  6.48079154,  8.35458012],
       [-1.06852006, -0.55629964, -0.40113354]])
```

图 7-27　聚类中心坐标

有了数据所属类别 kmodel.labels_和聚类中心坐标 cluster_centers_后，可以将它们整合构建一个简单的聚类结果。首先将各个类别的数据个数和聚类中心统计出来，并转换为相应的 Series 和 DataFrame 对象，赋给 r1 与 r2 两个变量，其次使用 pd.concat()函数将 r1 与 r2 沿轴向进行连接，最后重构列名。该结果展示了每个类别由 R、F、M 3 个指标数值所构成的聚类中心坐标和每个类别的人数统计，如图 7-28 所示。在后文的数据可视化部分里将会用到这个结果。

```
#整合构建聚类结果

#统计属于各个类别的数据个数
r1 = pd.Series(kmodel.labels_).value_counts()
#找出聚类中心
r2 = pd.DataFrame(kmodel.cluster_centers_)

#默认情况下 axis=0，按 index（索引）或按行进行纵向连接
#当 axis=1 时，按 columns（列）进行横向连接
#连接后得到聚类中心对应类别下的数目
result = pd.concat([r2, r1], axis = 1)
```

```
#重命名表头
result.columns = ['R','F','M'] + ['各类别人数']
result
```

	R	F	M	各类别人数
0	0.429696	1.356495	0.801039	48
1	0.569518	-0.178900	-0.120932	141
2	0.290990	6.480792	8.354580	2
3	-1.068520	-0.556300	-0.401134	95

图 7-28 *k*=4 时的聚类结果

至此，*k*=4 情况下的聚类大致完成了，按照以上过程，再将 *k*=3 的情况运行一遍（只用将初始化 KMeans 类时的参数 n_clusters 改为 3 即可），生成图 7-29 所示的结果，读者可以动手操作一遍这一简单步骤。

	R	F	M	各类别人数
0	0.654912	0.344662	0.201726	156
1	0.290990	6.480792	8.354580	2
2	-0.802721	-0.521319	-0.376394	128

图 7-29 *k*=3 时的聚类结果

（4）分析两种 *k* 值结果

对比两种结果，可以看到有两个人单独为一类，且两次聚类的结果都一样，说明是一种完全异于其他数据的特殊值，也是两次结果的共同点。接着观察数据可知，*k*=3 的第 0 类、第 2 类数据和 *k*=4 的第 0 类、第 3 类数据很相似，说明是相近的聚类；但在人数上，*k*=3 的人数却远大于 *k*=4 的人数，这说明 *k*=4 比 *k*=3 多出的一个分类是从 *k*=3 的第 0 类与第 2 类中剥离出来形成的，也就是 *k*=4 中第 1 类的 141 人。那么在 *k*=4 的情况下多出来的一个分类有什么意义呢？

通过观察 *k*=3 的结果数据可以发现，第 2 类的聚类中心坐标 3 个值都为负值，说明该类别客户属于流失客户，但 128 人的人数相对较多，可以考虑再划分。既然第 2 类确定为流失客户，那么一般价值和高价值客户就需要在另外两类中寻找。而第 1 类为上面提到的特殊值，结合原数据来看，它们的价值远不同于一般意义上的高价值客户，且人数只有两人，应该单独归为特殊的一类，于是还需要另外划分出高价值和一般价值的客户群体，此时 *k*=3 的分类数明显是不够的。此外在第 0 类中，虽然 R、F、M 3 个值都为正数，但是数值却有两列比 *k*=4 的第 0 类低许多，并且 156 人也是 *k*=3 中人数最多的一类，可否考虑将该类别再划分，进一步得出一般价值和高价值的客户呢？

经过以上考虑，发现 *k*=4 的情况刚好把上述 *k*=3 的第 0 类、第 2 类两个类别进行了再划分，拆分出来的客户组成了 *k*=4 中的第 1 类，并且 *k*=4 中第 0 类比 *k*=3 的第 0 类数值上普遍更高，形成了更高价值的客户。而 *k*=4 中第 3 类比 *k*=3 中的第 2 类数值上更低，可知是将 128 人中数值实际上没有那么低的人拆分了出来，归入了 *k*=4 中的第 1 类，进一步细分了 *k*=3 的流失客户。这样看来 *k*=4 的不同类别之间数值差距更大，分类特征更明显，因此可以判断 *k*=4 是更加合适的聚类 *k* 值。

（5）将类别与客户数据对应

在选定并整理好聚类结果后，需要将类别标签与聚类时使用的标准化数据 z_cdata 和之前预处理好的数据 data 对应，做一个结果与原数据的整合，因为最终需要的是每个客户所属的类别信息，从而可以针对不同客户采取不同的营销手段。这里依然采取 pd.concat()函数将类别标签 kmodel.labels_ 和聚类时使用的 z_cdata 数据连接，连接时需要按行进行横向的连接，令 axis=1 即可，并且连接时需要将 kmodel.labels_数据转化为 Series 型数据才能正确连接，kmodel.labels_和 data 的连接同理。连接代码如下，结果如图 7-30 和图 7-31 所示。

```
#连接 kmodel.labels_与 z_cdata
KM_data = pd.concat([z_cdata, pd.Series(kmodel.labels_, index = z_cdata.index)], axis = 1)
#连接 kmodel.labels_与 data
data1 = pd.concat([data, pd.Series(kmodel.labels_, index = data.index)], axis = 1)
#重命名列名
data1.columns = list(data.columns) + ['类别']
KM_data.columns = ['R','F','M'] + ['类别']
KM_data.head()
data1.head()
```

	R	F	M	类别
用户id				
Gx4sJzcQog01UhZL	-0.023908	0.173965	1.447321	0
kEXrhTiug93DlcLG	-0.023908	0.874723	1.447027	0
AouXr0EOUtSRdiYK	0.605889	1.575482	-0.392408	0
Yds7U30hnRZDiLtb	0.875802	-0.526794	-0.024521	1
OFDTSXrhN9Q2mbVw	-0.113879	7.181550	6.597663	2

图 7-30　标准化后的客户数据 z_cdata 与类别对应

	用户id	消费金额	消费次数	最后一次消费时间	R(最后一次消费距提数日时间)	F(月均消费次数)	M(月均消费金额)	类别
0	Gx4sJzcQog01UhZL	300.04	2	2016-06-26	24	2.0	300.04	0
1	kEXrhTiug93DlcLG	300.00	3	2016-06-26	24	3.0	300.00	0
2	AouXr0EOUtSRdiYK	50.00	4	2016-06-19	31	4.0	50.00	0
3	Yds7U30hnRZDiLtb	100.00	1	2016-06-16	34	1.0	100.00	1
4	OFDTSXrhN9Q2mbVw	1000.03	12	2016-06-27	23	12.0	1000.03	2

图 7-31　预处理好后的客户数据 data 与类别对应

（6）保存聚类分析好的数据

完成上面的工作内容后，获得了 3 个重要的聚类分析结果：KM_data、data1、result。分别将其保存为类别-客户信息（标准化数据）对应、类别-客户信息（预处理数据）对应和聚类结果统计这 3 个 Excel 文件。其中，在保存 KM_data 数据前，需要额外增加一列“用户 id”信息，因为虽然 KM_data 索引在这之前已经设置为用户 id，但在保存时对于索引对象的内容并不会一并保存，在 Excel 文件中依然是从 1 开始的数字索引。

```
#增加用户 id 列与类别标签相对应
KM_data['用户 id'] = KM_data.index
```

```
#保存 KM_data
output_file_path = '类别-客户信息(标准化数据)对应.xlsx'
KM_data.to_excel(output_file_path, index=False)
#保存 data1
output_file_path = '类别-客户信息(预处理数据)对应.xlsx'
data1.to_excel(output_file_path, index=False)
#保存 result
output_file_path = '聚类结果统计.xlsx'
result.to_excel(output_file_path, index=False)
```

7.3.4 数据可视化及数据分析

在 K_Means 聚类分析的结果都整理好之后，便可以开始对数据结果进行可视化处理和数据分析。

（1）对预处理好数据的性别和年龄进行可视化处理

在 7.3.1 小节的数据预处理内容中已统计了性别和年龄的人数分布，并将结果存储在 gender（性别）与 age（年龄）两个变量中，这里可以直接用来进行可视化处理。对于性别的人数分布，可视化代码如下，结果如图 7-32 所示。

```
#设置中文字体
plt.rcParams['font.sans-serif'] = 'SimHei'
#绘制柱状图
plt.bar(gender.index, gender, width=0.5, tick_label=['男','女'], color='c')
#完善图表信息
plt.xlabel('性别',fontsize=12)
plt.ylabel('人数',fontsize=12)
plt.title("性别-人数统计图",fontsize=16)
#保存图形
plt.savefig("性别-人数统计图",dpi=128)
#展示图形
plt.show()
```

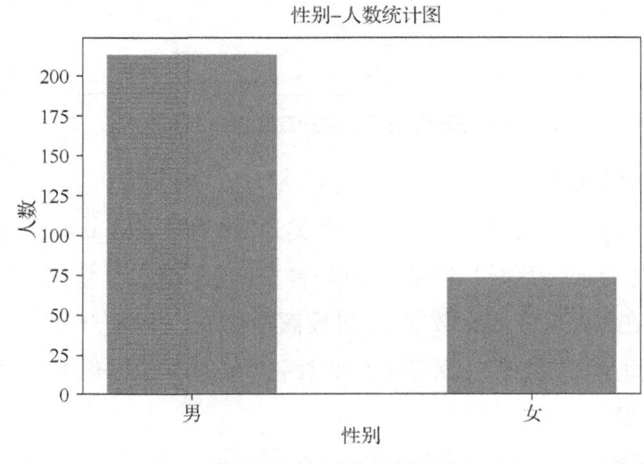

图 7-32 性别-人数统计图

从该图可以看到，移动公司客户群体主要是以男性为主，因此可以优先推广一些与男性相关的套餐服务；同时在女性客户方面有巨大的缺口，因此需要调整公司的营销策略，想办法吸引更多的女性客户。

下面是关于年龄人数分布的可视化代码，结果如图 7-33 所示。

```
#按照索引排序，否则绘制出的折线图是混乱的
age = age.sort_index()
#设置图像大小，因为数据比较密集，需要更大尺寸的图以看清数据分布
plt.figure(figsize=(10,6))
#绘制折线图
plt.plot(age.index,age)

#完善图表
plt.xticks(range(0,80,5),fontsize=12)
plt.yticks(range(2,20),fontsize=12)
plt.grid(ls=':',alpha=0.8)
plt.xlabel('年龄',fontsize=14)
plt.ylabel('人数',fontsize=14)
plt.title("年龄-人数统计图",fontsize=20)
#填充折线与 x 轴间的颜色，使结果更直观，颜色在 x 轴覆盖范围用 age.index 标识
plt.fill_between(age.index, age, color='c',alpha=0.3)

#保存图形
plt.savefig("年龄-人数统计图",dpi=128)

#展示图形
plt.show()
```

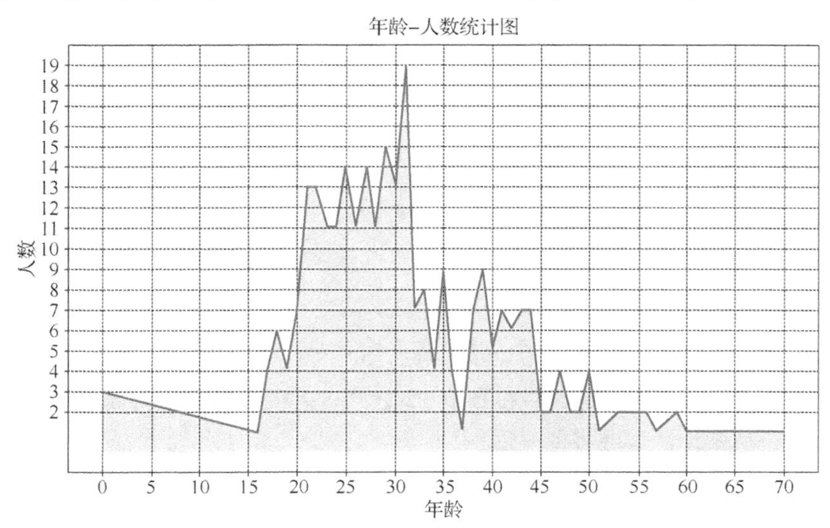

图 7-33　年龄-人数统计图

从图 7-33 中颜色填充面积的大小可以直观地看到，移动公司客户的年龄主要集中在 20～45 岁之间，并且年轻人居多，因此可以推出有针对性的服务。

（2）绘制聚类结果统计柱状图

根据前面聚类结果 KM_data 中的 R、F、M 3 列信息，可以绘制出每个类别在 R、F、M 3 个指标上的数值统计，从而能够很清晰地看出 4 个类别分别在 R、F、M 3 个指标上的区别，由此可以划分出每个类别所代表的客户价值。

绘图之前，先将 KM_data 中的数据按照“类别”这个属性分组统计，求出均值，得出的结果为每一类别的聚类中心坐标。这也是在不使用 cluster_centers_属性的情况下求出聚类中心坐标的方式，最后将结果赋给 kmeans_analysis 变量即可，结果如图 7-34 所示。

```
#分组统计求均值
kmeans_analysis = KM_data.groupby(KM_data['类别']).mean()
#重命名列
kmeans_analysis.columns = ['R','F','M']
kmeans_analysis
```

	R	F	M
类别			
0	0.429696	1.356495	0.801039
1	0.569518	-0.178900	-0.120932
2	0.290990	6.480792	8.354580
3	-1.068520	-0.556300	-0.401134

图 7-34　各类别聚类中心坐标

有了 kmeans_analysis 数据后，便可以依照它来绘制每个类别在 R、F、M 3 个指标上的柱状图。绘图使用 kmeans_analysis 中自带的 plot()函数，将绘图类型 kind 设置为 bar，rot 设置为 0，用以控制轴刻度标签的字体旋转度数。绘图代码如下，结果如图 7-35 所示。

```
#绘制柱状图
kmeans_analysis.plot(kind = 'bar', rot = 0, yticks = range(-1,9))
#完善图表
plt.title("聚类结果统计柱状图")
plt.xticks(range(0,4), ['第 0 类','第 1 类','第 2 类','第 3 类'])
plt.grid(axis='y', color='grey', linestyle='--', alpha=0.5)
plt.ylabel("R、F、M 3 个指标均值")
#保存图形
plt.savefig("聚类结果统计柱状图", dpi=128)
```

根据图 7-35 以及上一小节保存的两个类别-客户信息对应数据可以得出以下结论。

① 第 0 类：R、F、M 都为正值，且都在 0~2 之间，其中消费频率 F 超过了 1，算是比较高的值；该类可归为高价值客户，需要长期保持。

② 第 1 类：R 为正值，F、M 都为负值，但负得不多，且 R 为正值表示最近有过消费；结合对类别-客户信息对应数据的观察，这类用户可归为一般价值的客户，需要继续争取。

③ 第 2 类：R、F、M 都为正值，且 F 与 M 的值十分高，在近两个月内有很高的消费数值且人数稀少；可将该类归为特殊价值客户，需要重点联系。

④ 第 3 类：R、F、M 都为负值，负得也很明显，属于正在流失的客户，为低价值客户；当然这类群体也要再尝试争取，但投入的力度应远小于第 1 类。

将以上的结论和类别-客户信息对应数据相比较后，可以发现上述结论合理。

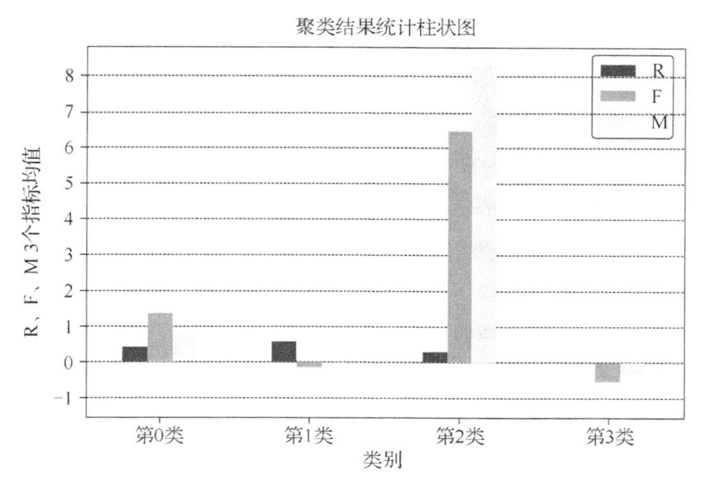

图 7-35　聚类结果统计柱状图

（3）对聚类结果中各类别人数进行可视化处理

用柱状图统计各类别的人数，可以直观地看出不同类别的人数区别，结果如图 7-36 所示。

```
#绘制柱状图
#使用 DataFrame 型变量自带的 plot()函数来绘图，指定绘图类型为 bar
r.plot(kind = 'bar', y='各类别人数', rot = 0)
#完善图表
plt.xlabel("类别", fontsize=14)
plt.ylabel("人数", fontsize=14)
plt.title("聚类结果各类别人数统计图", fontsize=16)
#保存图形
plt.savefig("聚类结果各类别人数统计图",dpi=128)
```

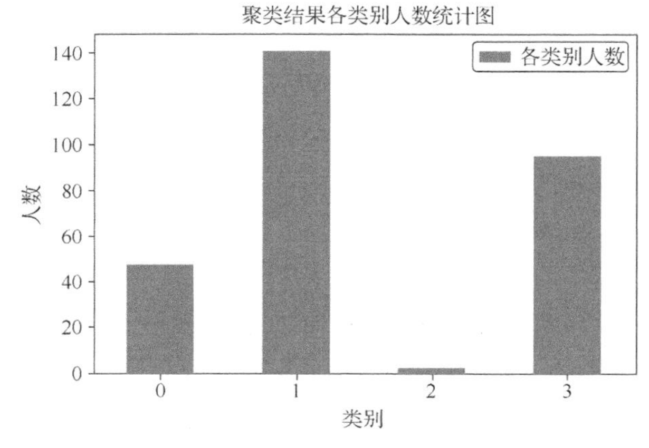

图 7-36　聚类结果各类别人数统计图

从图 7-36 可以看到，第 1 类的人数最多，第 2 类的人数最少，第 3 类的人数也偏多。说明从 6

月到现在绩效并不算很理想，出现了大量流失的第 3 类客户，此外高价值的第 0 类客户人数也偏少，可以花精力去挖掘这一客户群体，第 2 类的人数只有两人，可以在第 0 类的群体中去找寻一些可能成为第 2 类的潜力客户。

（4）绘制客户群特征雷达图

雷达图是以从同一点开始的轴上表示 3 个或多个定量或变量的二维图表形式，来显示多变量数据的图形方法。轴的相对位置和角度通常是无信息的。雷达图一般用来展现多个数据在不同特征上的数值或得分偏向，用以展现不同数据的不同特点。

根据前面求出的各类别聚类中心坐标 kmeans_analysis 可以绘制出客户群特征雷达图。首先，需要把 kmeans_analysis 中的数值转化为数组形式，代码如下，结果如图 7-37 所示。

```
#将 values 转换为数组
center_num = kmeans_analysis.values
center_num
```

```
array([[ 0.42969582,  1.3564946 ,  0.80103947],
       [ 0.56951791, -0.1788997 , -0.12093169],
       [ 0.2909904 ,  6.48079154,  8.35458012],
       [-1.06852006, -0.55629964, -0.40113354]])
```

图 7-37　聚类中心坐标数组

接着，由于要使用数组，需要导入 NumPy 库。导入库后调用 plt.figure()函数创建一个 Figure 实例 fig，在参数中指定画布的大小，然后调用 fig 中的 add_subplot()函数将一个 Axes 作为子图布局的一部分添加到画布中，在参数中指定子图分区为一行一列，也就是只绘制一幅图。此外指定 ploar 为 True，让绘图以极坐标形式投影来绘制雷达图。最后，创建列表 feature 来存储特征标签，统计 feature 中的特征数赋给 N。

上面工作做好后，用 enumerate()函数将多维数组 center_num 组合为一个索引序列，同时列出数据下标和数据，使用 i、v 两个变量来遍历数组的数据下标和数据，在图中依次绘出数据点。在 for 循环中需要注意两个操作：angles 数组在 0° ～360° （2π）之间按 N 值平分绘图角度；使用 np.concatenate()函数将数组的第一个值拼接到数组末尾，返回 center 与 angles 两个新数组。这两个操作先是确定了绘制点的角度位置，然后保证了所绘的点连接起来能够形成一个闭合的曲面。绘制雷达图的代码如下，结果如图 7-38 所示。

```
import numpy as np

# 创建 Figure 实例
fig = plt.figure(figsize=(10, 8))
# 设置为极坐标模式
ax = fig.add_subplot(111, polar=True)
# 存储特征标签
feature = ["R", "F", "M"]
# 统计特征数
N =len(feature)
```

```
# 遍历数组以绘图
for i, v in enumerate(center_num):
    # 设置雷达图的角度，用于平分切开一个圆面
    angles=np.linspace(0, 2*np.pi, N, endpoint=False)
    # 为了使雷达图一圈封闭起来，需要执行下面的步骤
    center = np.concatenate((v[:], [v[0]]))
    angles = np.concatenate((angles, [angles[0]]))
    # 绘制折线图
    ax.plot(angles, center, 'o-', linewidth=2, label = "第 %d 类"%(i))
    # 填充颜色
    ax.fill(angles, center, alpha=0.25)
    # 添加每个特征的标签
    ax.set_thetagrids(angles * 180/np.pi, feature, fontsize=15)
    # 添加标题
    plt.title('客户群特征分析图', fontsize=20)
    # 添加网格线
    ax.grid()
    # 设置图例
    plt.legend(loc='upperright', bbox_to_anchor=(1.2,1.0), shadow=True , fontsize=12)
    #保存图形，指定 bbox_inches 来裁剪图形多余空白区域
    plt.savefig('客户群特征分析图', dpi=128, bbox_inches='tight')

# 显示图形
plt.show()
```

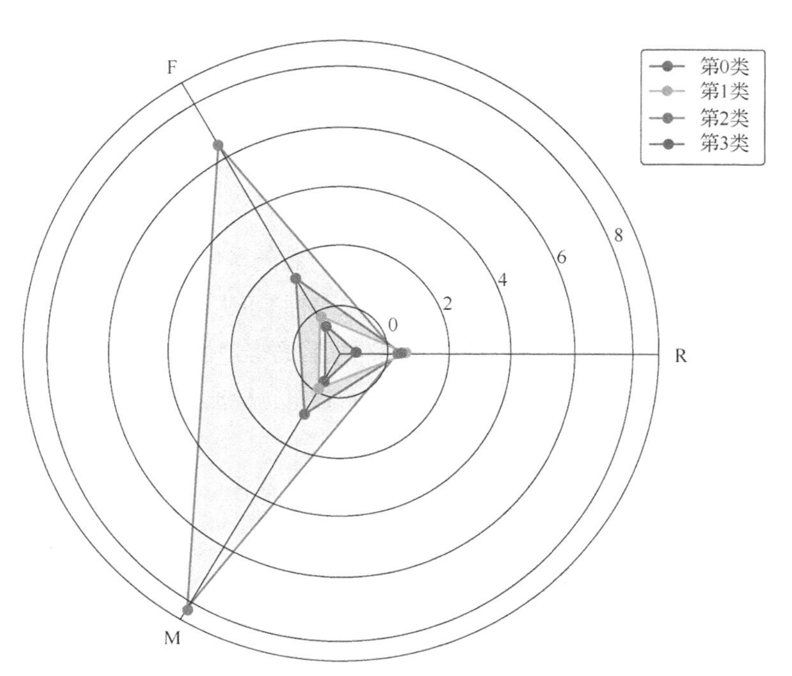

图 7-38　客户群特征分析雷达图

上机实验

使用本章所介绍的 K-Means 聚类算法和数据集，完成对某移动公司 2016 年 6 月 1 日至 2016 年 7 月 20 日客户信息的价值分析。

1. 实验目的

（1）掌握使用 pandas 和 NumPy 库进行数据处理的基本方法。

（2）掌握使用 RFM 分析模型对客户信息进行特征提取的基本方法。

（3）掌握对特征数据进行标准化处理的基本方法。

（4）掌握使用 Sklearn 库对 K-Means 聚类算法的实现及其评价方法。

（5）掌握使用 Matplotlib 结合 pandas 库对数据进行可视化的基本方法。

2. 实验内容

（1）利用 Python 中 pandas 等库完成对数据的预处理，并计算 R、F、M 3 个特征指标，最后将处理好的文件进行保存。

（2）利用 Python 中 pandas 等库完成对数据的标准化处理。

（3）利用 Sklearn 库和 RFM 分析方法建立聚类模型，完成对客户价值的聚类分析，并对聚类结果进行评价。

（4）结合 pandas、Matplotlib 库对聚类完成的结果数据进行可视化处理。

3. 实验步骤

（1）读入数据并进行预处理。打开 Jupyter Notebook 工具，读取实验目录中提供的 RFM 聚类分析.xlsx 文件，检查文件中是否有缺失值、重复值、异常值等，并且根据 RFM 分析模型计算出需要的 3 个指标，处理完成后将结果信息保存为 Excel 文件。

（2）对预处理好的数据进行标准化处理。读入预处理保存的某移动公司客户信息预处理.xlsx 文件，结合 pandas 库以及数据统计方法，提取 R、F、M 3 个指标数据，且对其进行标准化处理，将结果保存在变量 z_cdata 中。

（3）结合 RFM 模型对数据进行 K_Means 聚类分析。首先采用肘部法确定要将数据聚为几类（k 值），然后利用 Sklearn 库，根据 R、F、M 3 个特征来对标准化后数据 z_cdata 进行聚类分析，最后整合聚类结果，并且将类别标签与预处理后以及标准化后的客户信息相对应，将两个对应结果保存为类别-客户信息（预处理数据）对应.xlsx 和类别-客户信息（标准化数据）对应.xlsx 两个文件。

（4）数据可视化。依次绘制以下图表：性别-人数统计图、年龄-人数统计图、聚类结果统计柱状图、聚类结果各类别人数统计图、客户群特征分析雷达图。

4. 实验总结与思考

（1）除了 R、F、M 这 3 个特征，还可以提取出哪些特征来作为聚类的指标？

（2）如何根据肘部法选择可能的 k 值，还可以怎样筛选出最合适的 k 值？

（3）如何根据聚类结果中各聚类中心坐标来定位各类别所代表的客户群体？

08 第8章　基于历史数据的气温及降水预测

在天气研究、金融分析等众多领域中，常常需要对密集的数据进行分析和处理，Python 作为一门擅长处理数据的工具，在这些领域中正发挥着越来越大的作用。

本章使用 Python 对天气进行预测，其中会涉及一种全新的数据类型——时间序列。如何充分有效地利用时间序列的信息成为处理这类数据的关键。在接下来的学习中，会使用 Python 中的两个库完成对时序数据的处理与建模。一个是 pandas 库，该库主要用于处理时序数据，包括对数据的读取、截取、重采样等处理；另一个是 Statsmodels 库，该库主要用于对时序模型进行建模与分析。

8.1　情景问题提出及分析

近年来，随着人类工业化进程的不断推进，全球气候也在发生变化，主要表现为全球气温整体升高，区域降水异常以及海冰、积雪融化等气候异常现象。气候异常每年带来的人员、财产损失不可估量，如果能提前预测这些天气异常现象并做好应对方案，就可以最大限度地避免发生这些问题，将损失降到最小。因此，准确预测未来的天气变得尤为重要，现行的预报方法主要分两种，一种是以完全模拟真实大气中各种物理过程为代表的动力学方法，另一种则是以对历史数据进行分析为代表的统计学方法。在大气的动力学模拟中常常需要大量的计算资源，需要借助大规模的并行计算，而统计学方法则需要大量的历史观测数据，但消耗的计算资源相对较少。对于前者，模拟的准确性往往取决于初始场质量和对大气中所发生的各种物理过程的数学描述；而对于后者，精准度往往受数据质量与所选统计学模型的好坏影响。本章采用统计学方法，结合多年历史数据，采用时序模型，对未来的气温及降水做出预测。

8.2 常见的时间序列模型简介

时间序列分析是概率统计学科中应用性较强的分支，广泛应用于金融分析、气象水文、信号处理等众多领域。而对时间序列的建模是分析时间序列的关键。在时间序列分析的发展过程中，提出了许多具有实际价值的模型，本书由于篇幅有限，下面仅对 4 种常用的传统时间序列模型进行介绍，包括 AR 模型、MA 模型、ARMA 模型和 ARIMA 模型。

8.2.1 AR 模型

AR 模型（Autoregressive model）又称“p 阶自回归模型”，常记为 $AR(p)$。AR 模型是数学家尤尔（Yule）为预测市场变化规律在 1927 年提出的，它常用于平稳序列的建模。p 阶 AR 模型的表达式如下：

$$x_t = \phi_0 + \phi_1 x_{t-1} + \phi_2 x_{t-2} + \cdots + \phi_p x_{t-p} + \varepsilon_t = \sum_{j=1}^{p} \phi_j x_{t-j} + \phi_0 + \varepsilon_t \tag{8-1}$$

其中，ϕ_0 为常数项，$\phi_1, \phi_2, \cdots, \phi_p$ 为模型参数，ε_t 为白噪声序列。模型满足以下条件：

$$\begin{cases} E(\varepsilon_t) = 0，Var(\varepsilon_t) = \sigma_\varepsilon^2，E(\varepsilon_t \varepsilon_s) = 0，s \neq t \\ Ex_s \varepsilon_t = 0，\forall s < t \end{cases} \tag{8-2}$$

对于式（8-2），条件一实际上是限制 ε_t 是均值为 0 的白噪声序列，条件二规定了前期序列值与当前白噪声无关。AR 模型可以理解为当前时刻值等于过去 p 个时刻值的线性组合。如果常数项 $\phi_0 = 0$，该序列又称为中心化的 $AR(p)$ 模型，形如式（8-1）的式子可引入后移算子进行变换，得到中心化的 $AR(p)$ 模型，如式（8-3）所示：

$$x_t = \sum_{j=1}^{p} \phi_j x_{t-j} + \varepsilon_t \tag{8-3}$$

对于一个 AR 模型，它当前时刻的值总与之前时刻的值存在联系，因此衡量一个样本数据是否适用于该模型需要衡量前后值的联系。对此，我们引入自相关系数（Autocorrelation Coefficient，ACF）与偏自相关系数（Partial Autocorrelation Coefficient，PACF）两个概念。

1. **自相关系数**

自相关系数（ACF）是衡量一个变量不同时刻之间相关性大小的统计量。设有时间序列 x_t，时间间隔 k（$k=t_2-t_1$）之间数值的自相关系数计算公式如下：

$$r(k) = \frac{1}{n-k} \sum_{t=1}^{n-k} \left(\frac{x_t - \bar{x}}{s} \right) \left(\frac{x_{t+k} - \bar{x}}{s} \right) \tag{8-4}$$

其中，n 为样本容量，$\bar{x}$ 为整个序列的样本均值，s 为整个序列的样本方差。

可以证明（详细证明请参阅时间序列分析相关图书），对于平稳 $AR(p)$ 模型，其自相关系数随时间间隔 k 的增长呈指数下降趋势，但总不为 0，这种性质被称为拖尾性。不难理解 $AR(p)$ 模型具有拖尾性的原因，以 $AR(1)$ 模型 $x_t = \phi_1 x_{t-1} + \varepsilon_t$ 为例，可以看到表达式中 x_t 的值仅依赖于前一个时刻 x_{t-1} 的值，但 x_{t-1} 的值又依赖于它的上一个时刻 x_{t-2} 的值……这样依次传递下去，x_t 之前的每一个序列值都对其有影响，这就是其自相关系数总不为 0 的原因。同时，随着时间推移，之前时刻的值对后续的影响越来越小，表现在自相关系数随着时间间隔 k 的增长呈指数衰减。

2. 偏自相关系数 PACF

自相关系数 ACF 量化了两个时间间隔 k 之间序列值的相关性大小，但这种相关性是不“纯净”的。当 k>1 时，两个序列值 x_t、x_{t-k} 之间的自相关系数是否还受其中间序列值 $x_{t-1}, x_{t-2}, \cdots, x_{t-k+1}$ 的影响？对于 $AR(p)$模型，答案是肯定的。这不难理解，以 $AR(2)$模型为例，t 时刻的序列值 x_t 不仅要受 $t-2$ 时刻的影响，同时也要受到它前一时刻 $t-1$ 的影响，因此，在计算自相关系数 $r(2)$时，就不是纯粹的 x_t 与 x_{t-2} 相关性，还掺杂了 x_{t-1} 时刻值的影响。为了消除这种影响，引入滞后 k 偏自相关系数 PACF，再衡量两者的相关性大小，它的定义如下：

$$r_{x_t, x_{t-k}|x_{t-1}, \cdots, x_{t-k+1}} = \frac{E\left[\left(x_t - \hat{E}x_t\right)\left(x_{t-k} - \hat{E}x_{t-k}\right)\right]}{E\left[\left(x_{t-k} - \hat{E}x_{t-k}\right)\right]} \tag{8-5}$$

其中，$\hat{E}x_t = E[x_t \mid x_{t-1}, \cdots, x_{t-k+1}]$，$\hat{E}x_{t-k} = E[x_{t-k} \mid x_{t-1}, \cdots, x_{t-k+1}]$。

可以证明，$AR(p)$模型的滞后 k 偏自相关系数等于 k 阶 AR 模型的第 k 个模型自回归系数的值 ϕ_{kk}，对于此值可以利用尤尔-沃克（Yule-Walker）方程求解。对于 AR 模型，偏自相关系数具有 p 步截尾性。所谓 p 步截尾性是指对于 $AR(p)$模型，$\forall k > p$，总有偏自相关系数 PACF=0。这个性质与自相关系数都是 AR 模型的判断与定阶的关键条件。

8.2.2 MA 模型

MA 模型（Moving Average Model）又称“q 阶滑动平均模型”，通常记为 $MA(q)$。MA 模型是由沃克（Walker）于 1931 年在数学家尤尔提出的自回归模型的基础上建立的，它主要用于平稳序列的建模。q 阶滑动平均模型的表达式如下：

$$x_t = \mu + \varepsilon_t - \theta_1\varepsilon_{t-1} - \theta_2\varepsilon_{t-2} \cdots - \theta_q\varepsilon_{t-q} = -\sum_{j=1}^{q}\theta_j\varepsilon_{t-j} + \varepsilon_t + \mu \tag{8-6}$$

其中，μ 为常数项，$\theta_1, \theta_2, \cdots, \theta_q$ 为模型参数，ε_t 是均值为 0 的白噪声序列。对于此模型，可以把它理解为当前时刻的序列值等于过去时刻的白噪声值的线性组合。

当 $\mu = 0$ 时，称此模型为中心化的 $MA(q)$模型，任何一个非中心化的 $MA(q)$模型均可以通过平移变换转换成中心化的 $MA(q)$模型，如式（8-7）所示：

$$x_t = -\sum_{j=1}^{q}\theta_j\varepsilon_{t-j} + \varepsilon_t \tag{8-7}$$

可以证明，$MA(q)$的自相关系数 ACF 具有 q 阶截尾性，偏自相关系数 PACF 具有拖尾性，这是确定 $MA(q)$模型及其阶数 q 的关键条件。

8.2.3 ARMA 模型

ARMA 模型（Autoregressive Moving Average Model）又称“自回归滑动平均模型”，通常记为 $ARMA(p,q)$，ARMA 模型也是由沃克提出的，它也主要用于平稳序列的建模，其表达式如下：

$$\begin{aligned} x_t &= \phi_0 + \phi_1 x_{t-1} + \phi_2 x_{t-2} + \cdots + \phi_p x_{t-p} + \varepsilon_t - \theta_1\varepsilon_{t-1} - \theta_2\varepsilon_{t-2} - \cdots - \theta_q\varepsilon_{t-q} \\ &= \sum_{j=1}^{p}\phi_j x_{t-j} + \phi_0 - \sum_{j=1}^{q}\theta_j\varepsilon_{t-j} + \varepsilon_t \end{aligned} \tag{8-8}$$

上述模型中各参数意义与 $AR(p)$模型、$MA(q)$模型中的参数相同。当 $\phi_0 = 0$ 时，该模型又称为中心化的 $ARMA(p,q)$模型，它可以通过式（8-8）做平移变换得到，其表达式如下：

$$x_t = \sum_{j=1}^{p}\phi_j x_{t-j} - \sum_{j=1}^{q}\theta_j \varepsilon_{t-j} + \varepsilon_t \tag{8-9}$$

不难看出，该模型实际上就是 $AR(p)$模型与 $MA(q)$模型的线性组合。当阶数 q=0 时，该模型退化为 $AR(p)$模型。当阶数 p=0 时，该模型退化为 $MA(q)$模型。

可以证明，$ARMA(p,q)$模型的自相关系数与偏自相关系数均不具有截尾性，也不具有拖尾性。也就是说，此模型通常不能通过观察自相关系数与偏自相关系数图进行定阶，往往要通过多次 p、q 阶数实验，根据一些判定准则，选择出最优 p、q。判断一个模型拟合的好坏，我们往往会评估其残差方差的大小。然而，仅仅根据残差方差的大小来确定模型阶数以达到最优模型，这是不够全面的，一个模型的好坏还与是否充分提取到其中足够的信息和模型参数的个数有关。因此提出了较为全面的描述好坏的信息准则，这里介绍两种判定准则：一种是赤池信息准则（Akaike Information Criterion，AIC）；另一种是贝叶斯判别准则（Bayesian Information Criterion，BIC），施瓦茨（Schwartz）在 1978 年也得出了同样的判别标准，因此也称 SBC（Schwartz Bayes Criterion），它们的表达式如下。

中心化的 AIC：

$$\text{AIC} = n\ln\left(\hat{\sigma}_\varepsilon^2\right) + 2\left(p+q+1\right) \tag{8-10}$$

非中心化的 AIC：

$$\text{AIC} = n\ln\left(\hat{\sigma}_\varepsilon^2\right) + 2\left(p+q+2\right) \tag{8-11}$$

中心化的 SBC（BIC）：

$$\text{SBC} = n\ln\left(\hat{\sigma}_\varepsilon^2\right) + \ln(n)\left(p+q+1\right) \tag{8-12}$$

非中心化的 SBC（BIC）：

$$\text{SBC} = n\ln\left(\hat{\sigma}_\varepsilon^2\right) + \ln(n)\left(p+q+2\right) \tag{8-13}$$

AIC 为选择最优模型带来了量化规则，但它也有不足之处，例如，AIC 中的拟合误差提供的信息会受到样本容量的影响。因此，提出了较为全面描述模型好坏的 SBC，理论上已经证明，SBC 是最优模型真实阶数的相合估计。在实际运用过程中要合理应用这两种判别准则。

8.2.4 ARIMA 模型

正如前文所述，$AR(p)$模型、$MA(q)$模型以及 $ARMA(p,q)$模型主要适用于平稳时间序列的建模，那么对于非平稳时间序列如何进行建模呢？在统计学中，Cramer 分解定理保证了对适当阶数进行差分运算一定可以提取到序列中的确定性信息。差分运算具有强大的信息提取能力，许多非平稳序列在进行差分运算后往往会显示出平稳序列的特征。当把非平稳序列转化为平稳序列之后，这时就可以选择上述 3 种方法进行建模。因为 $ARMA(p,q)$模型中也包含 $AR(p)$模型和 $MA(q)$模型，所以一般称差分运算和 $ARMA(p,q)$模型的组合为求和自回归滑动平均（Autoregressive Integrated Moving Average，ARIMA）模型，即 $ARIMA(p,d,q)$模型。它的表达式如下：

$$\Phi(B)\nabla^d x_t = \Theta(B)\varepsilon_t \tag{8-14}$$

其中，B 为滞后算子，满足 $x_{t-k} = B^k x_t$；d 为差分阶数；$\Phi(B) = 1 - \phi_1 B - \phi_2 B^2 - \cdots - \phi_p B^p$，它是 *ARIMA(p,d,q)* 模型中的自回归部分；$\Theta(B) = 1 - \theta_1 B - \theta_2 B^2 - \cdots - \theta_q B^q$，它是 *ARIMA(p,d,q)* 模型移动平均部分，ε_t 为均值为 0 的白噪声序列。并且限定当前时刻白噪声值与之前时刻序列值无关，用数学语言表述就是：

$$\begin{cases} E(\varepsilon_t) = 0,\ Var(\varepsilon_t) = \sigma_\varepsilon^2,\ E(\varepsilon_t \varepsilon_s) = 0,\ s \neq t \\ Ex_s \varepsilon_t = 0,\ \forall s < t \end{cases} \tag{8-15}$$

因为 *ARIMA(p,d,q)* 模型本质就是通过差分运算后，将非平稳序列转化成平稳序列所建立的模型，其性质与以上 3 种平稳序列所建立的模型的性质相同，故这里不再赘述。

8.2.5　模型求解步骤

对上述时间序列模型的建立与求解步骤主要分 4 步进行：第一步，模型的平稳性分析；第二步，模型定阶；第三步，模型参数估计；第四步，模型检验。整个求解步骤如图 8-1 所示，下面对各个步骤做详细介绍。

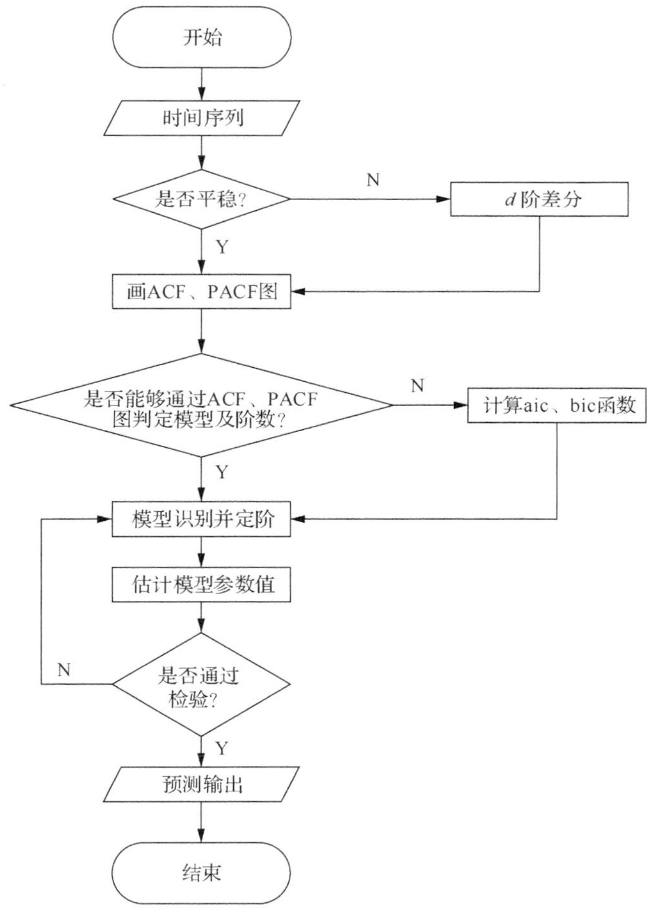

图 8-1　时间序列的建模流程

1. 模型的平稳性分析

如前所述，$AR(p)$模型、$MA(q)$模型以及 $ARMA(p,q)$模型适用于平稳序列，而 $ARIMA(p,d,q)$模型适用于非平稳序列，因此在建模之前需要对序列进行平稳性分析。一个平稳时间序列的均值与方差不发生系统性的变化，在时序图上常常表现为其序列曲线围绕某一个常数值进行有限幅度波动，因此可以很容易从时序图上判断其是否为平稳序列。例如，图 8-2 所示是平稳时间序列，而图 8-3 所示则为非平稳时间序列。对于非平稳序列，在 $ARIMA(p,d,q)$模型中往往会对其做平稳性处理，一般常使用差分法进行处理。差分法的关键是要确定一个合适的差分阶数 d，如果差分阶数过小，则转换的序列平稳性不够强。而如果差分阶数过大，往往又容易造成信息丢失过多，因此选择一个恰好的差分阶数 d 十分重要。

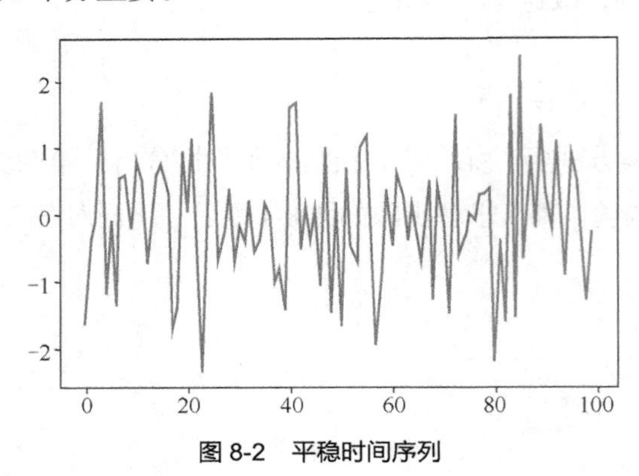

图 8-2　平稳时间序列

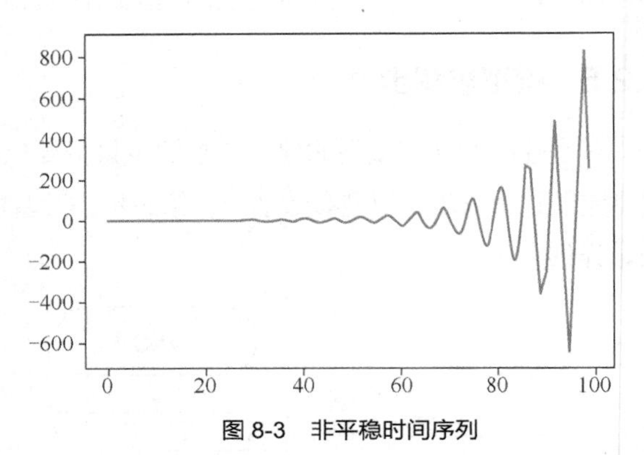

图 8-3　非平稳时间序列

2. 模型定阶

在上一步的基础上，现在得到的序列均为平稳性序列。因此定阶时只需要考虑 $AR(p)$模型、$MA(q)$模型以及 $ARMA(p,q)$模型。在前面的分析中，我们知道这 3 种模型的自相关系数与偏自相关系数有以下性质，如表 8-1 所示。

表 8-1　各模型的自相关系数与偏自相关系数性质

模型定阶	自相关系数 ACF	偏自相关系数 PACF
$AR(p)$	拖尾	p 阶截尾
$MA(q)$	q 阶截尾	拖尾
$ARMA(p,q)$	拖尾	拖尾

对于 $AR(p)$模型、$MA(q)$模型，若自相关系数与偏自相关系数呈现出上述表格中的性质，即可对模型定阶。但是由于样本的随机性，以及序列的真实分布不可能完美地接近理想模型，因此在实际操作中，这两种模型不可能完美地截尾，在此阶数之后，其 ACF 或 PACF 仍可能会在 0 附近小幅度振荡。为避免因此定阶带来的人为主观性，常常给其划分出一个置信区间。

根据 Bartlett 公式与 Quenouille 证明，当样本容量 n 充分大时，样本的自相关系数 $\hat{\rho}_k$ 与偏自相关系数 $\hat{\phi}_{kk}$ 近似服从均值为 0、方差为 $\frac{1}{n}$ 的正态分布，即：

$$\hat{\rho}_k \doteq N\left(0,\frac{1}{n}\right) \tag{8-16}$$

$$\hat{\phi}_{kk} \dot{\sim} N\left(0,\frac{1}{n}\right) \tag{8-17}$$

根据区间估计原理，假设置信度为（1−α），根据式（8-18）和式（8-19），可认为当样本均值 $\hat{\rho}_k$ 和 $\hat{\phi}_{kk}$ 落在所求出的区间内，总体均值有（1−α）的可能性为 0。

$$P\left(\left|\frac{\hat{\rho}_k}{\sqrt{\frac{1}{n}}}\right| \leqslant Z_{\frac{\alpha}{2}}\right)=1-\alpha \tag{8-18}$$

$$P\left(\left|\frac{\hat{\phi}_{kk}}{\sqrt{\frac{1}{n}}}\right| \leqslant Z_{\frac{\alpha}{2}}\right)=1-\alpha \tag{8-19}$$

其中，$Z_{\frac{\alpha}{2}}$ 为标准正态分布上对应的双侧 α 分位数，通常情况下一般取置信度为 95%，即有 95%的可能性。当样本均值 $\hat{\rho}_k$ 和 $\hat{\phi}_{kk}$ 落在此区间内，总体均值为 0，此时对应 $Z_{\frac{\alpha}{2}}=1.96$ 。

在实际应用中，如果通过样本求出的 $\hat{\rho}_k$ 或 $\hat{\phi}_{kk}$ 在 d 阶差分前明显大于该区间，而 d 阶差分后明显在该区间内，即可认为 $\hat{\rho}_k$ 或 $\hat{\phi}_{kk}$ 是 p 阶截尾的。

当自相关系数与偏自相关系数均为拖尾时，考虑模型为 $ARMA(p,q)$模型，它的阶数可以在一定范围内通过多次实验，取 AIC 函数或 SBC（BIC）函数中的最小值所对应的阶数。另外值得注意的一点是，如果一个时间序列的自相关系数和偏自相关系数均呈现截尾性，且 $AR(p)$和 $MA(q)$模型均能够对其进行拟合时，则可通过 AIC 函数或 SBC 函数选择出最优模型。

3. 模型参数估计

模型参数估计，即利用序列观测值估计出模型系数使其达到最佳拟合。常用的估计方法有 3 种，分别是距估计、极大似然估计和最小二乘估计。Python 中的 Statsmodels 库将求解方法进行了封装，由于篇幅有限，这里不对其数学原理做更深入的探讨。读者可通过与时间序列分析相关的图书自行学习。

4. 模型检验

模型的显著性检验主要是检验模型的有效性，一个较好的模型应该是充分提取了模型中的有用信息，换言之，模型拟合后的残差序列应该是一个白噪声序列。如果残差序列为非白噪声序列，则说明原序列中的信息还未被充分提取。在这种情况下，一般需要选择其他模型进行建模。通常在实际问题中，一阶自相关是出现最多的一种序列相关类型。经验表明，如果序列不存在一阶自相关，通常也不会存在高阶自相关。白噪声序列的显著特征是其遵从正态分布和自相关系数为 0，因此在残差序列的白噪声检验中通常只要检验其分布是否近似服从正态分布和一阶自相关系数是否显著为 0 即可。

（1）正态分布的判断

分位数图示法（Quantile-Quantile Plot）又称“Q-Q 图”，常用于检测两个数据分布是否相似。统计学上可以证明，若数据分布与正态分布非常接近，则数据在 Q-Q 图上的点应大致呈一条直线。因此，残差序列是否呈正态分布可通过 Q-Q 图进行判断。

（2）自相关系数的判断

对于一阶自相关系数是否显著为 0 的判断可以采用杜宾-瓦特森（Durbin-Watson，D-W）检验法。D-W 检验法常用于检测回归分析的残差项是否存在自我相关。D-W 检验法的统计量表达式如下：

$$d=\frac{\sum_{t=2}^{n}\mathrm{e}_t^2+\sum_{t=2}^{n}\mathrm{e}_{t-1}^2-2\sum_{t=2}^{n}\mathrm{e}_t\mathrm{e}_{t-1}}{\sum_{t=2}^{n}\mathrm{e}_t^2} \tag{8-20}$$

原假设与备择假设分别为：

$$H_0:\rho=0;\ H_1:\rho\neq 0 \tag{8-21}$$

D-W 检验法证明 d 的实际分布介于两个极限分布之间，一个称为“上极限分布”，另外一个称为“下极限分布”，上极限分布的上临界值为 d_U，下极限分布的下临界值为 d_L。d_U 和 d_L 在给定的显著水平 α 下，可以根据自变量个数 k 与样本数量 n 查表来确定。

① 当 $d<d_L$，否定 H_0，即序列 e_t 存在一阶正自相关。

② 当 $d>4-d_L$，否定 H_0，即序列 e_t 存在一阶负自相关。

③ 当 $d_U<d<4-d_U$，接受 H_0，即序列 e_t 不存在自相关。

④ 当 $d_L\leqslant d\leqslant d_U$ 或 $4-d_U\leqslant d\leqslant 4-d_L$，无法做出结论。

通常当样本容量 n 充分大时，D-W 检验法的统计量如下：

$$d\approx 2(1-\hat{\rho}) \tag{8-22}$$

为简化判断，一般认为：

① 当 $d\approx 2$，$\hat{\rho}=0$。

② 当 $d\approx 0$，$\hat{\rho}=1$。

③ 当 $d\approx 4$，$\hat{\rho}=-1$。

其中，$\hat{\rho}$ 为样本自相关系数。

8.3 平稳序列建模示例（降水预测）

本节提供一个对平稳序列建模的示例——预测一年后的月累计降水量。在这个示例中用作训练的降水数据为 10 年的逐日数据，各年降水量相差较小，呈周期性的波动，因此属于平稳时间序列的一种。在建模之前，首先需要对原始序列数据进行预处理，然后参照图 8-1 所示的步骤进行建模。

8.3.1 读入数据并进行预处理

本节所提供的数据来源于全球降水气候学计划（Global Precipitation Climatology Project，GPCP），取了从 2000 年 1 月到 2011 年 12 月的某省平均逐日降水数据，数据已预先处理为.csv 格式，可以从人邮教育社区（www.ryjiaoyu.com）的本书页面获得。详细处理步骤如下。

（1）数据准备。首先创建一个用于运行本章代码的工作目录，在此工作目录下新建一个保存数据文件的文件夹 DATA，将降水、气温资料中的所有文件解压到该文件夹下。

（2）在工作目录下创建一个预处理脚本，并导入本次预处理所需的库。

```
# 导入数据处理库
import numpy as np
import pandas as pd

# 导入绘图库
import seaborn as sns
import matplotlib.pyplot as plt

# 导入相应建模库
from statsmodels.graphics.tsaplots import plot_acf, plot_pacf          # ACF 与 PACF
import statsmodels.tsa.stattools as st                                 # AIC 与 BIC 判断
from statsmodels.tsa.arima_model import ARMA                           # ARMA 模型
from statsmodels.graphics.api import qqplot                            # 画 Q-Q 图
from statsmodels.stats.stattools import durbin_watson                  # 计算 D-W 统计量

# 设置绘图时显示的中文字体
plt.rcParams['font.sans-serif'] = ['Microsoft YaHei']
```

（3）读入数据并预览。读取数据，并对数据的缺失值、重复值进行检查。

```
# 读取数据
fpath = './DATA/甘肃降水数据.csv'
data = pd.read_csv(fpath)

print(data.isnull().sum())              # 查看缺失值个数
print(data.duplicated().sum())          # 查看重复值个数

# 预览
data
```

在 Jupyter Notebook 工具中可以看到输出信息，如图 8-4 所示。

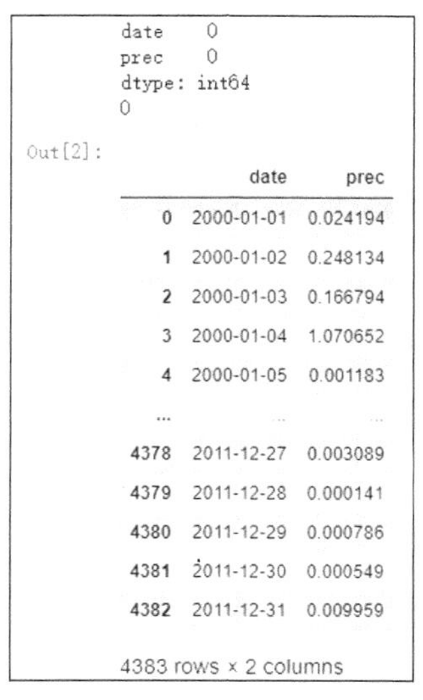

```
date    0
prec    0
dtype: int64
0
Out[2]:
```

	date	prec
0	2000-01-01	0.024194
1	2000-01-02	0.248134
2	2000-01-03	0.166794
3	2000-01-04	1.070652
4	2000-01-05	0.001183
...	...	...
4378	2011-12-27	0.003089
4379	2011-12-28	0.000141
4380	2011-12-29	0.000786
4381	2011-12-30	0.000549
4382	2011-12-31	0.009959

4383 rows × 2 columns

图 8-4 读入数据并预览

可以看到，数据中无缺失值与重复值。数据读入后被保存为一个数据帧对象，列标签“date”记录时间，“prec”记录每日降水量。在时间序列问题的处理上，通常 pandas 中的 Series 对象有较好的支持，其索引保存时间信息，因此将数据帧对象转换为 Series 对象。

```
# 创建时间序列
orig = pd.Series(data.prec.tolist(), \
                 index=pd.to_datetime(data.date.tolist()))  ①
```

在代码中标注的①处，重新使用一个构造方法完成对 Series 对象的创建，这里将在数据帧对象中所切片的 Series 对象通过 tolist()函数转换为列标签并作为参数传递，注意时间索引的设置，需要使用 pandas 中的 to_datetime()函数将原本字符串保存的时间转换为 datetime 对象，方便后续对时间进行处理。

（4）对数据进行重采样，并划分训练集。

完成数据读入后，先作图观察其数据特征。由于其数据量较多，散点图比折线图更能体现出数据的分布，因此指定绘制散点图。

```
# 画图预览变化趋势
orig.plot(style='k.', figsize=(16,8), rot = 30)
```

在 Jupyter Notebook 工具中可以看到输出信息，如图 8-5 所示。

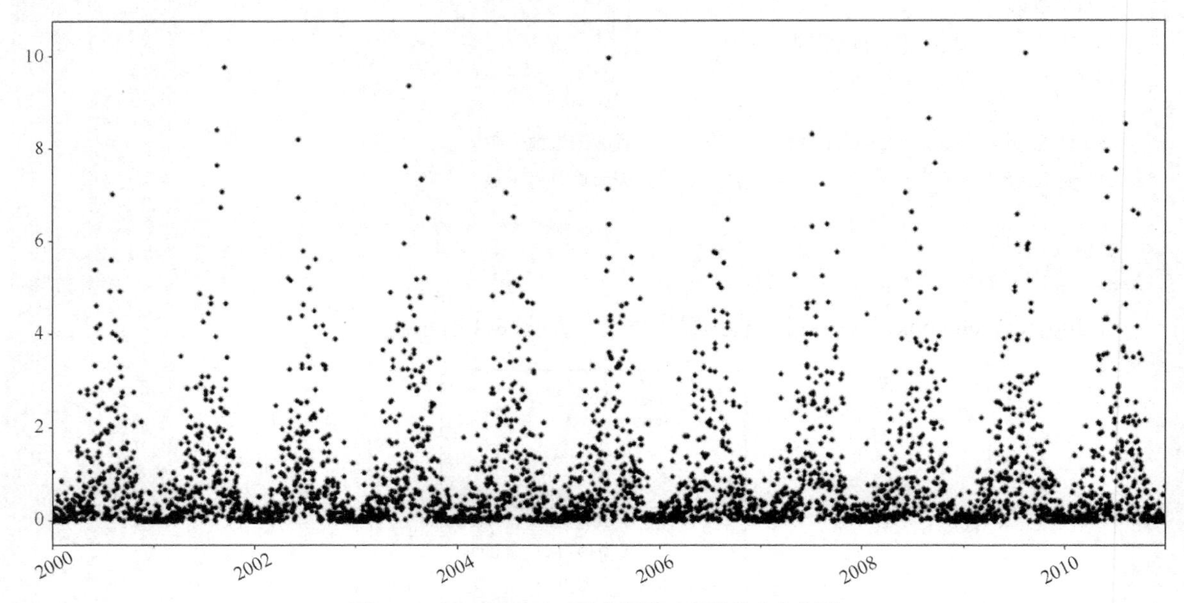

图 8-5　2000 年至 2011 年逐日降水量的散点分布图

可以看到，数据随时间的变化呈现出一定的周期性，但每年又略有不同。相比逐日降水量，我们更关心的是月累计降水量。使用 resample()函数对数据进行重采样，指定频率为每月，对采样结果进行求和。

```
# 数据重采样
orig = orig.resample('M').sum()
```

```
# 预览
orig.plot(color = 'blue', figsize=(16,8))
```

在 Jupyter Notebook 工具中可以看到输出信息，如图 8-6 所示。

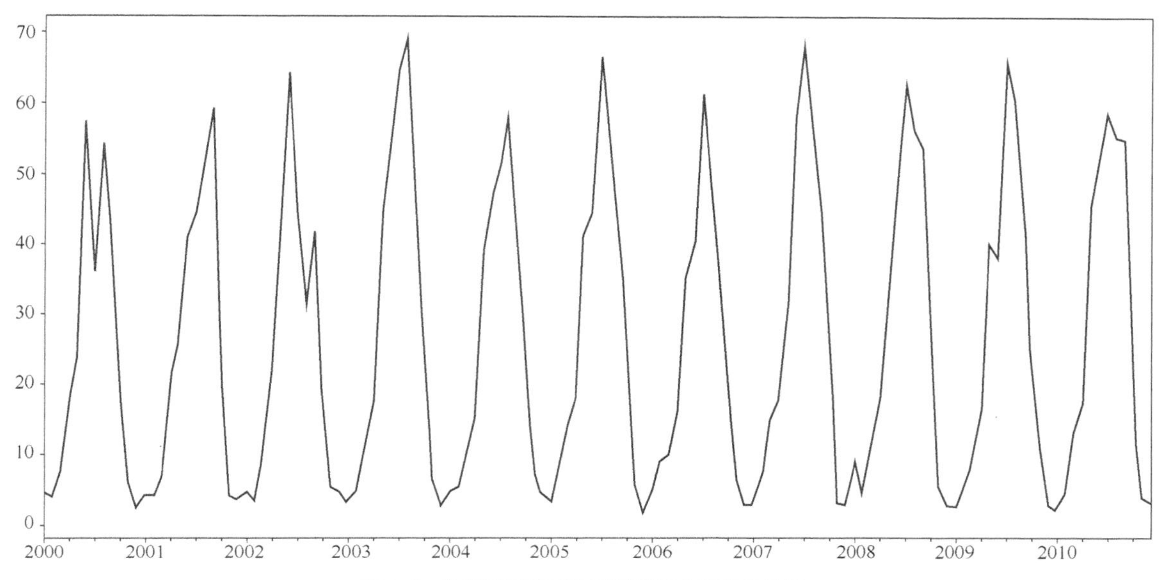

图 8-6　数据重采样后的月累计降水量变化曲线

在此，用 2000 年至 2010 年的数据进行建模，以 2011 年 12 个月的降水量作为预报测试，以检验模型的效果。

```
# 设置训练集
train_X = orig['2000-01-01':'2010-12-31']
```

如果需要看 2000 年至 2010 年间降水量的变化，可以采用滑动平均的方法进行查看。

```
# 滑动平均
smt = train_X.rolling(window=12)  ①

# 预览
plt.figure(figsize=(24,8))
plt.plot(train_X, color='blue', label='原始数据')
plt.plot(smt.mean(), color='red', label='滑动平均')  ②
plt.legend()
```

在代码中标注的①处，使用 rolling()函数返回一个时间窗口，指定参数 window 可选定时间窗口大小。时间窗口的含义如下：选择该时刻在一定区间的值所求出的统计量来代表这个时刻的值，这个区间的大小就是时间窗口大小。由于我们需要查看降水量整体的趋势变化，略去季节性的影响，这里指定时间窗口大小为 12。

在代码中标注的②处，通过 mean()函数获得以 12 个月为时间窗口的滑动平均值，并绘制折线图。

在 Jupyter Notebook 工具中可以看到输出信息，如图 8-7 所示。

可以看到，2000 年至 2010 年的降水量 12 点滑动平均曲线（在界面图中显示为红色）波动较小，说明这期间降水量的变化趋势并不明显。

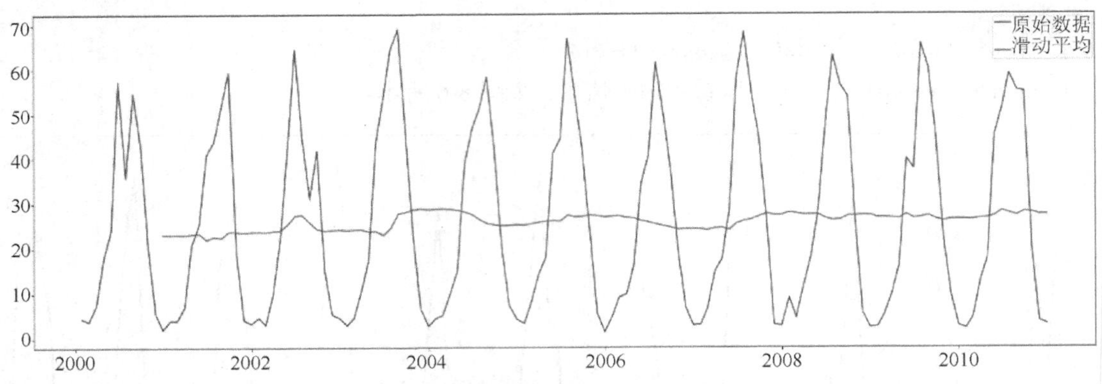

图 8-7　逐月降水量的 12 点滑动平均

8.3.2　时间序列的平稳性分析

根据图 8-6 进行分析，该序列已较为平稳，可以直接用于建模。如果要查看序列的各阶差分，可以自定义编写一个 plot_diff()函数。该函数有两个输入参数 series 和 n。其中，参数 series 是一个 pandas 的 Series 对象，在这里即一个时间序列，n 为查看到第几阶差分的序列。

```
def plot_diff(series, n):
    #  画各阶差分预览
    color_bar = ['blue', 'red', 'purple', 'pink']
    diff_x = series
    for i in range(n):
        plt.figure(figsize=(24,8))
        plt.title('diff  ' + str(i + 1))
        diff_x = diff_x.diff(1)  ①
        diff_x.plot(color = color_bar[i%len(color_bar)])
```

在代码中标注的①处，使用 pandas 中提供的 diff()函数完成对 Series 对象的差分，它的主要参数是 periods，即差分间隔，默认值为 1，即相邻两个元素之间进行差分。

完成对 plot_diff()函数的调用，指定参数 n=3，查看 3 阶以内差分。

```
# 查看 3 阶以内差分
plot_diff(train_X, 3)
```

在 Jupyter Notebook 工具中可以看到输出信息，如图 8-8 所示。

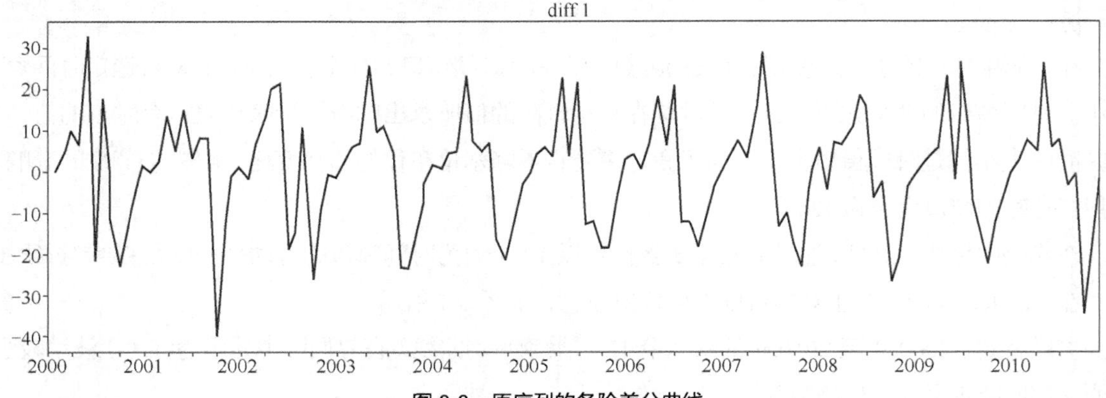

图 8-8　原序列的各阶差分曲线

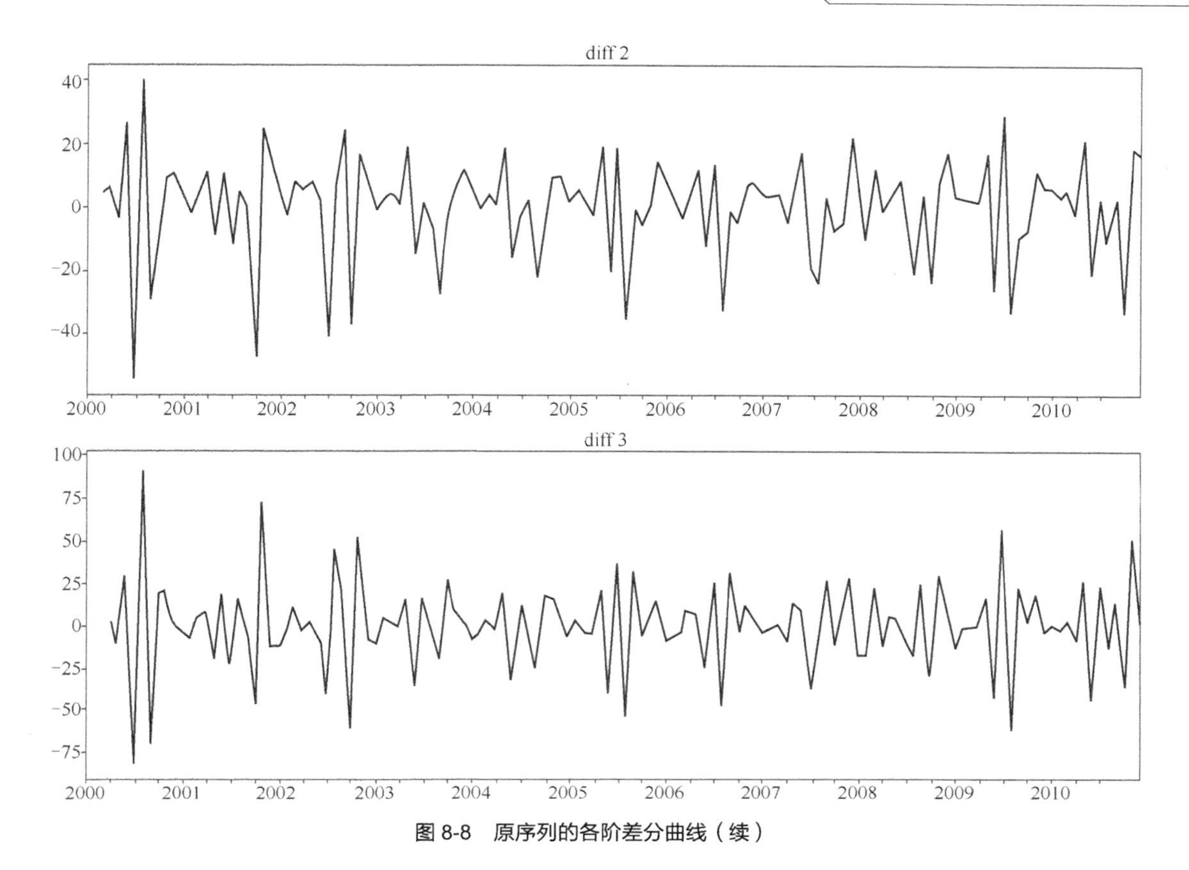

图 8-8　原序列的各阶差分曲线（续）

可以看到差分后的序列平稳性的变化并不大，因此可直接使用原序列进行建模。

8.3.3　模型选择及定阶

（1）分析自相关系数与偏自相关系数

```
fig = plt.figure(figsize=(16,8))
ax1 = fig.add_subplot(211)
ax2 = fig.add_subplot(212)

# ACF
fig = plot_acf(train_X, lags=20, alpha=0.05, ax=ax1)  ①
# PACF
fig = plot_pacf(train_X, lags=20, alpha=0.05, ax=ax2)  ②
```

在代码中标注的①处，使用 Statsmodels 库中的 plot_acf()函数绘制自相关系数图。参数 lags=20 指定画出滞后 20 阶以内的自相关系数；参数 alpha=0.05 指定显著性水平为 0.05，即置信度为 95%。

在代码中标注的②处，使用 plot_pacf()函数绘制偏自相关系数图，其参数与 plot_acf()函数基本相同。

在 Jupyter Notebook 工具中可以看到输出信息，如图 8-9 所示。

可以看到，在 95%的置信区间下（蓝色阴影），可以认为总体分布的自相关系数和偏自相关系数均拖尾，因此模型选定为 $ARMA(p,q)$。

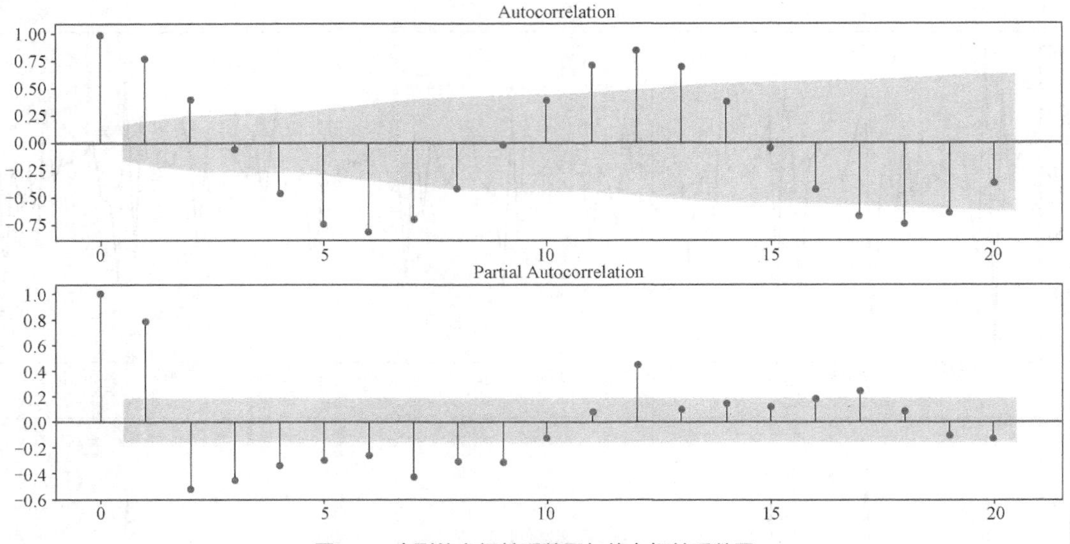

图 8-9　序列的自相关系数图与偏自相关系数图

（2）模型定阶

模型定阶选用 AIC 或者 BIC，通过多次 p、q 实验确定其对应函数的最小值为最优阶数。

```
# 计算判定函数系数的大小
res = st.arma_order_select_ic(train_X, max_ar=4,max_ma=4,ic=['aic','bic']) ①
```

在代码中标注的①处，使用 arma_order_select_ic()函数计算判定函数，指定参数 max_ar；参数 max_ma 选择实验最大阶数，以兼顾计算量与判定效果，一般该值取为 4；参数 ic 指定需要计算哪些判定函数，这里指定计算 aic 和 bic 函数。

将计算出的 aic、bic 函数的值通过二维热力图进行可视化处理，并输出最优阶数。

```
# 绘制 AIC 热力图
ax = sns.heatmap(res['aic'], annot=True, fmt=".2f", cmap="rainbow")
ax.set_title('AIC')

# 查看 AIC 的最优阶数
res.aic_min_order
```

在 Jupyter Notebook 工具中可以看到输出信息，如图 8-10 所示。其中，AIC 的输出值为(4,2)。

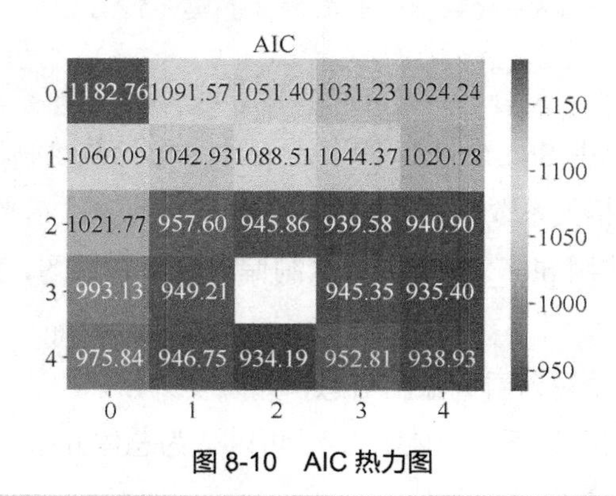

图 8-10　AIC 热力图

```
# 绘制 BIC 热力图
```

```
ax = sns.heatmap(res['bic'], annot=True, fmt=".2f", cmap="rainbow")
ax.set_title('BIC')

# 查看 BIC 的最优阶数
res.bic_min_order
```

在 Jupyter Notebook 工具中可以看到输出信息，如图 8-11 所示。其中，BIC 的输出值为(4,2)。

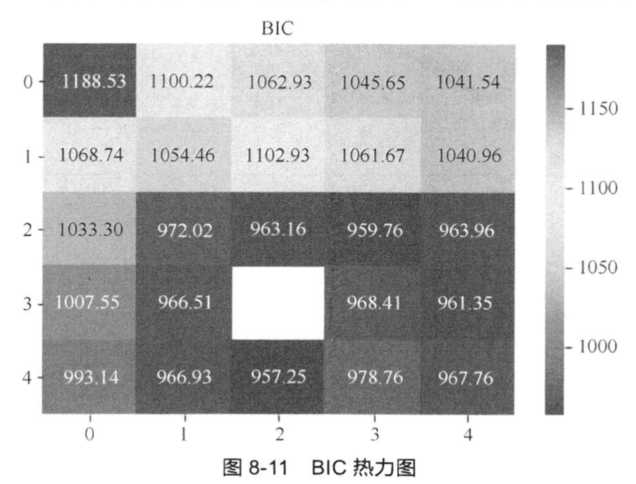

图 8-11　BIC 热力图

AIC 与 BIC 结果最小者为最佳模型，最小者都为(4,2)，因此模型定阶为 *ARMA*(4,2)。

8.3.4　建立时序模型并预测

模型定阶完成后，接下来对模型进行拟合并预测。

```
# 拟合模型
model = ARMA(train_X, order=(4, 2)).fit()  ①
```

在模型建立完成后，对模型残差进行检验。

```
# 计算模型残差
resid = model.resid
# 画出 Q-Q 图
plt.figure(figsize=(12,12))
qqplot(resid,line='q',fit=True)
# 添加坐标轴标题
plt.xlabel('理论分位数')
plt.ylabel('样本分位数')
# D-W 检验
plt.title('D-W: {}'.format(durbin_watson(resid.values)))
```

在 Jupyter Notebook 工具中可以看到输出信息，如图 8-12 所示。

模型残差与正态分布较为接近，D-W 值接近 2，可以认为残差序列是一个白噪声序列。因此选用该阶数对模型进行建模。

要查看模型详细信息，可以使用 summary()函数。

```
# 查看模型详细信息
model.summary()
```

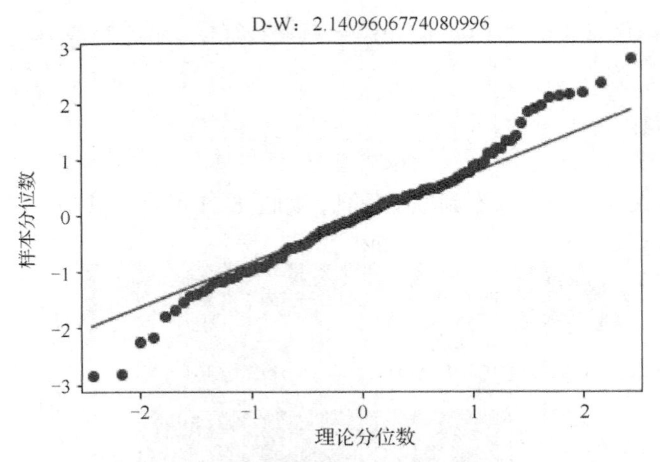

图 8-12　残差序列的 Q-Q 图及 D-W 值

由于篇幅有限，这里不再对结果进行展示。

```
# 预测
pred = model.predict(start=0, end=len(train_x) + 11)  ②
pred
```

在 Jupyter Notebook 工具中可以看到输出信息，如图 8-13 所示。

```
Out[14]: 2000-01-31    25.649722
         2000-02-29     7.348002
         2000-03-31     9.107704
         2000-04-30    16.856053
         2000-05-31    29.546584
                         ...
         2011-08-31    50.970705
         2011-09-30    40.867814
         2011-10-31    26.660657
         2011-11-30    12.175182
         2011-12-31     1.317825
         Freq: M, Length: 144, dtype: float64
```

图 8-13　数据预测值预览

在代码中标注的①处，对模型进行建模，通过 order 参数指定阶数，并通过 fit()函数对模型进行训练。

在代码中标注的②处，使用 predict()方法完成模型的预测，通过 start、end 参数指定预测的起止位置。

```
# 查看拟合结果
plt.figure(figsize=(24,8))
plt.plot(orig, color='blue', label='观测数据')
plt.plot(pred, color='red', label='预测')
plt.legend()

# 添加分隔线
plt.axvline(x=pd.to_datetime('2010-12-31'),ls="-",c="green")

plt.show()
```

在 Jupyter Notebook 工具中可以看到输出信息，如图 8-14 所示。

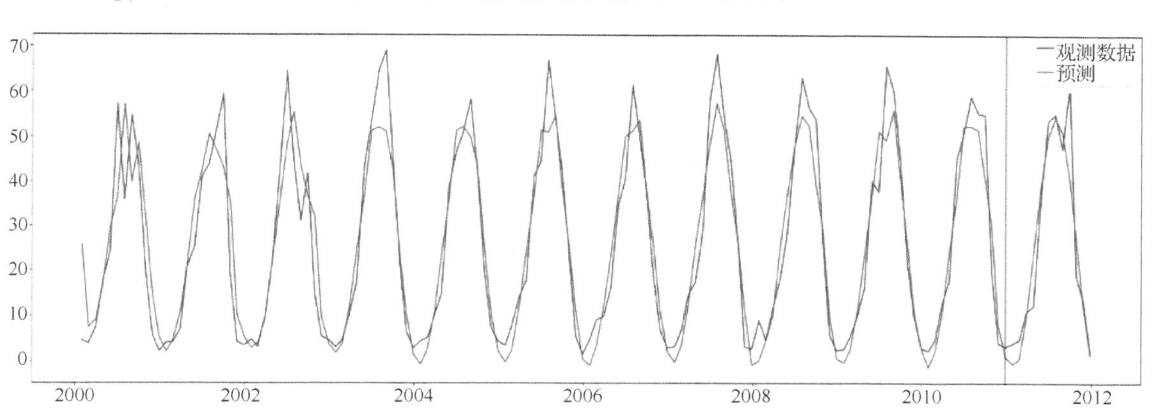

图 8-14　模型预测结果

由图 8-14 可知，对于平稳时间序列，ARMA 模型能大致拟合出月降水量的变化趋势，能比较准确预测波峰波谷的位置，在对往后一年的预报中也表现出较好的效果，但对降水峰值存在一定低估。

8.4　非平稳序列建模示例（气温预测）

本节提供一个对非平稳序列建模的示例——预测一个月最后一天的气温。与前一个示例不同，在这个示例中，用作训练的气温数据是长度为 27 日的逐日数据，数据起伏较大，并且无明显规律，属于非平稳时间序列。除了 8.3 节中的处理步骤之外，本示例需额外增加数据差分处理和还原处理。

8.4.1　读入数据并进行预处理

在 8.3 节中，我们对月平均降水量数据进行了预测，多年月平均降水序列的周期性较为明显，属于平稳序列。本节使用 2019 年 2 月 1 日至 27 日成都市气温数据进行模型参数估计，以预测 28 日的气温，数据时间尺度较小，该序列属于非平稳序列，本节将介绍对此类非平稳序列的建模方法。本节提供的气温数据来源自欧洲中期天气预报中心提供的成都市 2019 年 2 月逐 6 小时气温观测数据，数据格式已经转为.csv，可以从人邮教育社区（www.ryjiaoyu.com）的本书页面获得。详细处理步骤如下。

（1）导入所需库，并对其进行基本设置。

```
# 导入数据处理库
import numpy as np
import pandas as pd

# 导入绘图库
import seaborn as sns
import matplotlib.pyplot as plt

# 导入相应建模库
from statsmodels.graphics.tsaplots import plot_acf, plot_pacf      # ACF 与 PACF
import statsmodels.tsa.stattools as st                              # AIC 与 BIC 判断
```

```
from statsmodels.tsa.arima_model import ARMA                    # ARMA 模型
from statsmodels.graphics.api import qqplot                     # 画 Q-Q 图
from statsmodels.stats.stattools import durbin_watson           # 计算 D-W 统计量

# 设置绘图时显示的中文字体
plt.rcParams['font.sans-serif'] = ['Microsoft YaHei']
```

（2）读取数据并进行缺失值、重复值检查。

```
fpath = './DATA/成都气温数据.csv'

data = pd.read_csv(fpath)

print(data.isnull().sum())
print(data.duplicated().sum())

data
```

在 Jupyter Notebook 工具中可以看到输出信息，如图 8-15 所示。

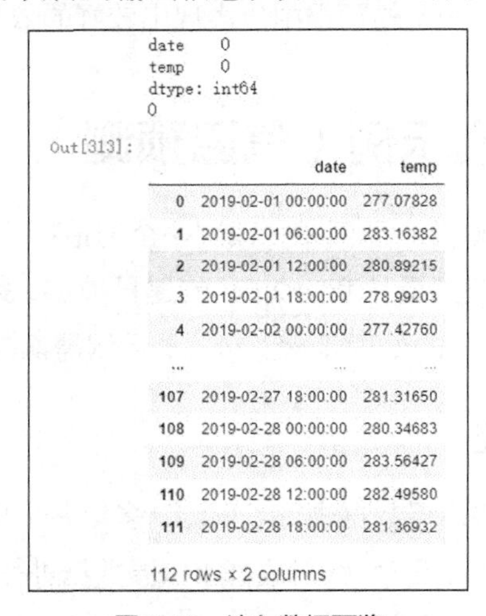

```
date    0
temp    0
dtype: int64
0
Out[313]:
```

	date	temp
0	2019-02-01 00:00:00	277.07828
1	2019-02-01 06:00:00	283.16382
2	2019-02-01 12:00:00	280.89215
3	2019-02-01 18:00:00	278.99203
4	2019-02-02 00:00:00	277.42760
...	...	...
107	2019-02-27 18:00:00	281.31650
108	2019-02-28 00:00:00	280.34683
109	2019-02-28 06:00:00	283.56427
110	2019-02-28 12:00:00	282.49580
111	2019-02-28 18:00:00	281.36932

112 rows × 2 columns

图 8-15　读入数据预览

可以看到，数据中无缺失值、重复值，但温度为开氏温度，而我们日常使用的是摄氏温度。可以使用 map()函数完成温度的换算。

```
# 开氏温标转摄氏温标 t = T - 273.15
data.temp = data.temp.map(lambda x : x - 273.15)
```

将数据转换为时间序列。

```
# 转换为 Series 时间序列
orig = pd.Series(data.temp.tolist(),index = pd.to_datetime(data.date.tolist()))
orig
```

（3）对数据进行重采样，并划分训练集。

```
# 数据重采样为逐日数据
orig = orig.resample('D').mean()

# 预览
orig.plot(color = 'blue', figsize=(16,8))
```

在 Jupyter Notebook 工具中可以看到输出信息，如图 8-16 所示。

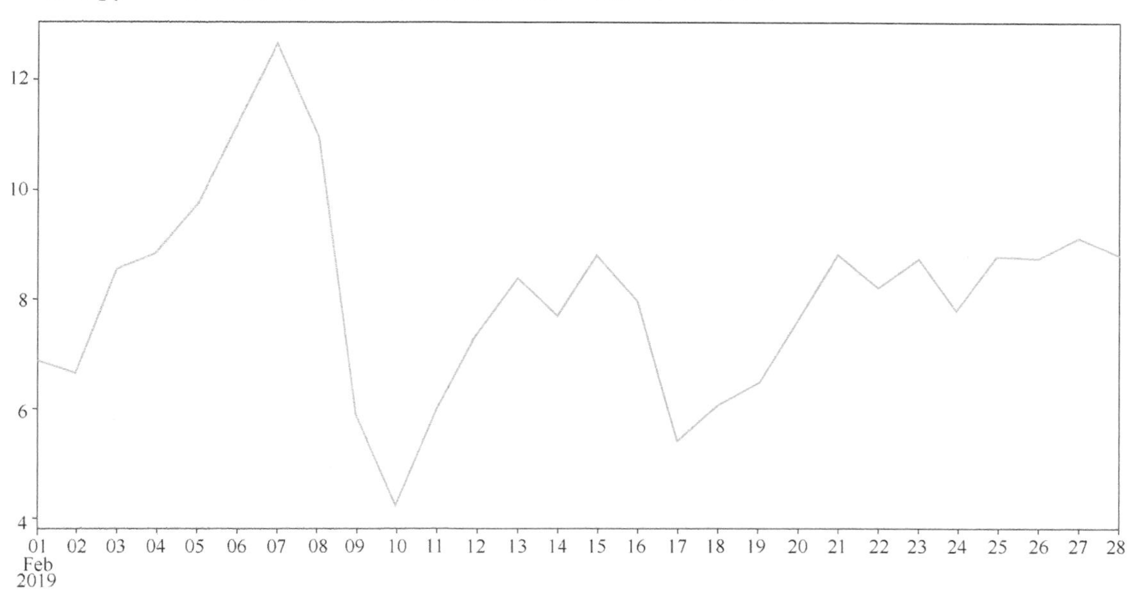

图 8-16　2019 年 2 月 1 日至 28 日逐日气温折线图

将 2019 年 2 月 1 日至 27 日气温数据作为训练集建立模型，以 28 日数据作为测试集以检验模型的预测效果。

```
# 划分训练集
train_X = orig['2019-02-01':'2019-02-27']
```

8.4.2　时间序列的平稳性分析

图 8-16 所示的序列并非一个平稳序列，因此需要对该序列进行平稳化处理。为此，需要对原序列进行差分操作。首先画出前 3 阶的差分结果，以确定一个较为合适的差分阶数 d。

```
# 查看 3 阶以内差分
plot_diff(train_X, 3)
```

在 Jupyter Notebook 工具中可以看到输出信息，如图 8-17 所示。

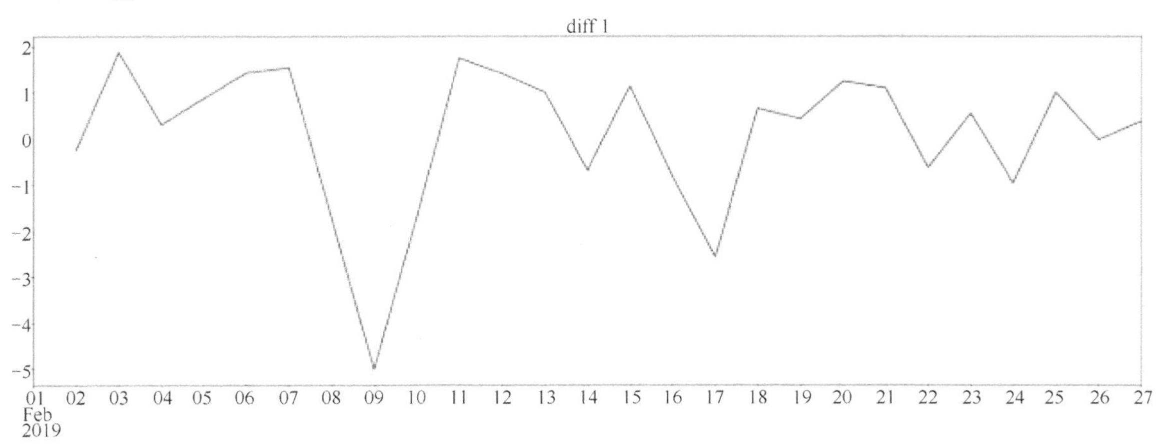

图 8-17　原序列的各阶差分曲线

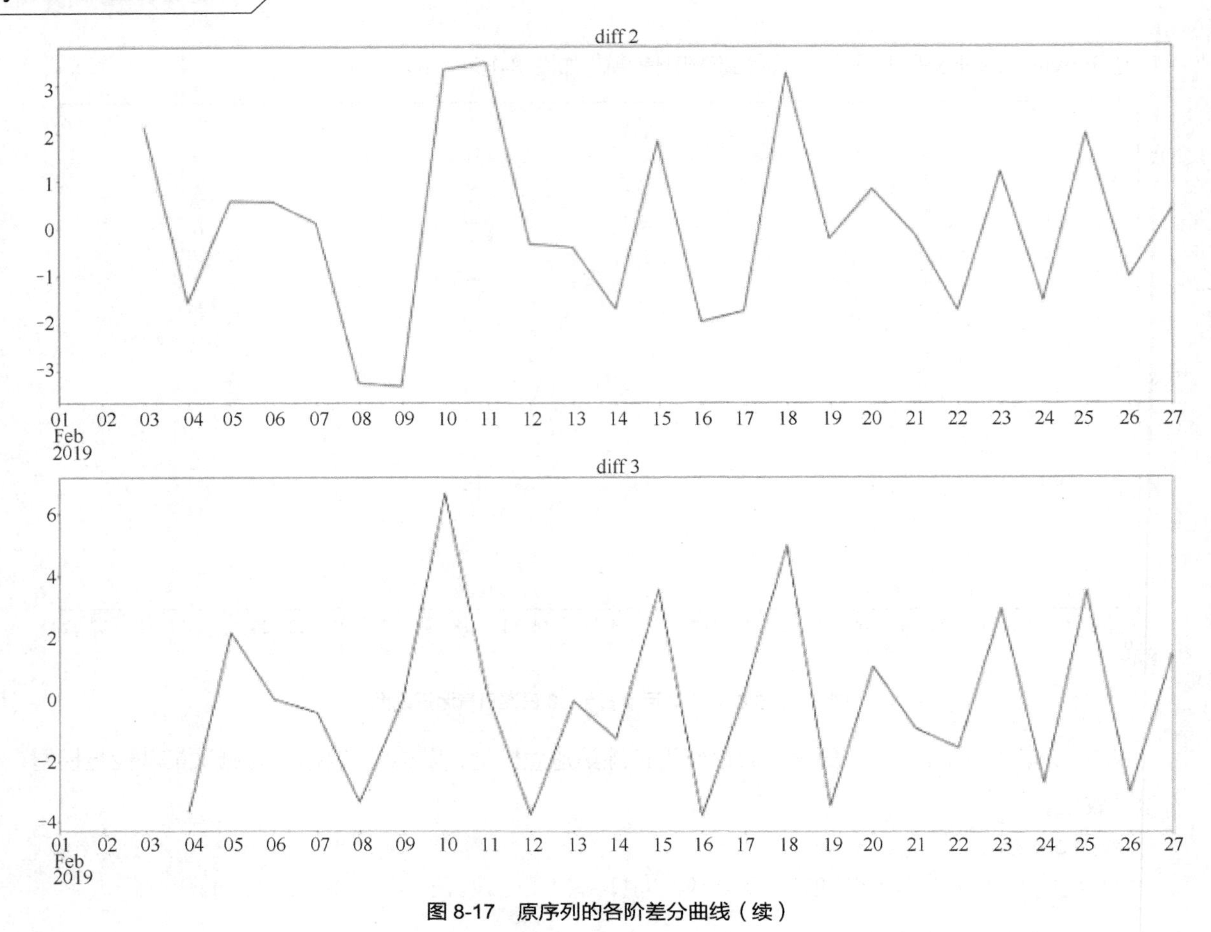

图 8-17 原序列的各阶差分曲线（续）

由图 8-17 可知，序列的一阶差分已较为平稳，为避免过差分，选定差分阶数 d=1。

```
# 差分序列
train_X_diff1 = train_X.diff(1).dropna()  ①
```

在代码中标注的①处，使用 diff()函数对原序列进行差分处理，注意差分后会有起始数据的缺失，会影响接下来的自相关系数与偏自相关系数图像的显示，故需要将其丢弃。

8.4.3 模型选择及定阶

1. 分析自相关系数与偏自相关系数

```
# 画 ACF 和 PACF 图
fig = plt.figure(figsize=(16,8))
ax1 = fig.add_subplot(211)
ax2 = fig.add_subplot(212)

# ACF
fig = plot_acf(train_X_diff1, lags=20, alpha=0.05, ax=ax1)
# PACF
fig = plot_pacf(train_X_diff1, lags=20, alpha=0.05, ax=ax2)
```

在 Jupyter Notebook 工具中可以看到输出信息，如图 8-18 所示。

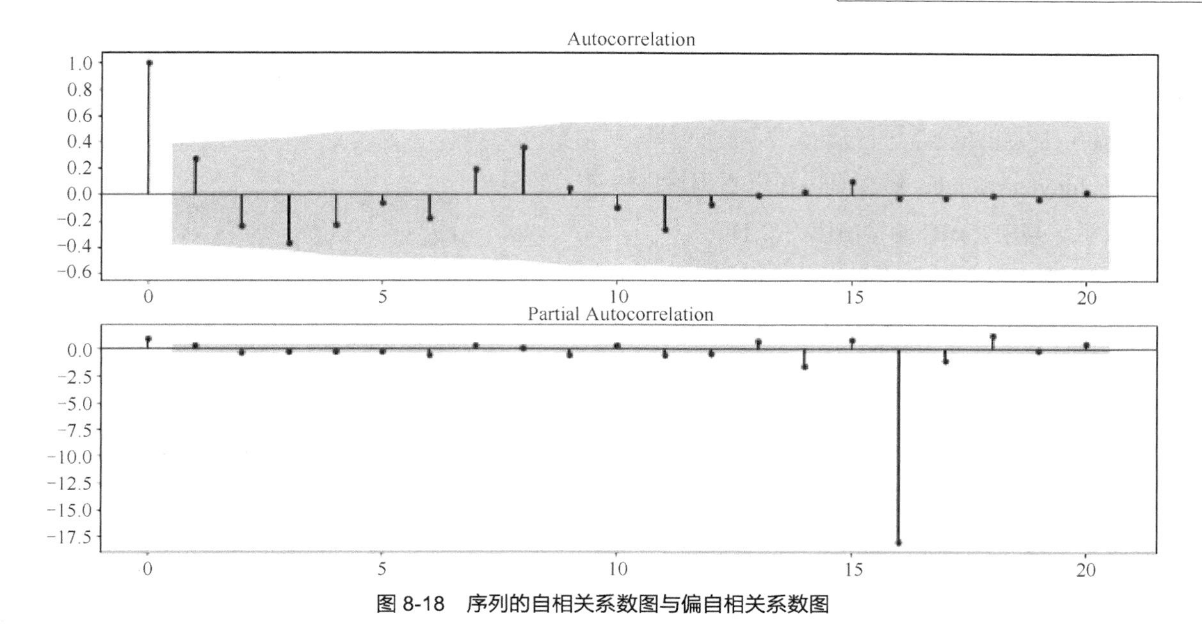

图 8-18　序列的自相关系数图与偏自相关系数图

可以看到，差分后序列的自相关系数与偏自相关系数均拖尾，因此模型选定为 $ARIMA(p,1,q)$。具体阶数可通过多次实验选择判别 aic 或 bic 函数中的最小值对应阶数，这里指定最大实验阶数为 4。

2. 模型定阶

```
# 计算判定函数系数的大小
res = st.arma_order_select_ic(train_X_diff1, max_ar=4,max_ma=4,ic=['aic','bic'])
# 绘制 AIC 热力图
ax = sns.heatmap(res['aic'], annot=True, fmt=".2f", cmap="rainbow")
ax.set_title('AIC')

# 查看 AIC 最优阶数
res.aic_min_order
```

在 Jupyter Notebook 工具中可以看到输出信息，如图 8-19 所示。其中，AIC 的输出值为(2,1)。

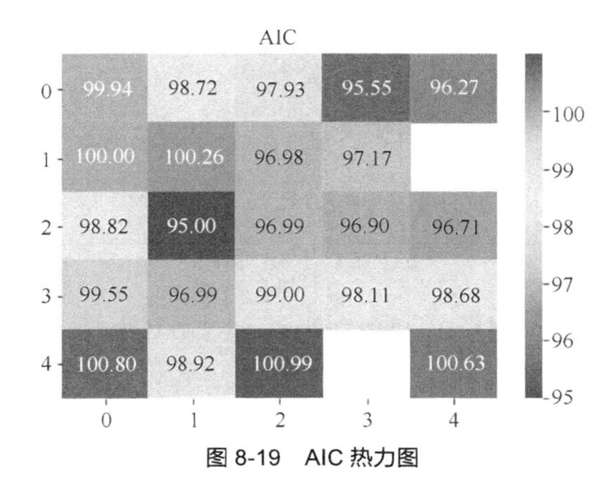

图 8-19　AIC 热力图

```
# 绘制 BIC 热力图
ax = sns.heatmap(res['bic'], annot=True, fmt=".2f", cmap="rainbow")
```

```
ax.set_title('BIC')

# 查看 BIC 最优阶数
res.bic_min_order
```

在 Jupyter Notebook 工具中可以看到输出信息，如图 8-20 所示。其中，BIC 的输出值为(2,1)。

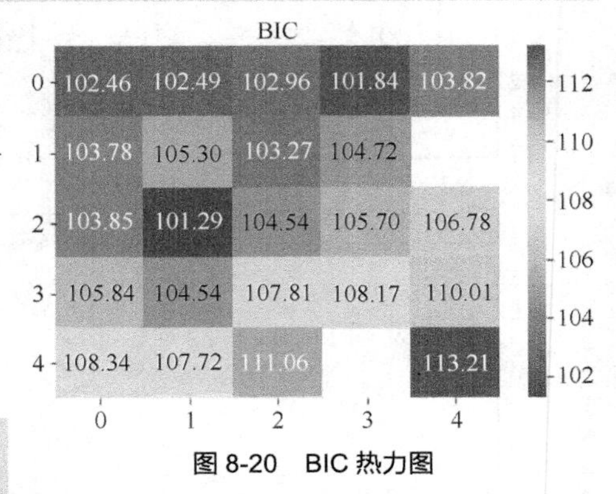

图 8-20　BIC 热力图

AIC、BIC 结果的最小者为最佳模型，前述模型做了一阶差分，因此模型定阶 *ARIMA*(2,1,1)。

8.4.4　建立时序模型并预测

模型定阶完成后，接下来对模型进行拟合并预测。

```
# 拟合模型
model = ARMA(train_X_diff1, order=(2, 1)).fit()
```

```
# 计算模型残差
resid = model.resid
# 画出 Q-Q 图
plt.figure(figsize=(12,12))
qqplot(resid,line='q',fit=True)
# 添加坐标轴标题
plt.xlabel('理论分位数')
plt.ylabel('样本分位数')
# D-W 检验
plt.title('D-W: {}'.format(durbin_watson(resid.values)))
```

在 Jupyter Notebook 工具中可以看到输出信息，如图 8-21 所示。

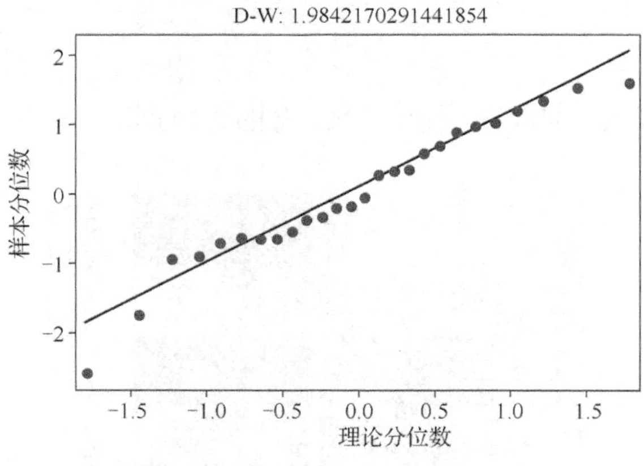

图 8-21　残差序列的 Q-Q 图及 D-W 值

由图 8-21 可知，模型残差分布近似于正态分布，D-W 值约等于 2，可以认为残差序列为白噪声序列，模型通过检验。

```
# 预测
pred = model.predict(start=0,end=len(train_X_diff1))
```

```
# 可视化结果
plt.figure(figsize=(24,8))
plt.plot(train_X_diff1, color='blue', label='原始数据')
plt.plot(pred, color='red', label='预测数据')
plt.legend()
plt.show()
```

在 Jupyter Notebook 工具中可以看到输出信息，如图 8-22 所示。

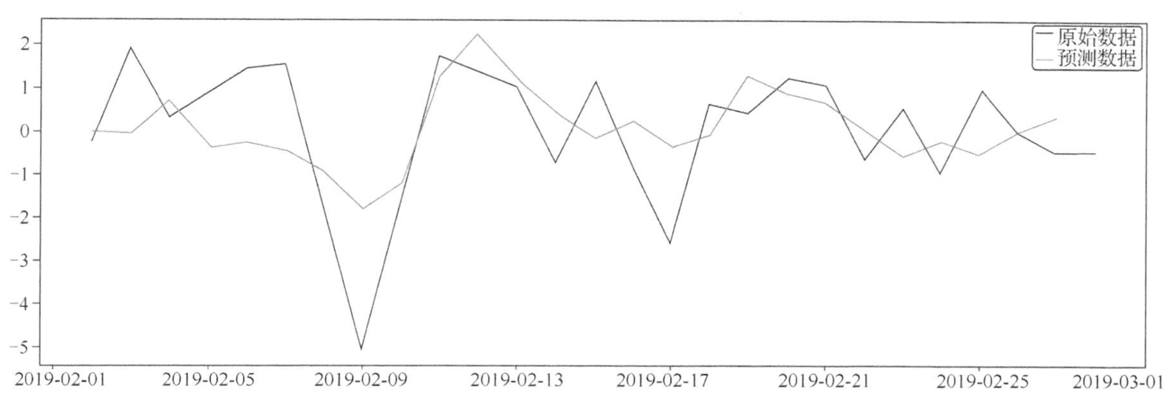

图 8-22　差分序列的预测曲线

注意，此时的预测值并非原序列，而是对其差分序列做出的预测。因此要得到原序列还需要进行还原操作，即进行逆差分运算。

```
# 还原数据
res = pd.DataFrame({'orig':orig, 'pred':pred})
res.pred[pd.to_datetime('2019-02-01')] = res.orig[ \
                                        pd.to_datetime('2019-02-01')]  ①
res.pred = res.pred.cumsum()  ②
```

在代码中标注的①处，将预测差分序列的起始空缺值赋为原序列值。

在代码中标注的②处，使用 cumsum()函数对序列进行累计求和，即逆差分运算，得到预测的原始序列。

可视化预测值与真实值。

```
plt.figure(figsize=(24,8))
plt.plot(res.orig, color='blue', label='原始数据')
plt.plot(res.pred, color='red', label='预测数据')
plt.legend()

# 添加分隔线
plt.axvline(x=pd.to_datetime('2019-02-27'),ls="-",c="green")

plt.show()
```

在 Jupyter Notebook 工具中可以看到输出信息，如图 8-23 所示。

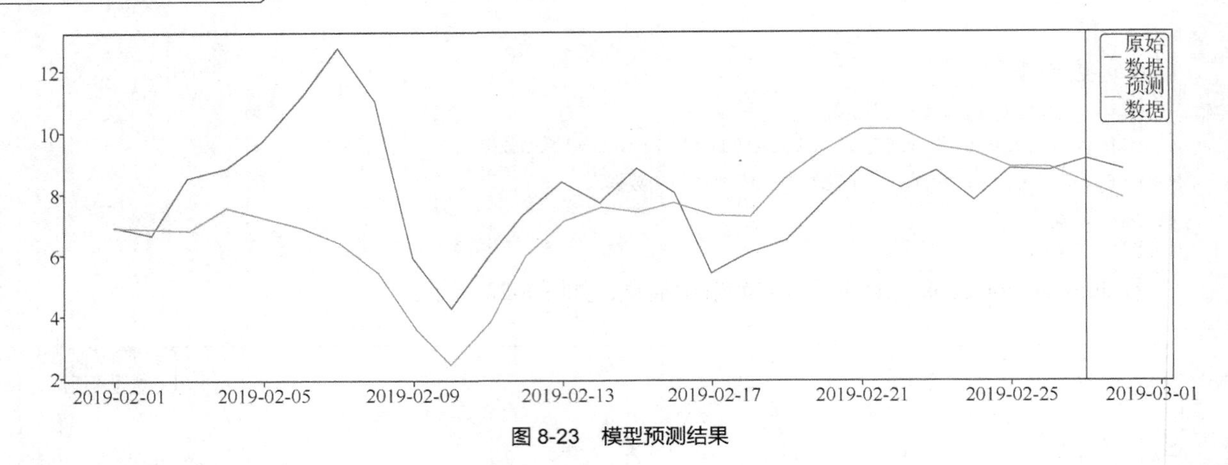

图 8-23　模型预测结果

非平稳时间序列，对其进行差分处理后，原序列转换为平稳序列。由图 8-23 可知，对于本例的气温预测，ARIMA 模型能大致拟合出气温变化曲线，在往后一天的预报中，气温预测值与实际值差异在 1 摄氏度左右，效果较好。

上机实验

使用本章介绍的时序模型之一对某市 2019 年 6 月 15 日至 18 日的气温进行预测。

1. 实验目的

（1）掌握使用 pandas 库对时间序列处理的基本方法。

（2）掌握 $AR(p)$、$MA(q)$、$ARMA(p,q)$以及 $ARIMA(p,d,q)$ 4 种模型的确定和定阶方法。

2. 实验内容

（1）利用 pandas 库读取数据，并完成数据预处理。

（2）使用 Matplotlib 库对时间序列进行可视化。

（3）使用 Statsmodel 库的相关函数确定时序模型，定阶后进行求解，并对预测结果做出评价。

3. 实验步骤

（1）读入数据并对其进行预处理。打开 Jupyter Notebook 工具，读取实验目录中所提供的某市-AIR.xlsx 文件，检查文件中是否有缺失值、重复值，处理完成后将温度数据转换为 Series 类型的时间序列。

（2）数据可视化。依次绘制以下图表：全年气温分布的散点图、月平均气温变化曲线图、气温区间的统计直方图。

（3）建立时序模型并进行预测。首先判断数据的平稳性，若不平稳则先进行平稳化处理。并根据 ACF、PACF 分布图，aic、bic 函数的热力图完成对模型的选择及定阶。模型选择完成后，使用 2019 年 4 月 1 日至 6 月 14 日的数据作为模型训练集，以此估计模型参数，并预测 2019 年 6 月 15 日至 18 日的气温。

4. 实验总结与思考

（1）如何确定具体的时序模型并定阶？

（2）如何处理非平稳序列？在 Python 中怎样对非平稳序列的预测值进行还原？

09 第9章　智能电网的电能预估及价值分析

9.1　情景问题提出及分析

电力系统的作用是尽可能经济地为系统内的用户提供可靠而合乎标准要求的电能。现代电网以系统运行的经济性为首要目标，加之电能不能大量存储的特点，对电力系统的负载预测变得十分重要。

随着技术的不断发展，越来越大的数据量配合层出不穷的机器学习算法已经大量运用在电能预估中，并且已经取得了一定的效果。

决定电力负荷的因素有很多，例如前期电力负荷、经济、社会、气象等。本章利用气象因素作为特征属性，通过建立决策树模型，完成对电网负载的预估。

9.2　决策树算法简介

决策树（decision tree）是一种常见的机器学习方法。该方法属于监督学习的一种，它易于理解和实现，既可以用于分类，也可以用于回归。下面以决策树分类为例，对决策树算法进行简要介绍。

例如，我们要判断一个人是否具有还贷能力，可以从以下几个特征分析：是否有稳定工作、是否有房、是否有车、是否有违约记录。决策过程包含若干个子决策，图 9-1 展示了一个人为建立的决策树。

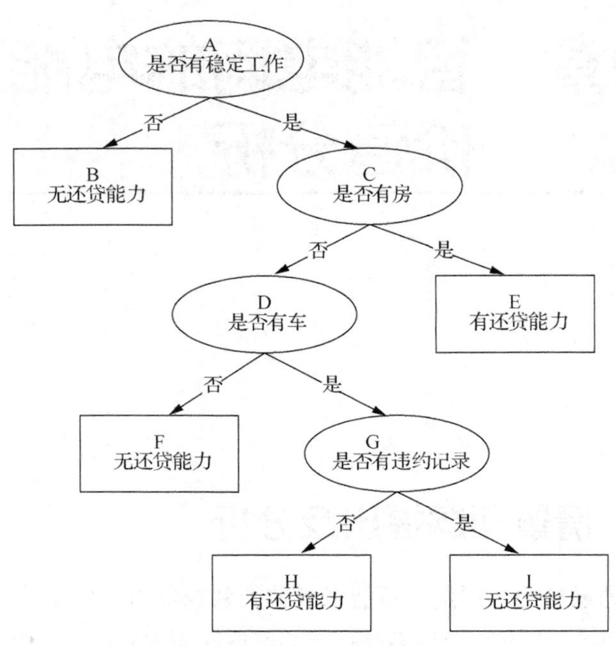

图 9-1　人为建立的决策树示例

假设有表 9-1 所示的测试集。

表 9–1　　判断是否具有还贷能力的测试集

编号	是否有稳定工作	是否有房	是否有车	是否有违约记录
1	是	是	否	否
2	是	否	否	否

下面以编号 1、2 为例，具体说明决策树的决策过程。编号 1，首先进入根节点 A，判断是否有稳定工作？是，接着进入内部节点 C，判断是否有房？是，则进入叶子节点 E，决策结束，决策结果为有还贷能力。编号 2，首先进入根节点 A，判断是否有稳定工作？是，进入内部节点 C，接着判断是否有房？否，进入内部节点 D，再判断是否有车？否，则进入叶子节点 F，决策结束，决策结果为无还贷能力。

这里有几个概念需要说明，它们是决策树的组成部分，即根节点、内部节点和叶子节点。第一个概念是根节点，它包括样本的全集，也可以理解为第一个判断节点，上述例子中的“是否有稳定工作？”为一个根节点（即节点 A），训练数据会按照这一特征分割成若干子集，该特征为最优特征，关于最优特征的选择会在下面进行介绍。第二个概念是叶子节点，叶子节点对应于决策结果，在上述分析中，即是否具有还贷能力，上述例子中的节点 B、E、F、H 和 I 都为叶子节点。最后一个概念，即内部节点，它是介于根节点与叶子节点之间的部分，每个内部节点对应一个特征的属性测试，这个内部节点的样本集合根据属性测试结果被划分到子节点中，该子节点可以是下一级内部节点或者叶子节点，上述例子中的节点 C、D 和 G 为内部节点。

通俗地说，决策树可以简单理解为一棵“树”和多个“决策”。它既可以用于分类，也可以用于回归，通常决策树学习包括以下 3 个步骤：特征选择、决策树建树和决策树的修剪。

以上就是决策树进行决策的基本原理。在实际建模过程中，决策树可以通过算法由训练集训练得出。下面就对决策树建树的 ID3 算法、C4.5 算法和 CART 算法进行简要介绍。

9.2.1　ID3 算法

如何具体构建一棵决策树呢？以 ID3 算法为例，首先，我们从根节点开始进行构造。为了更好地阐明决策树算法的具体原理，首先引入两个概念：一个是信息熵（information entropy），另一个是信息增益（information gain）。

通过以上案例我们可以观察到，在决策树每个节点判断之后，所包含信息的纯度（purity）越来越高，即每次决策后都对该人是否有还贷能力做出更准确的判断，判断之后下一级节点结果所属同一类别的比例越来越高。为此，提出信息熵的概念来衡量集合的纯度。当前样本集合计算信息熵的表达式如下：

$$Ent(D) = -\sum_{k=1}^{m} p_k \log_2 p_k \tag{9-1}$$

其中，D 表示当前样本集合，p_k 表示当前类别 $k(k=1,2,\cdots,m)$ 所占整个样本的比例。从上式很容易看出，集合纯度越高，信息熵越小。

一个好的决策树应该是要求决策树尽量矮，即每个节点的信息熵迅速下降，这样既能提升模型的训练速度，又能对模型过拟合起到一定的抑制作用。信息熵下降速度越快，得到下一结点样本集合的信息的纯度越纯。为了衡量信息熵下降的速度，提出了信息增益的概念，其表达式如下：

$$gain(D,a) = Ent(D) - \sum_{v=1}^{V} \frac{|D^v|}{|D|} Ent(D^v) \tag{9-2}$$

其中，$gain(D,a)$ 表示当前样本集合 D 经过该节点对离散属性 a 划分后的信息增益；$Ent(D)$ 表示当前节点所有样本集合 D 的信息熵；$Ent(D^v)$ 表示经过当前节点决策后所划分的子节点（分支节点）所包含样本集合 D^v 的信息熵；由于经当前节点划分之后的子节点有 V 个分支，这里计算所有子节点信息熵的加权平均，即 $\sum_{v=1}^{V} \frac{|D^v|}{|D|} Ent(D^v)$；$|D|$ 为当前节点的样本数量；$|D^v|$ 为分支节点 v 的样本数量。

为了保证信息熵的下降速度最快，即信息增益最大，在根节点的选择上首先就要保证信息增益最大，即：

$$a_* = arg\ max\ gain(D,a) \tag{9-3}$$

a_* 即为根节点划分属性，因为按照它进行划分信息增益最大，子节点纯度得到的提升最大。类似地，子节点同样按照该方法进行上述操作，直到节点满足下列条件之一就停止划分。

① 一个节点所有的样本均为同一类别。

② 没有特征可以用来对该节点样本继续划分，强制产生叶子节点，该节点所判断出的类别为该节点样本集合中数量最多的类别。

③ 没有样本能满足剩余特征的取值。此时也强制产生叶子节点，该节点的类别为样本个数最多

的类别。

若所有节点均停止划分，则算法停止，决策树生成完成，这就是早期的决策树算法，即由罗斯昆（J. Ross Quinlan）于 1975 年提出的 ID3 算法。

为了更好地演示 ID3 算法的操作流程，下面给出表 9-2 所示的 11 个训练集，其中特征属性有“天气”“温度”“湿度”和“紫外线”。

表 9–2　建立判断是否逛街决策树的训练集

编号	天气	温度	湿度	紫外线	是否逛街
1	晴天	高	低	强	是
2	晴天	高	低	强	否
3	阴天	中	中	中	是
4	小雨	中	中	弱	是
5	阴天	高	中	中	否
6	阴天	中	高	中	否
7	阴天	中	中	中	否
8	小雨	中	高	弱	是
9	暴雨	低	高	弱	否
10	暴雨	低	高	弱	否
11	晴天	中	高	强	是

通过上述训练集，以 ID3 算法为例，建立一棵判断是否逛街的决策树的具体步骤如下。

（1）根节点的选择

该步骤又可分为 3 个子步骤进行。

① 计算根节点信息熵。根据 ID3 算法，需要根据信息增益最大值原则来选择划分属性。在不给定任何信息特征属性时，我们只知道样本中去逛街的概率 $p_1=\frac{5}{11}$，不去逛街的概率 $p_2=\frac{6}{11}$。此时的信息熵为：

$$Ent(D)=-\sum_{k=1}^{2}p_k\log_2 p_k=-\left(\frac{5}{11}\log_2\frac{5}{11}+\frac{6}{11}\log_2\frac{6}{11}\right)=0.994$$

② 计算该节点对离散属性 a 划分后的信息熵。在这里，属性 a 的集合为 a={天气,温度,湿度,紫外线}，我们需要计算每个属性作为划分属性后的信息熵，以此来得到信息增益最大的划分属性。例如，将“天气”作为划分属性后可以得到以 4 个子集 D^1、D^2、D^3 和 D^4，它们分别为晴天、阴天、小雨和暴雨，这 4 个子节点的信息熵分别为：

$$Ent(D^1)=-\left(\frac{2}{3}\log_2\frac{2}{3}+\frac{1}{3}\log_2\frac{1}{3}\right)=0.918$$

$$Ent(D^2)=-\left(\frac{1}{4}\log_2\frac{1}{4}+\frac{3}{4}\log_2\frac{3}{4}\right)=0.811$$

$$Ent(D^3)=-\left(1\cdot\log_2\cdot 1\right)=0$$

$$Ent(D^4)=-\left(1\cdot\log_2\cdot 1\right)=0$$

③ 计算信息增益。

$$gain(D,天气) = Ent(D) - \sum_{v=1}^{4} \frac{|D^v|}{|D|} Ent(D^v)$$

$$= 0.994 - \left(\frac{3}{11} \times 0.918 + \frac{4}{11} \times 0.811 + \frac{2}{11} \times 0 + \frac{2}{11} \times 0 \right) = 0.449$$

按照上面 3 个子步骤，同理可以计算出其他各划分属性的信息增益：

$$gain(D,温度)=0.243$$

$$gain(D,湿度)=0.007$$

$$gain(D,紫外线)=0.085$$

通过上述计算，我们发现选择属性“天气”划分的信息增益最大，故根节点选择“天气”作为划分属性进行划分。根节点在选择“天气”为划分属性后所得的结果如图 9-2 所示。

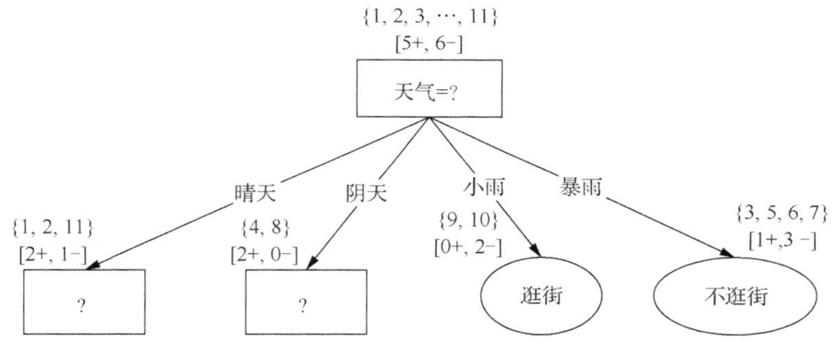

图 9-2　根节点选择“天气”为划分属性后得到的结果

从图 9-2 中可以看出，选择“天气”作为划分属性后得到了 4 个子节点，其中“天气”为小雨划分后的子节点，即集合 $D^3 = \{9,10\}$ 和“天气”为暴雨划分后的子节点，即集合 $D^4 = \{3,5,6,7\}$，满足停止划分条件，该两个节点停止划分。其余两个节点继续按照以上步骤计算每个划分属性的信息增益。其中样本集合 D^1 的各划分属性计算结果如下：

$$gain(D,温度)=0.252$$

$$gain(D,湿度)=0.252$$

$$gain(D,紫外线)=0$$

可以看到，选择“温度”或者“湿度”作为划分属性后，信息增益均取到最大值，这时任意选择一个划分属性即可。这里选择“温度”作为划分属性。

（2）子节点的选择

同样地，将得到的每个子节点按照以上步骤进行划分，直到所有子节点满足停止划分条件为止，如此递归计算后将会生成一棵决策树。

9.2.2　C4.5 算法

显然 ID3 算法存在明显的不足。我们来看这样一个例子，假设以编号作为划分属性来划分样本集合 D，很容易得到划分后的 11 个子节点的信息熵为：

$$Ent(D^1) = -(1 \cdot \log_2 1) = 0$$

$$Ent(D^2) = -\left(1 \cdot \log_2 1\right) = 0$$

$$\cdots\cdots$$

$$Ent(D^{11}) = -(1 \cdot \log_2 1) = 0$$

可以看到，该 11 个子节点的信息熵均为 0。那么以该属性划分后的信息增益必然是最大的。从这个例子中不难引申，如果划分属性具有较多的选择值时，那么以这个属性划分后的信息熵会偏小，信息增益就会偏大。也就是说，使用 ID3 算法会偏向选择取值较多的属性，所生成的决策树也会带有倾向性，这是该算法的主要缺点之一。为此提出了 C4.5 算法，该算法继承了 ID3 算法的基础，是对 ID3 算法的改进和优化，它提出了信息增益率的概念，取代了 ID3 算法中的信息增益，从而使用信息增益率来选择划分属性。在某种程度上改善了 ID3 算法在划分属性上对于选择取值较多属性的倾向性。

信息增益率定义如下：

$$gainRatio(D,a) = \frac{gain(D,a)}{-\sum_{v=1}^{V} \frac{|D^v|}{|D|} \cdot \log_2 \frac{|D^v|}{|D|}} \tag{9-4}$$

这里信息增益率中的分母，相当于对 ID3 算法中信息增益的修正，即考虑了每个特征取值的概率（也可理解为每个子节点的大小），它对选择取值较多属性的倾向性有较好的改善。

9.2.3 CART 算法

分类与回归树（Classification and Regression Trees，CART）算法也是一种常用的决策树算法。CART 算法只能形成二叉树，由于二叉树不易产生数据碎片，所以在精度上往往高于多叉树。在划分中，CART 算法采用具有最小基尼系数值的属性作为划分属性。基尼系数越小，样本的纯净度越高，这和信息增益或者信息增益率所度量的是相反的。样本集的基尼系数表达式如下：

$$gini(D) = 1 - \sum_{k=1}^{m} p_k^2 \tag{9-5}$$

将样本集 D 根据划分属性划分为两个样本集 D^1、D^2 后的基尼系数表达式为：

$$gini(D^1, D^2) = \frac{|D^1|}{|D|} gini(D^1) + \frac{|D^2|}{|D|} gini(D^2) \tag{9-6}$$

9.2.4 预剪枝与后剪枝

假设在构建一个决策树时，不对各节点进行任何操作，那么这棵决策树会在各节点不能再继续分裂下去时最终构建完成。这可能是一个深度庞大的、分支众多的决策树，它所得到的各叶子节点的纯度会是最高的，这样的决策树可能在训练集上的表现良好，而在测试集上的效果往往较差。也就是说，这棵决策树在训练集上产生了过拟合现象，图 9-3 表示了这种现象。

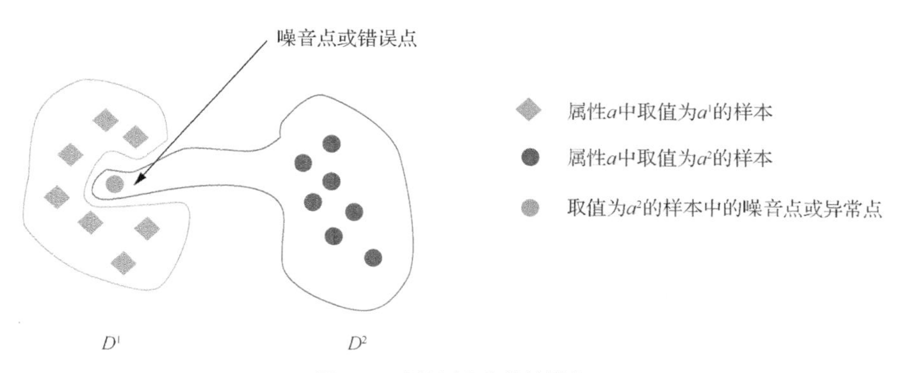

图 9-3　决策树产生的过拟合

这种情况下，在对测试集进行测试时就容易把本该属于 D^2 集合的样本划分到 D^1 集合，从而导致模型效果不佳。

为此，在决策树模型中提出了剪枝策略。决策树的剪枝策略又分为预剪枝（pre-pruning）和后剪枝（post-pruning）。预剪枝是指在构建决策树的过程中通过某些准则使决策树的生成提前停止，常见的预剪枝策略有设置决策树的深度阈值或设置叶子节点样本个数阈值等方法。后剪枝是指在决策树构建过程中不对其进行任何操作，在构建完成之后才对决策树进行裁剪，通常的方法为构建评价函数来对每个节点是否再划分做出判断，若划分后会使模型泛化性降低（即过拟合）则剪去该节点。常见的后剪枝策略包括 CCP（Cost-Complexity Pruning）方法、REP（Reduced Error Pruning）方法、PEP（Pessimistic Error Pruning）方法和 MEP（Minimum Error Pruning）方法，这里由于篇幅有限就不展开介绍了，感兴趣的读者可自行查阅相关资料。

9.2.5　连续值处理

在实际运用中，不论是特征属性还是预测变量，均会遇到连续值，这时就要对连续值进行适当处理，才能用于决策树模型。当预测变量为连续值时，我们称这种决策树为回归树（Regression Tree），非连续时称该树为分类树（Classification Tree）。

1. 对输入属性连续值的处理

如上所述，以上示例中均以离散属性值生成决策树。事实上，决策树也能处理连续属性值，这就需要将连续属性离散化。常见的离散方法有二分法、多分法等。下面以二分法为例进行介绍。

二分法，即将该属性对应值的集合分为两份。对于某一属性的样本集合 D，其包含连续属性值 A，通过设置某一分割阈值 T，将集合分为两份。将 $A \leqslant T$ 的属性值归于集合 D^-，称为 A^- 类；而 $A > T$ 的属性值归于集合 D^+，称为 A^+ 类，阈值 T 称为分割点。这样就将连续值进行了离散化。在实际操作中可以分为 3 个子步骤进行。

（1）实例排序。将该节点处的所有实例所包含的连续属性值 A 按升序或者降序排列，得到排序之后的序列 $\{a_1, a_2, a_3, \cdots, a_N\}$。

（2）生成候选分割点。实际上，对于包含 N 个元素的样本集合，分割点有 $N-1$ 种选择，即分割

点 T 属于以下集合：

$$T_a = \left\{ \frac{a_i + a_{i+1}}{2} | 1 \leqslant i \leqslant n-1 \right\} \tag{9-7}$$

分割后的集合如下：

$$D^- = \{a_1, a_2, a_3, \cdots, a_i\} \tag{9-8}$$

$$D^+ = \{a_{i+1}, a_{i+2}, a_{i+3}, \cdots, a_N\} \tag{9-9}$$

其中，$a_i \in A\,(1 \leqslant i \leqslant n)$ 为连续属性值，n 为样本集合大小，$\frac{a_i + a_{i+1}}{2}$ 为区间 $[a_i, a_{i+1})$ 的中位点。实际上任何位于区间 $[a_i, a_{i+1})$ 上的分割点均能将实例中的连续属性 A 分割成与上相同的集合 D^-、D^+，但在测试集的表现上可能会有所区别。

（3）分割点的选择。在上一步中得到了 $N-1$ 个候选分割点，显然，我们想得到最优分割点 T_a，那么就需要对这 $N-1$ 个候选分割点做 $N-1$ 次评估。在决策树的构造过程中，有一个原则是让经划分属性之后，集合信息熵下降最快（即划分后的集合信息熵最小）。下面将这个原则使用到分割点 T_a 的选择上，设有分割点 T_a 将连续属性集合 D 分为 D^- 与 D^+ 两个集合，取划分后两个集合的加权平均如下：

$$E(A, T_a; D) = \frac{|D^-|}{|D|} Ent(D^-) + \frac{|D^+|}{|D|} Ent(D^+) \tag{9-10}$$

其中，$E(A, T_a; D)$ 为经分割点 T_a 划分后的信息熵，取计算所得最小值对应的分割点即为最优分割点。类似地，除使用信息熵外，也可使用基尼系数进行选择。

值得注意的是，该方法带来的开销也相对比较大。实验结果表明，当算法出现连续属性时，其运算速度会明显降低。

2. 对预测变量连续值的处理

设训练集上有预测变量 $Y = \{Y_1, Y_2, \cdots, Y_m\}$，将它的取值分割为 K 个互不重合的集合 $R=\{R_1, R_2, \cdots, R_K\}$，决策树在进行属性划分时，将该节点上的样本集合根据一定规则划分到子节点对应的集合 R_K，以集合 R_K 中各预测变量的算术平均值代表该分支的预测值。

那么解决该问题的关键有两点：第一，如何将预测变量划分为 K 个互不重合的集合 R，第二，如何确定样本集合的划分准则。

针对问题一，如果要将预测变量分为 K 个互不重合的集合 R，这在计算上是不好处理的，因此一般使用二叉分裂。这是一种贪婪算法，它只关注变量的局部最优解，而非全局最优解。二叉分裂将 R 分为集合 R_1 和 R_2，重点在于分割点的选择。

事实上，我们总希望模型在训练集上拟合得更好，这里以评价拟合好坏的残差平方和为例。也就是说，使模型的残差平方和达到最小时所对应的分割点 s 即为最优分割点，该划分方法也同时回答了问题二。对于特征属性 j 和分割点 s，某节点二叉分裂后的残差平方和如下：

$$RRS = \sum_{i \in R_1(j,s)} (Y_i - c_1)^2 + \sum_{i \in R_2(j,s)} (Y_i - c_2)^2 \tag{9-11}$$

其中：

$$R_1(j,s)=\left\{Y|Y^{(j)}\leqslant s\right\} \tag{9-12}$$

$$R_2(j,s)=\left\{Y|Y^{(j)}> s\right\} \tag{9-13}$$

$$c_1=\frac{1}{N_{j1}}\sum_{i\in R_1(j,s)}Y_i \tag{9-14}$$

$$c_2=\frac{1}{N_{j2}}\sum_{i\in R_2(j,s)}Y_i \tag{9-15}$$

N_{j1} 为满足 $Y^{(j)}\leqslant s$ 的训练实例点个数，N_{j2} 为满足 $Y^{(j)}>s$ 的训练实例点个数。

此时，分割点为：

$$s = arg\ min\ RRS \tag{9-16}$$

上式的解可通过遍历变量 j 和切分点 s 求得。在子节点继续划分时就不再是对整个预测变量集合进行划分了，而是对上一步划分后的 R_1 或 R_2 继续划分，重复以上步骤，直到满足停止划分条件为止，最终得到一棵回归树。

9.3　方法与过程

本次数据分析所经过的流程依次为读入数据并预处理、构建模型和评价模型。详细步骤如下。

9.3.1　读入数据并预处理

本章所提供的数据是某市 2002 年 11 月 1 日至 2003 年 8 月 31 日的气象逐日数据与负荷逐 15 分钟数据，其中气象数据包括日类型（这里暂时将日类型归于气象数据）、天气、风向、风力、最低温和最高温 6 种类型，而负荷数据包括逐 15 分钟负荷数据、日平均负荷、日最高负荷和日最低负荷。

对数据的预处理主要分为两个部分：一个是对气象数据的预处理，另一个是对负荷数据的预处理。它们主要包括数据的完整性检查，缺失值和异常值处理以及类型转化。

1. 对负荷数据的预处理

（1）在工作目录下创建一个预处理脚本，并导入本次预处理所需的库。

```
import numpy as np
import pandas as pd
import matplotlib.pyplot as plt

# 设置绘图时显示的中文字体
plt.rcParams['font.sans-serif'] = ['Microsoft YaHei']
```

（2）读入本章提供的数据文件“nanjing.xls”，并预览。

```
# 读取数据

file_path = 'nanjing.xls'  # 设置文件路径

weather_info = pd.read_excel(file_path)
```

```
power_info = pd.read_excel(file_path, sheet_name='负荷')  ①
```

在代码中标注的①处，由于 pandas 默认打开第一个 sheet 页内容，而这里电力负荷在第二个 sheet 页，因此指定 sheet_name 参数为该 sheet 页名称“负荷”。

预览天气信息的代码如下。

```
# 预览天气信息
weather_info
```

在 Jupyter Notebook 工具中可以看到输出信息，如图 9-4 所示。

Out[3]:

	日期	日类型	天气	风向	风力	最低温	最高温
0	2002-11-01	五	阴到晴	北	5～6级	4	13
1	2002-11-02	六	晴到多云	西	3～4级	6	16
2	2002-11-03	日	晴	西	4～5级	5	14
3	2002-11-04	一	晴	西南	3～4级	2	16
4	2002-11-05	二	晴	西南	4～5级	6	21
...	...	...	...	...	...	...	...
299	2003-08-27	三	雷阵雨	南	4～5级	27	34
300	2003-08-28	四	雷阵雨	东南	3～4级	25	32
301	2003-08-29	五	雷阵雨到中雨	东	4～5级	26	31
302	2003-08-30	六	中雨	东北	4～5级	24	28
303	2003-08-31	日	到阴	东	3～4级	25	29

304 rows × 7 columns

图 9-4　对天气信息的预览

预览负荷信息的代码如下。

```
# 预览负荷信息
power_info
```

在 Jupyter Notebook 工具中可以看到输出信息，如图 9-5 所示。

Out[4]:

	日期	00:00:00	00:15:00	00:30:00	00:45:00	01:00:00	01:15:00	01:30:00	01:45:00	02:00:00	...	22:30:00	22:45:0
0	2002-11-01	1392.110962	1438.943970	1463.214966	1366.860962	1402.061035	1349.322021	1407.417969	1387.376953	1340.629028	...	1668.956055	1629.69299
1	2002-11-02	1456.714966	1447.839966	1419.828003	1418.982056	1457.008057	1391.811035	1430.699951	1398.109985	1462.899048	...	1696.708008	1561.41601
2	2002-11-03	1421.651978	1472.944946	1383.191040	1428.107056	1364.172974	1393.344971	1338.238037	1384.525024	1364.499023	...	1575.625000	1513.54003
3	2002-11-04	1412.474976	1409.319946	1360.922974	1384.235962	1387.103027	1377.548950	1379.506958	1370.322021	1381.717041	...	1719.954956	1634.68505
4	2002-11-05	1433.027954	1464.238037	1414.088989	1466.384033	1442.970947	1416.125977	1368.427002	1429.347046	1393.874023	...	1661.037964	1631.54504
...	...	...	...	...	...	...	...	...	...	...	...	...	
291	2003-08-27	2284.449951	2166.113037	2162.510986	2117.841064	2084.697021	2066.164062	2047.324951	1991.624023	1942.180054	...	2434.372070	2429.07910
292	2003-08-28	2133.168945	2106.842041	2126.333984	2053.155029	2055.303955	2012.203003	1988.618042	1958.008057	2007.947998	...	2672.760986	2595.22094
293	2003-08-29	2255.802002	2267.906006	2246.928955	2213.293945	2162.864990	2080.922119	2126.814941	2078.065918	2057.936035	...	2145.102051	2097.95996
294	2003-08-30	1873.661987	1865.207031	1827.505005	1793.484009	1792.968994	1762.292969	1747.845947	1699.056030	1739.942017	...	1879.610962	1851.29101
295	2003-08-31	1670.237061	1727.224976	1666.810059	1606.531982	1595.258057	1584.989990	1589.792969	1577.691040	1521.266968	...	1803.689941	1779.23999

296 rows × 101 columns

图 9-5　对负荷信息的预览

通过观察可知，天气信息与负荷信息的记录时间均是从 2002-11-01 到 2003-08-31。但两者的记录长度不同，说明原序列存在缺失值，因此有必要检测原序列的缺失值并对其进行处理。

（3）检测时间序列是否完整。

```
# 检测时间序列是否完整
std_rng = pd.date_range(start='2002-11-01', end='2003-08-31', freq='D')  ①

len(std_rng), len(weather_info), len(power_info)  ②
```

在代码中标注的①处，通过 pandas 中的 date_range()函数建立了一个标准时间序列。

在代码中标注的②处，输出了标准时间序列长度、天气信息记录长度和负荷信息长度。

在 Jupyter Notebook 工具中可以看到输出信息，如图 9-6 所示。

```
Out[5]:  (304, 304, 296)
```

图 9-6　标准时间序列、天气信息记录和负荷信息的长度

可以看到，天气信息长度与标准时间序列长度相同，而负荷信息长度小于标准时间序列长度，说明负荷信息存在缺失值。因此需要对缺失值进行填补。首先将“日期”列设置为行索引，再使用数据重采样方法对缺失日期进行填补，数据重采样方法请参见第 8 章。

（4）填补缺失值。

首先，将“日期”列设置为行索引。

```
# 将日期类型转换为 datetime
power_info['日期'] = power_info['日期'].map(lambda x : pd.to_datetime(x))
# 设置日期列为行索引
power_info = power_info.set_index(['日期'])
```

接下来，使用重采样方法对缺失值进行填补，这里指定填充值为 0。

```
# 使用数据重采样方法对缺失值进行填补
power_info_new = power_info.resample('D').mean().fillna(0)
```

画图预览填充后的数据。

```
# 预览数据
fig = plt.figure(figsize=(15.6, 7.2))
ax = fig.add_subplot(111)
line1, = ax.plot(power_info_new.index, power_info_new['日平均负荷'],\
                 'r-', label = '日平均负荷')
line2, = ax.plot(power_info_new.index, power_info_new['日最高负荷'], \
                 'g--', label = '日最高负荷')
line3, = ax.plot(power_info_new.index, power_info_new['日最低负荷'], \
                 'b-', label = '日最低负荷')
plt.legend()
```

在 Jupyter Notebook 工具中可以看到输出信息，如图 9-7 所示。

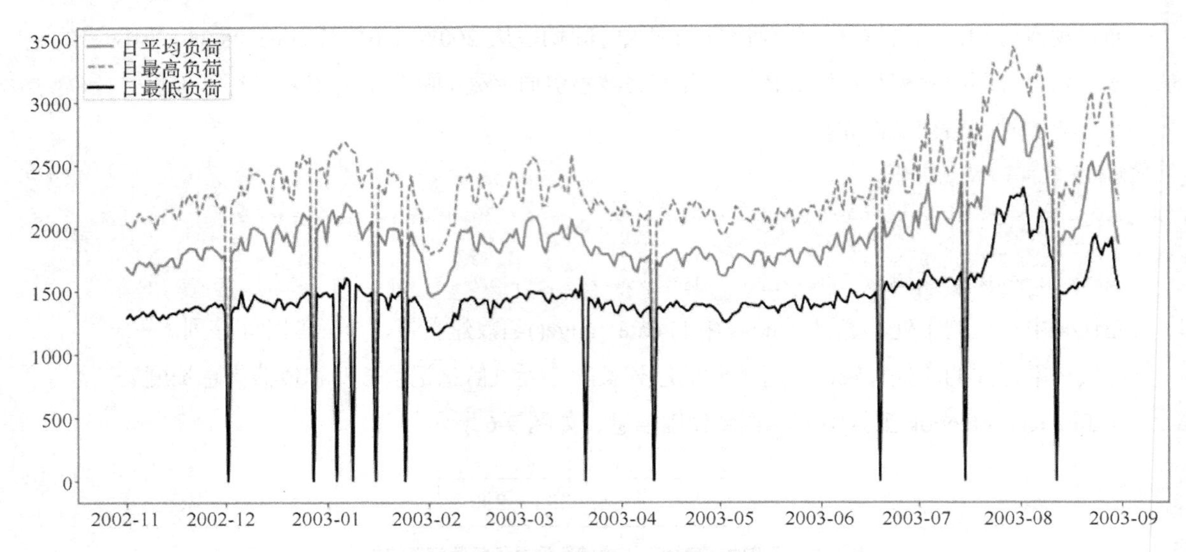

图 9-7　原负荷序列曲线的预览图

可以观察到，设置填充值为 0 导致填充后的时间序列存在显著异常点，其中序列日最低负荷还存在两个异常点。这时，可利用拉格朗日插值函数 inmsg()对原序列进行插值。

（5）使用拉格朗日插值函数 inmsg()对异常点插值。

这里通过编写 inmsg()函数对序列进行插值，其中，参数 s 为传入的一个 Series 对象，参数 label_index 为插值位置的行标签索引，参数 k 为插值时取前后点的个数，这里默认为 5。

```
from scipy.interpolate import lagrange  # 导入插值函数

def inmsg(s, label_index, k=5):
    '''
    拉格朗日插值函数
    '''

    sc = s.copy()

    # 获取标签索引位置
    loc = sc.index.get_loc(label_index)
    stmp = sc[loc-k:loc+k+1]

    # 生成插值序列
    x = list(range(0,k)) + list(range(k+1,2*k+1))
    stmp = list(stmp[0:k]) + list(stmp[k+1:2*k+1])

    # 插值
    ret = lagrange(x, stmp)(k)

    # 将插值结果赋回原序列
    sc[label_index] = ret

    return sc
```

使用 inmsg()函数对负荷小于 10 的异常点进行插值。

```
# 使用 inmsg()函数进行插值
intrp_label = power_info_new['日平均负荷'][power_info_new['日平均负荷'] < 10].index]
for label_index in intrp_label:
    power_info_new['日平均负荷'] = inmsg(power_info_new['日平均负荷'], label_index, 3)

intrp_label = power_info_new['日最高负荷'][power_info_new['日最高负荷'] < 10].index]
for label_index in intrp_label:
    power_info_new['日最高负荷'] = inmsg(power_info_new['日最高负荷'], label_index, 3)

intrp_label = power_info_new['日最低负荷'][power_info_new['日最低负荷'] < 10].index]
for label_index in intrp_label:
power_info_new['日最低负荷'] = inmsg(power_info_new['日最低负荷'], label_index, 3)
```

利用步骤（4）中的代码可以对插值后的序列画图并观察，如图 9-8 所示。

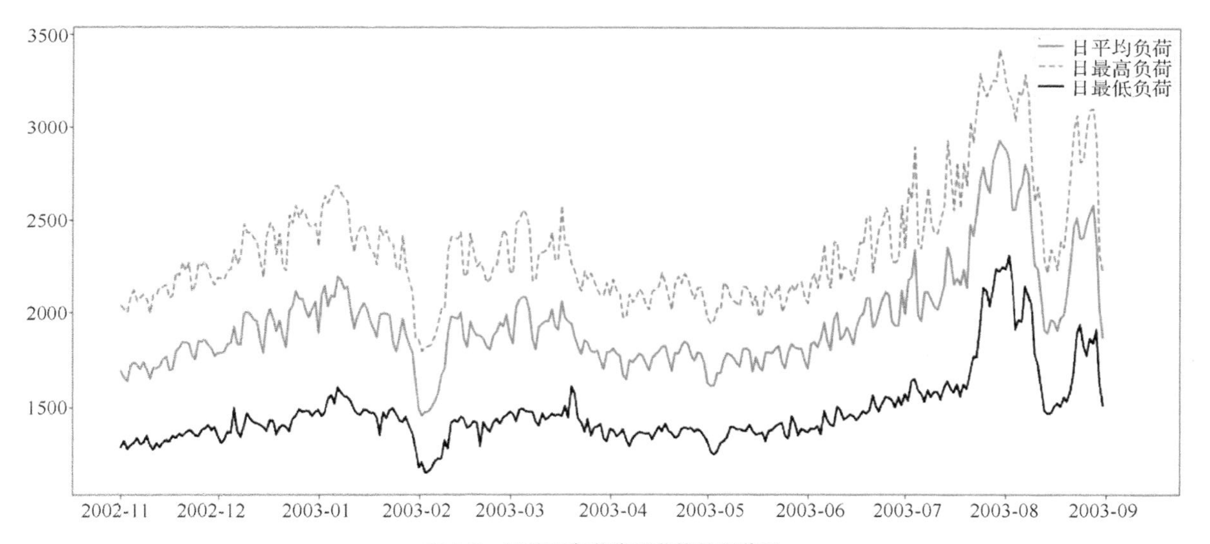

图 9-8　插值后负荷序列曲线的预览图

2. 对天气数据的预处理

（1）将“日期”列设置为行索引。

```
# 将日期类型转换为 datetime
weather_info['日期'] = weather_info['日期'].map(lambda x : pd.to_datetime(x))
# 设置日期列为行索引
weather_info = weather_info.set_index(['日期'])
weather_info.head()
```

（2）处理缺失值。

```
# 缺失值检查
(weather_info.isnull()).sum()
```

在 Jupyter Notebook 工具中可以看到输出信息，如图 9-9 所示。

```
Out[12]: 日类型    0
         天气      2
         风向      0
         风力      0
         最低温    0
         最高温    0
         dtype: int64
```

图 9-9　天气信息中的缺失值统计

可以看到，“天气”列中存在两个缺失值，通过以下代码查看缺失值所在记录信息。

```
# 查看缺失值
weather_info[weather_info['天气'].isnull()]
```

在 Jupyter Notebook 工具中可以看到输出信息，如图 9-10 所示。

Out[13]:

日期	日类型	天气	风向	风力	最低温	最高温
2003-08-13	三	NaN	东	3～4级	22	26
2003-08-14	四	NaN	东	3～4级	20	23

图 9-10　缺失值所在记录

查看缺失值前后，日期 2003-08-09 到 2003-08-18 所在记录。

```
# 查看日期 2003-08-09 至 2003-08-18 的天气
weather_info['2003-08-09':'2003-08-18']
```

在 Jupyter Notebook 工具中可以看到输出信息，如图 9-11 所示。

Out[14]:

日期	日类型	天气	风向	风力	最低温	最高温
2003-08-09	六	雷阵雨到中雨	南	4～5级	26	32
2003-08-10	日	雷阵雨	西北	3～4级	25	31
2003-08-11	一	雷阵雨	北	3～4级	26	31
2003-08-12	二	小雨	东北	3～4级	24	29
2003-08-13	三	NaN	东	3～4级	22	26
2003-08-14	四	NaN	东	3～4级	20	23
2003-08-15	五	小雨	东	3～4级	22	25
2003-08-16	六	雷阵雨	东	3～4级	24	28
2003-08-17	日	小雨	东	3～4级	23	26
2003-08-18	一	雷阵雨	东	3～4级	25	30

图 9-11　2003-08-09 到 2003-08-18 所在记录

可以看到，在此时间段的天气主要以阴雨天为主，因此这里我们人为将两处缺失值填充为小雨。

```
# 补全数据
weather_info.loc['2003-08-13','天气'] = '小雨'
```

```
weather_info.loc['2003-08-14','天气'] = '小雨'
```

（3）“天气”列的处理。

首先，查看“天气”列包含的取值种类。

```
# 查看天气列取值种类
print(weather_info['天气'].unique())
# 查看天气列种类个数
print(len(weather_info['天气'].unique()))
```

在 Jupyter Notebook 工具中可以看到输出信息，如图 9-12 所示。

```
['阴到晴' '晴到多云' '晴' '多云' '小雨' '小雨到中雨' '小雨到阴' '多云到晴' '多云到阴' '阴到多云' '雾到多云'
 '小雨到雾' '中雨到小雨' '小雨到雨夹雪' '中雨' '阴' '多云到小雨' '雾到晴' '雾到小雨' '小雨到晴' '雨夹雪到多云'
 '晴到小雨' '雨夹雪' '小雨到多云' '小雪到多云' '雨夹雪到阴' '阴到小雨' '雷阵雨到阴' '雷阵雨到小雨' '晴到雷阵雨'
 '雷阵雨到大雨' '雷阵雨' '多云到雷阵雨' '大雨到小雨' '阴到雷阵雨' '多云到' '雷阵雨到多云' '雷阵雨到中雨' '大雨'
 '中雨到大雨' '雷阵雨到暴雨' '大雨到阴' '暴雨' '中雨到雷阵雨' '到阴']
45
```

图 9-12　“天气”列取值种类及个数

可以看到，“天气”列包含的种类过多，在样本量不大的情况下，将“天气”列的取值精简为 9 类，即“阴”“晴”“多云”“阵雨”“小雨”“中雨”“大雨”“暴雨”和“雨夹雪”，规则如下。

① 天气为一种天气到另一种天气时，例如“阴”到“晴”、“雨夹雪”到“阴”，则任选一种天气作为“天气”取值种类。

② 天气为“雷阵雨”时，统一归属于“阵雨”。

这里通过自行编写 extract_weather_info()函数来实现，它的参数 str 表示天气种类，是字符串类型。

```
def extract_weather_info(str):
    '''提取天气信息'''

    std_weather_info = ['阴', '晴', '多云', '阵雨', '小雨', '中雨', \
                        '大雨', '暴雨', '雨夹雪']

    find = False
    for weather in std_weather_info:
        if weather in str:
            find = True
            str = weather
        else:
            pass

    if find is False:
        print(str + ' no find! ')

    return str
```

使用 extract_weather_info()函数提取天气信息。

```
# 使用extract_weather_info()函数提取天气信息
weather_info['天气'] = weather_info['天气'].map( \
                        lambda x : extract_weather_info(x))
```

在完成上述操作后，天气种类信息仍然不能直接作为决策树的输入属性，需要将这些信息量化为数值类型。在这里通过编写一个 str_to_int()函数实现，参数 str 接收一个字符串，并返回一个与其对应的数字。

```
def str_to_int(str):

    dict = {'阴':0, '晴':1, '多云':2, '阵雨':3, '小雨':4, '中雨':5, \
            '大雨':6, '暴雨':7, '雨夹雪':8}

    return dict[str]
```

使用 str_to_int()函数进行量化。

```
# 将天气种类量化为数值类型
weather_info['天气'] = weather_info['天气'].map(lambda x : str_to_int(x))
```

（4）“日类型”的处理。

“日类型”原始数据中种类为一到七，这里只需要将其量化为数值类型即可，通过编写 char_to_num()函数来实现。其原理及参数与 str_to_int()函数类似，这里不再说明。

```
def char_to_num(x):
    '''将中文数字转换为整型数字'''
    num_dict = {'一':1, '二':2, '三':3, '四':4, '五':5, '六':6, '日':7}
    if x in num_dict:
        num = num_dict[x]
        return num
    else:
        print('error!')
        exit()


# 将日类型量化为数值类型
weather_info['日类型'] = weather_info['日类型'].map(lambda x : char_to_num(x))
```

9.3.2 模型构建

在完成上述数据预处理后，就可以将上述数据用于建立决策树。选择“日类型”“最低温”“最高温”“天气”为特征属性，输出属性为日平均负荷对模型进行训练并预测。其中，训练集所占样本比例为 90%，验证集所占样本比例为 10%。

（1）导入决策树建模相关模块。

```
from sklearn import tree  # 决策树模型
from sklearn.model_selection import train_test_split      # 用于划分测试集与训练集
from sklearn.model_selection import GridSearchCV          # 用于找到最优模型参数
```

（2）选择特征属性并划分测试集与训练集。

```
# 特征属性选择
day_type = weather_info['日类型']
min_temp = weather_info['最低温']
```

```
max_temp = weather_info['最高温']
wea_type = weather_info['天气']

# 选择自变量与因变量
X = pd.concat([day_type, min_temp, max_temp, wea_type], axis = 1)
Y = power_info_new['日平均负荷']

len(day_type), len(X), len(Y)
# 划分训练集和测试集
Xtrain, Xtest, Ytrain, Ytest = train_test_split(X, Y, \
                                        test_size = 0.1, random_state = 420)
```

（3）决策树介绍与选择。

Sklearn 库提供构造函数 DecisionTreeRegressor()来实例化一个回归树对象，它的常用参数如表 9-3 所示。

表 9-3　DecisionTreeRegressor()构造函数的常用参数

参数	中文释义	说明
criterion	特征选择标准	字符串类型，可取['mse', 'mae', 'friedman_mse']。其中 mse 为均方误差函数，mae 为平均绝对误差函数，friedman_mse 为 friedman 改进的均方误差函数
max_depth	最大深度	所建立决策树的最大深度，主要用于预剪枝，默认值为 None，该树会一直扩展直到满足终止条件为止。一般来说，在数据或特征较少的情况下，可不管该值，反之则要对其做出限制，以防止模型出现过拟合
min_samples_split	内部节点再划分所需最小样本数	内部节点再划分所需最小样本数，主要用于预剪枝。若内部节点包含样本数小于该值，则不会再选择最优特征来进行划分，该参数默认值为 2
min_samples_leaf	叶子节点最小样本数	生成叶子节点包含的最小样本数，主要用于预剪枝。若小于该值，则该叶子节点会与兄弟节点一同被剪枝
min_impurity_split	节点划分最小不纯度	这个值限制了决策树的增长，主要用于预剪枝。如果不纯度小于基尼系数、信息增益、均方差等指标的阈值，则该节点为叶子节点且不再分裂
max_leaf_nodes	最大叶子节点数	所生成决策树的最大叶子节点数，主要用于预剪枝。默认值为 None，不会对决策树的生成加以限制，如果特征不多，可以不考虑设置该值。如果添加设置，算法会在最大叶子节点数内建立最优的决策树

更详细的参数说明请参见 Sklearn 官方文档。

对参数的选择也可以由 Sklearn 中的网格搜索（Grid Search）方法从一组给定的参数中选择最优超参数。下面以 criterion（特征选择标准）、max_depth（最大深度）为例，演示网格搜索的用法。

```
# 选择最优参数

tree_param = {'criterion':['mse', 'friedman_mse','mae'], \
              'max_depth':list(range(10))}  # 待选参数  ①
grid = GridSearchCV(tree.DecisionTreeRegressor(), \
                    param_grid=tree_param, cv=3)  # 实例化对象  ②
grid.fit(Xtrain, Ytrain)  # 训练模型

grid.best_params_, grid.best_score_  # 最优参数， 最优分数
```

```
# 要查看选择结果的详细信息，请参见 grid.cv_results_
```

在代码中标注的①处，创建了一个字典用于保存需要搜索的参数及取值。

在代码中标注的②处，通过构造函数 GridSearchCV()生成了一个网格搜索对象，默认第一个参数为设置训练的学习器，这个学习器除网格搜索的参数外，也可指定模型的其他参数。参数 param_grid 为需要搜索的参数及待取值，参数 cv 指定交叉验证次数。

在 Jupyter Notebook 工具中可以看到输出信息，如图 9-13 所示。

```
({'criterion': 'mae', 'max_depth': 5}, 0.7378403801052343)
```

图 9-13　网格搜索的最优参数

（4）建立决策树模型，并对测试集数据进行验证。

```
# 建立决策树
dtr = tree.DecisionTreeRegressor(criterion = 'mae', max_depth = 5)

# 训练决策树
dtr.fit(Xtrain, Ytrain)

# 预测结果
pred = dtr.predict(Xtest)

# 绘制预测结果
fig = plt.figure(figsize=(15.6, 7.2))
ax = fig.add_subplot(111)
s1 = ax.scatter(range(len(pred)), pred, facecolors="red", label = '预测')
s2 = ax.scatter(range(len(Ytest)), Ytest, facecolors="blue", label = '实际')
plt.ylabel('电力负荷', fontsize = 15)
plt.xlabel('样本编号', fontsize = 15)
plt.legend()
```

在 Jupyter Notebook 工具中可以看到输出信息，如图 9-14 所示。

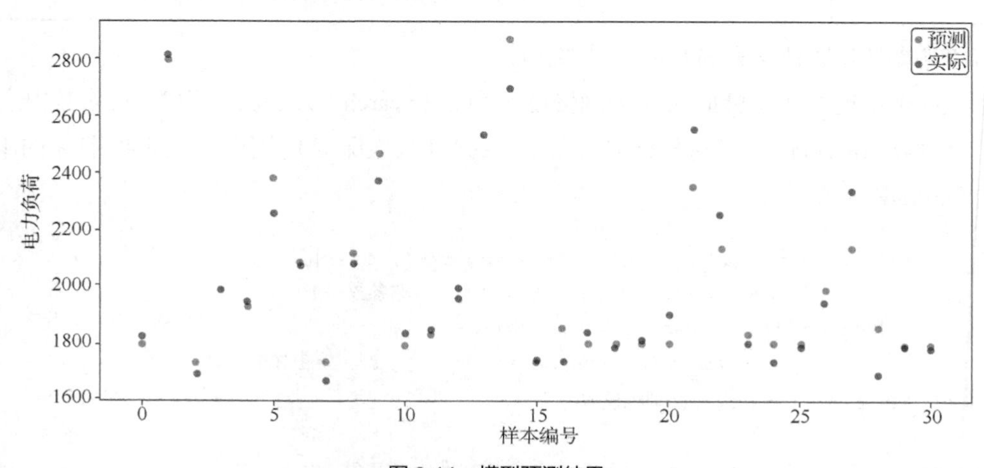

图 9-14　模型预测结果

9.3.3　模型效果评价

可通过以下代码查看模型预测相关评价指标。

```
from sklearn import metrics

def get_mape(true, pred):
    '''获取平均绝对百分比误差'''
    diff = np.abs(np.array(true) - np.array(pred))
    return np.mean(diff true)

def get_smape(true, pred):
    '''获取平均绝对百分比误差'''
    diff = np.abs(pred - true)
    return 2.0 * np.mean(diff (np.abs(pred) + np.abs(true)))

# 输出相关评价指标

# MSE
print('MSE:  %6.2f' % metrics.mean_squared_error(Ytest, pred))
# RMSE
print('RMSE: %6.2f' % np.sqrt(metrics.mean_squared_error(Ytest, pred)))
# MAE
print('MAE:  %6.2f' % metrics.mean_absolute_error(Ytest, pred))
# MAPE
print('MAPE: %.2f%%' % (get_mape(Ytest, pred) * 100))
# SMAPE
print('SMPE: %.2f%%' % (get_smape(Ytest, pred) * 100))
```

在 Jupyter Notebook 工具中可以看到输出信息，如图 9-15 所示。

```
MSE:   8255.56
RMSE:   90.86
MAE:    65.35
MAPE: 3.11%
SMPE: 3.10%
```

图 9-15　模型的各评价指标

结合图 9-14、图 9-15 分析，源数据在处理后，以日类型、最低温、最高温和天气为特征属性，以日平均负荷为因变量建立的决策树（回归树）模型，在训练集上能较好预测日平均负荷，在一些样本上精度表现相当好。模型 MAPE（平均绝对百分比误差）、SMAPE（对称平均绝对百分比误差）分别为 2.96%、2.96%，模型整体效果较好。

上机实验

1. 实验目的

（1）掌握对时间序列类数据预处理的基本方法。

（2）掌握决策树（回归树）建模的基本方法。

2. 实验内容

（1）使用 pandas 库读取数据，并完成数据预处理。

（2）使用 Matplotlib 库对数据进行可视化探索。

（3）使用 Sklearn 库的相关函数建立决策树模型，对模型进行训练，使用测试集测试后对模型的效果进行评价。

3. 实验步骤

（1）读入数据并进行预处理。打开 Jupyter Notebook 工具，读取实验目录中所提供的“澳大利亚电力负荷与价格预测数据.xlsx”文件。检查文件中的时间序列是否完整，有无缺失值、重复值。若在序列中存在缺失值，则使用前后数据进行拉格朗日插值处理，并新增一列以保存“日类型”属性。

（2）对上一步预处理好的数据进行可视化处理。绘制各气象信息的时间序列曲线，以及电价和电力负荷的时间序列曲线，求出各量与电力负荷之间的相关系数，选择相关系数绝对值前 3 的属性作为特征属性，用于下一步进行模型训练。

（3）使用上一步选择的 3 个特征属性作为输入属性，电力负荷作为输出属性，合理划分训练集与测试集的比例，选择适合的超参数使用 Sklearn 库建立决策树模型，并对模型在测试集上的表现做出评价。

4. 实验总结与思考

（1）如何判断时间序列长度是否完整？若不完整应如何处理？填充缺失值有哪些方法？

（2）在进行决策树建模时如何选择决策树的超参数？

参 考 文 献

[1] Eric Matthes．Python 编程从入门到实践[M]．袁国忠，译．北京：人民邮电出版社，2016.

[2] 张若愚．Python 科学计算（第 2 版）[M]．北京：清华大学出版社，2016.

[3] 刘卫国．Python 语言程序设计[M]．北京：电子工业出版社，2016.

[4] 刘大成．Python 数据可视化之 Matplotlib 实践[M]．北京：电子工业出版社，2018.

[5] 张杰．Python 数据可视化之美：专业图表绘制指南[M]．北京：电子工业出版社，2020.

[6] 孙婷婷，丁硕权．房价数据抓取与分析系统设计与实现[J]．电脑知识与技术，2020，16（15）：24-27.

[7] 刘严．多元线性回归的数学模型[J]．沈阳工程学院学报（自然科学版），2005，1（2，3）：128-129.

[8] 贾俊平．统计学（第六版）[M]．北京：中国人民大学出版社，2014.

[9] Wes McKinney．利用 Python 进行数据分析[M]．徐敬一，译．北京：机械工业出版社，2018.

[10] 王燕．应用时间序列分析（第三版）[M]．北京：中国人民大学出版社，2012.

[11] 黄嘉佑．气象统计分析与预报方法（第四版）[M]．北京：气象出版社，2016.

[12] 张美英，何杰．时间序列预测模型研究综述[J]．数学的实践与认识，2011，41（18）：190-195.

[13] 周志华．机器学习[M]．北京：清华大学出版社，2016.

[14] 张良均，王路，谭立云，等．Python 数据分析与挖掘实战[M]．北京：机械工业出版社，2016.

[15] 李航，统计学习方法（第 2 版）[M]．北京：清华大学出版社，2012.

[16] 栾丽华，吉根林．决策树分类技术研究[J]．计算机工程，2004（9）：94-96+105.

[17] 李楠，段隆振，陈萌．决策树 C4.5 算法在数据挖掘中的分析及其应用[J]．计算机与现代化，2008（12）：160-163.

[18] 陈恩红，王清毅，蔡庆生．基于决策树学习中的测试生成及连续属性的离散化[J]．计算机研究与发展，1998（05）：3-5.

[19] 魏红宁．决策树剪枝方法的比较[J]．西南交通大学学报，2005（1）：44-48.

[20] 孙英云，何光宇，翟海青，等．一种基于决策树技术的短期负荷预测算法[J]．电工电能新技术，2004（3）：55-58+75.

[21] 葛宏伟，杨镜非. 决策树在短期电力负荷预测中的应用[J]. 华中电力，2009，22（1）：15-18.

[22] 陈寒冬，郭佳田，施海斌，等. 考虑气象因素的精细化短期负荷预测模型研究[J]. 电力学报，2019，34（5）：423-430.

[23] 何革. 基于决策树的短期负荷预测系统研究与实现[D]. 武汉：华中科技大学，2010.

[24] 欧芳芳. 基于优化决策树的短期电力负荷预测研究[D]. 保定：华北电力大学，2009.